# 生物工程设备
# 质量控制概要

中国制药装备行业协会◎组织编写

顾　问　高　川

主　编　高贤申　周立法

编　委（以姓氏笔画为序）

马英立　王莉莉　许智英　李宝秦

李会贤　尚　毅　周立法　胡志勇

贾　强　高贤申　黄　杰　谭耿志

审　校　周立法　高贤申　李小平　尚　毅

胡志勇　卓　健

人民卫生出版社
·北　京·

# 版权所有，侵权必究！

图书在版编目（CIP）数据

生物工程设备质量控制概要 / 高贤申，周立法主编
. —北京：人民卫生出版社，2022.9
ISBN 978-7-117-33491-4

I. ①生⋯  II. ①高⋯ ②周⋯  III. ①生物工程 – 设
备 – 质量控制  IV. ①Q81

中国版本图书馆 CIP 数据核字（2022）第 156335 号

| 人卫智网 | www.ipmph.com | 医学教育、学术、考试、健康，购书智慧智能综合服务平台 |
| 人卫官网 | www.pmph.com | 人卫官方资讯发布平台 |

生物工程设备质量控制概要

Shengwugongcheng Shebei Zhiliang Kongzhi Gaiyao

主　　编：高贤申　周立法
出版发行：人民卫生出版社（中继线 010-59780011）
地　　址：北京市朝阳区潘家园南里 19 号
邮　　编：100021
E - mail：pmph @ pmph.com
购书热线：010-59787592　010-59787584　010-65264830
印　　刷：北京顶佳世纪印刷有限公司
经　　销：新华书店
开　　本：787 × 1092　1/16　　印张：19
字　　数：391 千字
版　　次：2022 年 9 月第 1 版
印　　次：2022 年 10 月第 1 次印刷
标准书号：ISBN 978-7-117-33491-4
定　　价：59.00 元

打击盗版举报电话：010-59787491　E-mail：WQ @ pmph.com
质量问题联系电话：010-59787234　E-mail：zhiliang @ pmph.com
数字融合服务电话：4001118166　E-mail：zengzhi @ pmph.com

当前，以基因治疗、细胞治疗、合成生物技术、双功能抗体等为代表的新一代生物技术日渐成熟，为适应生物制药技术的发展，对生物制药工程设备行业来说，既是一项必须面临的新挑战，也为行业的快速发展提供了新机遇。本书编者团队具有药厂、设备和系统设计制造及第三方技术服务的经历，以及丰富的理论知识和实践经验，秉承"交流分享经验、促进共同提高"的理念，将生物制药工程中常见的关键设备和系统在设计制造期间的质量控制和验证要求进行综合归纳总结和介绍，既有基础知识和技术论述，又有实践案例和操作细节描述，便于生物工程设备制造商及相关单位推广运用，以期提高其质量管理能力和对产品质量的有效控制，从而提升制药装备行业的产品质量水平，强化质量优势，提高市场竞争能力。

本书详细介绍了国际、国内生物工程行业最新的法规、标准、指南和技术报告资料，包括中国、欧盟、世界卫生组织（WHO）和美国等国家和国际组织的 GMP 与监管要求，美国机械工程师协会生物工程设备标准（ASME BPE），国际人用药品注册技术协调会（ICH）指南，国际制药工程协会（ISPE）指南以及欧洲、美国等卫生级产品设计制造质量控制标准和指南等，让读者系统、全面地了解行业相关知识和技术，在质量标准上与国际接轨。

本书内容涉及生物工程装备企业生产的各类设备质量控制和验证工作，介绍了与此相关的质量检验、试验方法和技术以及验证策略和实施要求，详细比较了各地区不同标准在质量要求方面的差异；介绍了如何对生物工程设备进行有效地检验和质量控制，并针对具体设备和系统详细举例说明（如生物反应器、灭菌器、隔离器、真空冷冻干燥机、层析系统、离心机、储罐及工艺管罐系统等），并逐一说明它们的结构组成、基本原理、质量检验及确认要点和测试要求，确保它们满足 GMP 法规要求，将最前沿的行业要求、严格的质量标准、有效的实施方案和实用的文件体系有机结合起来。本书可供生物制药设备制造企业，制药项目设计单位及生物工程企业为加强和改进质量管理，提升产品质量参考使用，也可供药品监管部门、生物药品研发单位及高等院校等相关专业人员参考使用。

本书共分五章，主要内容包括：综述、检验和试验、确认和验证、制造资质和认证、典型设备和系统的质量控制，旨在为生物制药装备企业提供系统全面的相关信息和要求。第一章综述简要介绍了企业在生物工程设备设计、制造过程中常用的各类检验和试验的方法与技术，如目视检测、液体渗透检测、射线检测等无损检测以及材料检验和试验、铁素体含量检测等，同时从符合 GMP 的角度提出了确认和验证的策略与方法，并对企业需要具备的设计制造资质和认证做了总结分析。后续章节围绕这三个主题进行了深入说明和阐述，为企业深化质量管理提供了详细资料。第五章针对不同设备和系统的特点分别做了介绍，具有很强的实用性和指导性。针对生物制药和对设备有洁净要求的行业在可清洗、可灭菌和可排放等特殊要求方面既无统一规范的测试方法又无验证标准的状况，对其进行了详细的分析和描述，为大家提供了可以进行实际操作的检测方法和验证程序。

本书由中国制药装备行业协会牵头和组织编写，邀请在工程设备制造方面具有扎实的理论知识和丰富的实践经验的专业技术人员共同参与。由高贤申、周立法担任主编。全书的编写工作具体分工如下：第一章由李会贤、谭耿志、李宝秦、尚毅、高贤申共同编写；第二章由尚毅、马英立、李会贤、谭耿志共同编写；第三章由贾强、高贤申、胡志勇共同编写；第四章由高贤申、谭耿志、李会贤、马英立共同编写；第五章由黄杰、胡志勇、许智英、王莉莉、高贤申共同编写。参与本书审校的人员有周立法、高贤申、李小平、尚毅、胡志勇、卓健。全书由高贤申、周立法统稿。

本书以生物工程设备制造安装和调试中的质量控制和验证为主，介绍了仪器仪表的安装检验要求，但没有深入涉及卫生级产品的设计、制造工艺以及计算机系统的确认和验证等内容。随着装备技术数字化、信息化、智能化程度的快速发展，还需要结合 ISPE《良好自动化生产实践指南》（GAMP5）等要求进行系统的确认和验证工作。

限于编者水平，书中难免有不妥和疏漏之处，我们衷心希望读者不吝赐教、批评指正。

编者

2022 年 6 月

# 目录

# 第一章
# 生物工程设备综述

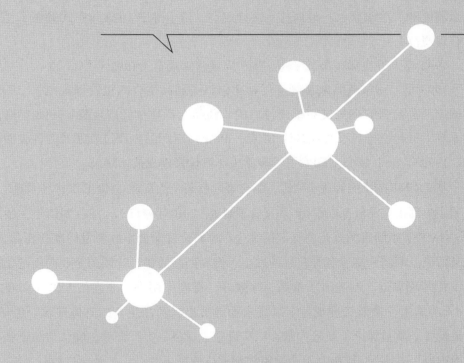

随着经济发展、社会进步和人们对健康生活的追求，对疾病的及时预防、诊断和治疗越来越受到社会和个人的关注。随着人们对各类药品的需求量持续增加，对药品的安全性、有效性和质量也提出了更高的要求。建立和不断完善药品生产质量管理体系，确保药品生产持续稳定地处于受控状态，是各个国家和地区人民的共同期待。因此国内外均颁发相关法律、法规，制定相关标准、规范和指南，对药品的生产提出了强制性的规范要求。

1963 年，美国国会颁布了世界上第一部 GMP（《药品生产质量管理规范》）。

我国的 GMP 发展经历了多次的补充、完善及标准化，并逐步完成了与国际规范接轨。

1982 年，中国医药工业公司和中国药材公司分别制定了《药品生产质量管理规范》（试行版）和《中成药生产质量管理办法》，这是我国制药行业自己组织制定试行的 GMP，也是我国最早的 GMP。

1984 年我国颁布《中华人民共和国药品管理法》，规定药品生产企业必须按照国务院卫生行政部门制定的《药品生产质量管理规范》的要求，制定和执行保证药品生产质量的规章制度和卫生级要求。根据这一法律规定，卫生部于 1988 年正式颁布了《药品生产质量管理规范》。

1992 年，卫生部颁布了《药品生产质量管理规范（1992 年修订）》。

1998 年，国家药品监督管理局再次修订《药品生产质量管理规范》。1999 年 5 月 18 日国家药品监督管理局发布了修订后的《药品生产质量管理规范（1998 年修订）》，自当年 8 月 1 日起施行。该法规共计 14 章，88 条，对药品生产过程涉及的各方面做了明确规定。1999 年 6 月 19 日又印发了《药品生产质量管理规范》附录。

基于 GMP 的发展和逐步完善，结合国内制药企业实施 GMP 的现状等因素，2011 年 1 月 17 日卫生部正式发布《药品生产质量管理规范（2010 年修订）》，并自 2011 年 3 月 1 日起施行。

GMP 实施的目的就是要保证持续生产出符合注册要求和质量标准的药品，防止污染、交叉污染、混淆和减少各种差错的发生，提高药品质量，让制药企业向规范化、科学化和制度化管理靠近，制造出质量高、疗效好、毒副作用小、能满足人民大众健康需要的产品。《药品生产质量管理规范》系统全面地提出了药品生产的具体要求，包括组织结构、人员配备、质量保证、质量控制、厂房设施、设备、生产管理、确认与验证和文件管理等方面内容，并制定了 GMP 符合性审核和评价体系。

生物工程设备行业厂房设施、各类设备及工程系统的设计和制造是实现药品生产的重要组成部分，用于药品生产的各类设备和系统也必须满足 GMP 要求，生物制药设备和系统的质量水平对持续稳定地生产药品具有重要影响。制药装备企业必须依据 GMP 要求、ISO 9001 标准及企业产品特点建立完善严密的质量管理体系，在探索技术创新的同时，确保设备符合法规要求和各类技术标准规定，按照国内外最新的生物工程技术指南进行设计、制造和安装，以提供优质、高效的产品和服务。

## 第一节　生物工程设备检验和试验的方法与技术

### 一、概述

生物工程设备和系统主要是以不锈钢、镍基合金等金属材料为主的设备和系统以及以非金属材料为主的一次性使用系统。其中金属材料设备和系统中还有阀门密封件、垫片和软管等非金属材料部件，一次性系统中也有支撑台架等金属材料构件。金属材料设备和系统与一次性使用系统既有相同点，也有不同点，本节仅就以金属材料为主的设备和系统的相关检验和试验方法、技术和要求进行介绍。

检验和试验是质量管理体系中的重要要素。通过良好的设计和过程控制可以保证产品质量稳定可靠，而在产品质量形成过程中的适当阶段进行相应的检验和试验活动，能够及时发现问题和缺陷，避免不合格产品继续流转，还能够以最小的代价及时采取措施。此外，检测结果或检验报告既可以用来有效监控生产过程质量情况，又能作为证实制药设备质量符合各项要求的充分证据。因此，做好检验或试验工作，不仅是各制药设备制造企业内部质量管理的要求，也是外部客户和监管机构的要求。充分了解和掌握制药设备制造过程中的相关检验和试验技术，采用合适可行的检验和试验方法，对确保设备制造质量、不断提升质量管理水平，具有十分重要的意义。

在设备制造过程中，需要根据具体设备的特点选择不同的检验和试验方法。检验和试验的方法很多，按照是否需要破坏检测对象以得到检测结果，可分为破坏性检测/试验和非破坏性检测/试验。破坏性检测/试验是在特定的条件下对试件及设备进行破坏或消耗的试验，以检验其是否符合既定的要求。进行破坏性检测/试验后，被检试件或设备完全丧失了其原有的使用功能。因为经破坏性检测/试验后的试样或设备无法继续使用，常用于产品型式试验、原材料或产品试样的检测和试验，包括材料的化学成分分析、力学性能试验、耐腐蚀性试验、宏观试验和微观试验等，如制造压力容器用板材的复验、焊接工艺评定时焊件的力学性能试验、验证蜂窝夹套结构的爆破试验及管件试制时的爆破试验等。非破坏性检测/试验被广泛运用于设备的制造、生产和安装过程中，通过综合评估采用非破坏性的检验和试验方法，在制造过程中及时进行检查和测试，以确保并证明制造中的设备符合相应的标准、规范和设计要求，避免出现最终产品不合格而返修或报废等情况。非破坏性检测/试验可以简单地分为无损检测和其他非破坏性检测/试验，这里的无损检测是指按照有关规定［如《特种设备无损检测人员考核规则》（TSG Z8001—2019）］和相关标准［如《承压设备无损检测》（NB/T 47013—2015）］中规定的无损检测技术和方法，其他非破坏性检测/试验主要是指技术标准中规定的非破坏性检测/试验，如使用卷尺、卡尺等进行的设备零部件尺寸检查，用非接触式仪器确定材料牌号的材料可靠性鉴别（positive material identification，PMI），用铁素体含量检测仪检测母材和焊缝中的铁素体含量，用转速仪测量搅拌的转速等。

根据《承压设备无损检测》（NB/T 47013—2015）规定，常见的无损检测方法有目视检测（visual testing，VT），渗透检测（penetrant testing，PT），射线检测（radiographic testing，RT），磁粉检测（magnetic particle testing，MT），涡流检测（eddy current testing，ET），超声检测（ultrasonic testing，UT），泄漏检测（leak testing，LT），声发射检测（acoustic emission testing），衍射时差法超声检测（time of flight diffraction ultrasonic testing），X射线数字成像检测（X-ray digital radiographic testing），漏磁检测（magnetic flux leakage testing），脉冲涡流检测（pulsed eddy current testing）。这些检测需要由具备相应知识和技能的专业人员来完成，各种无损检测方法的检测能力和适用范围见表1-1。充分了解和熟悉无损检测方法与技术，有助于采取最合适的检测方法和技术开展质量检测活动，及时检测出设备制造过程存在的质量缺陷，以采取有效的处置措施，也有助于在设备监造、交付验收时对设备有关的质量文件进行深入细致的审核，确保所制造、验收的设备实体质量和文件质量均符合用户需求、相关标准和规范要求。

表 1-1　无损检测方法的检测能力和适用范围

| 序号 | 无损检测方法 | 能力范围 | 局限性 |
|---|---|---|---|
| 1 | 目视检测 | ①能观察出零部件、设备和焊接接头等的表面状态、配合面的对准、焊缝连接的几何准确度、变形或泄漏迹象等；②能确定缺陷的位置、大小及缺陷的性质 | ①不能观测出有遮挡的工件表面状态；②较难观测出有油污等工件表面状态；③检测效果受人为因素影响大 |
| 2 | 渗透检测 | 能检测出金属材料中的表面开口缺陷，如气孔、夹渣、裂纹和疏松等 | 较难检测多孔材料 |
| 3 | 磁粉检测 | 能检测出铁磁性材料中的表面开口缺陷和近表面缺陷 | ①难以检测几何形状复杂的工件；②不能检测非铁磁性材料工件 |
| 4 | 射线检测 | ①能检测焊接接头中存在的未焊透、气孔、夹渣、裂纹和坡口未熔合等缺陷；②能检测出铸件中的缩孔、夹杂、气孔和疏松等缺陷；③能确定缺陷平面投影的位置、大小及缺陷性质等 | ①较难检测出厚锻件、管材和棒材中存在的缺陷；②较难检测出T型焊接接头和堆焊层中存在的缺陷；③较难检测出焊缝中存在的细小裂纹和层间未熔合；④较难确定缺陷的深度位置和自身高度 |

续表

| 序号 | 无损检测方法 | 能力范围 | 局限性 |
|---|---|---|---|
| 5 | 超声检测 | ①能检测出原材料（板材、复合板材、管材和锻件等）、零部件中存在的缺陷；②能检测出焊接接头内存在的缺陷，面状缺陷检出率高；③穿透能力强，可用于大厚度原材料和焊接接头的检测；④能确定缺陷的位置和相对尺寸 | ①较难检测粗晶材料和焊接接头中存在的缺陷；②缺陷位置、取向和形状对检测有一定影响；③A型显示检测不直观，检测记录信息少；④较难确定体积状或面状缺陷的性质 |
| 6 | 涡流检测 | ①能检测出金属材料对接接头表面、近表面存在的缺陷；②能检测出带非金属涂层的金属材料表面、近表面存在的缺陷；③能确定缺陷的位置，并给出表面开口缺陷或近表面缺陷埋深的参考值 | ①较难检测金属材料埋藏缺陷；②较难检测涂层厚度超过3mm的金属材料表面、近表面存在的缺陷；③较难检测焊缝表面存在的微细裂纹；④较难检测缺陷的自身宽度和准确深度 |
| 7 | 泄漏检测 | ①能检测出压力管道、压力容器等密闭性设备的泄漏部位；②能检测出压力管道、压力容器等密闭性设备的泄漏率 | ①较难检测埋地管道的泄漏率；②检测的准确度受所采用的泄漏检测技术和检测人员视力影响较大 |
| 8 | 声发射检测 | ①能检测出金属材料承压设备加压试验过程的裂纹等活性缺陷的部位、活性和强度；②能在一次加压试验过程中，整体检测和评价整个结构中的缺陷的分布和状态；③能检测出活性缺陷随载荷等外变量而变化的实时和连续信息 | ①难以检测非活性缺陷；②难以对检测到的活性缺陷进行定性和定量；③对材料敏感，易受机电噪声干扰 |
| 9 | 衍射时差法超声检测 | ①能检测出对接接头中存在的未焊透、气孔、夹渣、裂纹和未熔合等缺陷且检出率较高；②能确定缺陷的深度、长度和自身高度；③厚壁工件缺陷检测灵敏度较高；④检测结果较直观，检测数据可记录和存储 | ①较难检测出扫查面表面和近表面存在的缺陷；②较难检测粗晶粒焊接接头中存在的缺陷；③较难检测复杂结构工件的焊缝；④较难确定缺陷的性质 |
| 10 | X射线数字成像检测 | ①能检测出对接接头中存在的未焊透、气孔、夹渣、裂纹和未熔合等缺陷；②能检测出铸件中存在的缩孔、夹杂、气孔和疏松等缺陷；③能确定缺陷平面投影的位置、大小以及缺陷的性质 | ①较难检测出锻件、管材和棒材中存在的缺陷；②较难检测出T型焊接接头、角焊缝存在的缺陷；③较难检测出焊缝中存在的细小裂纹和未熔合；④较难检测出缺陷的自身高度 |
| 11 | 漏磁检测 | ①能检测出带涂层铁磁性材料母材表面的腐蚀、机械损伤等厚度减薄类体积性缺陷；②能检测出带涂层铁磁性材料母材表面的裂纹等面状缺陷；③能确定缺陷的位置，并给出表面开口缺陷的长度或体积型缺陷的深度当量 | ①较难检测出铁磁性材料内部的埋藏缺陷；②较难检测出厚度超过30mm工件的缺陷；③较难检测出与励磁电流方向平行的缺陷；④较难检测出焊接缺陷 |

| 序号 | 无损检测方法 | 能力范围 | 局限性 |
|---|---|---|---|
| 12 | 脉冲涡流检测 | ① 能检测出非铁磁性覆盖层下（保温层、保冷层和保护层等）金属壁厚的腐蚀或其他壁厚减薄缺陷；② 能在设备处于运行状态时进行检测 | ① 较难检测出小体积缺陷；② 检测精度受提离高度、电磁特性的影响；③ 难以对结构复杂、曲率较大或壁厚较大的设备进行检测；④ 难以对检出的缺陷精确定量 |

在生物工程设备和系统中，如生物反应器、离心机、各类配液系统、隔离器、真空冷冻干燥机（又称冻干机）和灭菌器等设备使用非常普遍，在这些设备和系统的制造过程中，常用的检测和试验方法有目视检测、射线检测、渗透检测、超声检测、材料可靠性鉴别及铁素体含量检测等。本节主要介绍这些方法和技术的基本知识与操作要求。

## 二、目视检测

### （一）定义

目视检测指用人的眼睛或借助某种目视辅助器材对被检测件进行的检测，是观察、分析和评价被检测件状况的一种无损检测方法，通常分为直接目视检测、间接目视检测和透光目视检测。

**1．直接目视检测** 指不借助目视辅助器材（照明光源、反光镜和放大镜除外），用眼睛进行检测的一种检测技术。当能充分靠近，而使眼睛离被检表面不超过60cm，与被检表面所形成的视角不小于30°时，一般可采用直接目视检测。可以采用反光镜来改善观察的角度，并可借助放大镜等来帮助检测。在直接目视检测时，对具体的某个待检部件需要足够的光照度（自然光或辅助白炽光），被检部件表面光照度至少要达到500lx，对于必须仔细观察或发现异常情况并需要做进一步观察和检测的区域则至少达到1 000lx。在检测前，应用白光仪表测量光强度、自然光或辅助白炽光或验证光源。

**2．间接目视检测** 指借助反光镜、望远镜、内窥镜、光导纤维、照相机、视频系统、自动系统、机器人以及其他适合的目视辅助器材，对难以进行直接目视检测的被检部位或区域进行检测的一种目视检测技术。如卫生级管道焊缝检测最常用的间接目视检测工具为内窥镜，可以借助内窥镜对待检位置进行检测并拍照、录像。

**3．透光目视检测** 指借助人工照明，观察透光叠层材料厚度变化的一种目视检测技术。

## （二）人员要求

目视检测人员未经视力矫正或经矫正的近（距）视力和远（距）视力应不低于 5.0，测试方法应符合《标准对数视力表》（GB 11533—2011）的规定，检测人员每 12 个月应检查一次视力，以保证正常的或正确的近距离分辨能力。

## （三）检测报告

目视检测完成后，应出具检测报告，描述检测过程和结果。报告至少应包括以下项目：
1）委托单位。
2）被检件的名称、编号、规格和材质等。
3）检测使用的设备和器材。
4）检测和验收标准。
5）检测方法。
6）所观察项目和检测结果。
7）检测人员、报告编写人和审核人签字及技术资格。
8）检测日期。

# 三、渗透检测

## （一）定义

渗透检测是一种以毛细管作用原理为基础的检查表面开口缺陷的无损检测方法。

## （二）工作原理

被检测的工件表面在施涂含有荧光染料或着色染料的渗透液后，在毛细管作用下，经过一定时间的渗透，渗透液可以渗入表面开口缺陷中，经去除工件表面多余的渗透液和经过干燥后，再在工件表面施涂吸附介质——显像剂。显像剂在毛细管作用下将吸附在缺陷中的渗透液吸出，在一定光源（荧光或白光）照射下，缺陷处的渗透液痕迹被显示（黄绿色荧光或鲜艳的红色），从而探测出缺陷的形状及分布状况。

## （三）特点及适用范围

1. 可以用于非多孔的任何材料，包括金属和非金属材料。
2. 不受被检测工件外形尺寸、不连续缺陷多少的影响，均可一次完成。
3. 对环境和资源的要求少，携带方便。
4. 仅可检测表面开口的缺陷，对非表面或闭合缺陷无法检出。

5. 检测工序较多，灵敏度相对较低。

6. 所使用检测材料大部分有挥发性，部分易燃有毒，使用时需要采取一定的安全措施。

7. 检测结果重现性及保存性较低。

### （四）人员要求

从事渗透检测的人员，应按照《特种设备无损检测人员考核规则》（TSG Z8001—2019）的相关规定取得相应的资格，方可从事与该资格级别相应的渗透检测工作。检测人员未经视力矫正或经矫正的近（距）视力和远（距）视力应不低于 5.0，测试方法应符合《标准对数视力表》（GB 11533—2011）的规定，检测人员每 12 个月应检查一次视力，且不得有色盲。

### （五）设备和器材

**1. 渗透检测剂**  渗透检测剂包括渗透剂、去除剂和显像剂。

（1）渗透剂：是含有显像材料且渗透性强的溶液，它可以渗入表面开口缺陷并显示其不连续痕迹，用于判断其是否合格。渗透剂是渗透检测中的关键材料，其性能直接影响检测的灵敏度。因此，对渗透检测剂的综合性能要求如下：

1）渗透力强，容易渗入工件的表面缺陷。

2）荧光渗透剂应具有鲜明的荧光，着色渗透剂应具有鲜艳的色泽。

3）可清洗性好，容易从工件表面清洗掉。

4）润湿显像剂的性能好，容易从缺陷中被显像剂吸附到工件表面，从而将缺陷显示出来。

5）对工件和设备无腐蚀性。

6）稳定性好，在日光（或荧光）与热作用下，材料成分和荧光亮度或色泽能维持较长时间。

7）毒性小。

8）对于镍基合金材料，渗透剂中硫的总含量质量比应小于 0.02%，一定量渗透检测剂蒸发残留中的硫元素含量的质量比不得超过 1%。如有更高要求，可由供需双方另行商定。

9）对奥氏体钢、钛及钛合金，渗透剂中卤素总含量（氯化物、氟化物）质量比应小于 0.02%，一定量渗透剂蒸发残留中的硫元素含量质量比不得超过 1%。如有更高要求，可由供需双方另行商定。

（2）去除剂：主要用来去除试件表面多余的渗透剂，根据所使用的渗透剂类型选用与之适应的去除剂，包括乳化剂、清洗剂和水等。

1）对乳化剂综合性能的要求：① 其色泽等外观特性要与渗透剂明显区分（一般为无

色）；②能够很容易地乳化并去除表面多余的渗透剂；③在水或渗透剂的作用下，不影响其乳化性能；④黏度大，扩散慢，乳化速度慢；⑤融水性高，与渗透剂相容；⑥其活性和浓度适中，操作容易；⑦温度稳定性好，易于储存；⑧与被测工件及存贮容器不发生反应，不影响性能；⑨对操作者无害，无毒、无不良气味；⑩价格低廉、废液处理容易。

2）对清洗剂综合性能的要求：①其活性和浓度适中，操作容易；②温度稳定性好，易于储存；③与被测工件及存储容器不发生反应，不影响性能；④对操作者无害，无不良气味。

（3）显像剂：显像剂通过毛细作用将缺陷中的渗透剂吸附到试件表面，形成不连续显示，使其可见而便于观察，是影响渗透测试灵敏度的重要因素。对显像剂的综合性能要求为：①吸湿能力强，吸湿速度快；②对试件表面有一定的黏附力；③与渗透剂形成背景反差，但不应影响渗透剂显像及观察；④与被测工件及存贮容器不发生反应，不影响性能；⑤使用方便，易于操作。

**2.黑光灯**　黑光灯的紫外线波长应在 315～400nm 的范围内，峰值波长为 365nm。

**3.黑光辐照度计**　用于测量黑光辐照度，其紫外线波长应在 315～400nm 的范围内，峰值波长为 365nm。

**4.荧光亮度计**　用于测量渗透剂的荧光亮度，其波长应在 430～600nm 的范围内，峰值波长为 500～520nm。

**5.光照度计**　用于测量可见光照度。

**6.试块**　分为铝合金试块（A 型试块）和镀铬试块（B 型试块）。

（1）铝合金试块（A 型试块）（图 1-1）：试块由同一试块剖开后具有相同大小的两部分组成，并打上相同的序号，分别标以 A、B 记号，A、B 试块上均应具有细密对称的裂纹图形。铝合金试块的其他要求应符合《无损检测 渗透试块通用规范》（JB/T 6064—2015）相关规定。

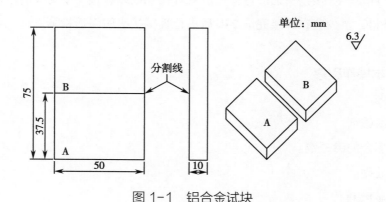

图 1-1　铝合金试块

铝合金试块主要用于以下两种情况:

1)在正常使用情况下,检验渗透检测剂能否满足要求,以及比较两种渗透检测剂性能的优劣。

2)对用于非标准温度下的渗透检测方法进行鉴定。

(2)镀铬试块(B型试块):将一块材料为 S30408 或其他不锈钢板材加工成图 1-2 所示试块,在试块上单面镀铬,镀铬层厚度不大于 150μm,表面粗糙度 Ra=1.2～2.5μm,在镀铬层背面中央选相距 25mm 的 3 个点位,用布氏硬度法在其背面施加不同负荷,在镀铬面形成从大到小、裂纹区长直径差别明显、肉眼不易见的 3 个辐射状裂纹区,按照大小顺序排列出点位号分别为 1、2、3。裂纹尺寸见表 1-2。

表 1-2　三点式 B 型试块表面裂纹区点位与长直径对应表

| 裂纹区次序号 | 1 | 2 | 3 |
|---|---|---|---|
| 裂纹区长直径/mm | 3.7～4.5 | 2.7～3.5 | 1.6～2.4 |

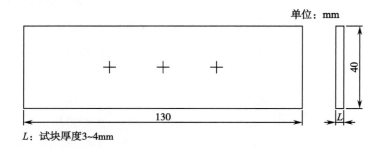

图 1-2　三点式 B 型试块

## (六)检测时机

除非另有规定,焊接接头的渗透检测应在焊接完成或焊接工序完成后进行。对有延迟裂纹倾向的材料,至少应在焊接完成 24h 后进行焊接接头的渗透检测。

## (七)基本操作程序

1.预处理。

2.施加渗透剂。

3.去除多余的渗透剂。

4.干燥处理。

5.施加显像剂。

6.观察及评定。

7. 后处理。

8. 出具检测报告。

## （八）检测结果评定

按照下述规则评定检测结果：

1. 显示分为相关显示、非相关显示和伪显示。非相关显示和伪显示不必记录与评定。

2. 小于 0.5mm 的显示不计，其他任何相关显示均应作为缺陷显示。

3. 长度与宽度之比＞3 的相关显示，按线性缺陷处理；长度与宽度之比≤3 的相关显示，按圆形缺陷处理。

4. 相关显示在长轴方向与工件（轴类或管类）轴线或母线的夹角≥30° 时，按横向缺陷处理，其他按纵向缺陷处理。

5. 两条或两条以上线性相关显示在同一条直线上且间距不大于 2mm 时，按一条缺陷处理，其长度为两条相关显示之和加间距。

## （九）质量分级

质量分级要求如下：

1. 不允许任何裂纹。紧固件和轴类零件不允许任何横向缺陷显示。

2. 缺陷质量评定分级按《承压设备无损检测 第 5 部分：渗透检测》（NB/T 47013.5—2015）或相应标准进行。

3. 焊接接头和坡口的质量分级按表 1-3 进行（NB/T 47013.5—2015）。

### 表 1-3　焊接接头和坡口的质量分级

| 等级 | 线性缺陷 | 圆形缺陷（评定框尺寸为35mm×100mm） |
|---|---|---|
| I | $l \leqslant 1.5$ | $d \leqslant 2.0$，且在评定框内不大于1个 |
| II | | 大于 I 级 |

注：$l$ 表示线性缺陷显示长度（mm）；$d$ 表示圆形缺陷显示在任何方向上的最大尺寸（mm）。

4. 其他部件的质量分级按表 1-4 进行（NB/T 47013.5—2015）。

### 表 1-4　其他部件的质量分级

| 等级 | 线性缺陷 | 圆形缺陷（评定框尺寸为2 500mm²，其中一条矩形边的最大长度为150mm） |
|---|---|---|
| I | 不允许 | $d \leqslant 2.0$，且在评定框内不大于1个 |
| II | $l \leqslant 4.0$ | $d \leqslant 4.0$，且在评定框内不大于2个 |

续表

| 等级 | 线性缺陷 | 圆形缺陷（评定框尺寸为2 500mm²，其中一条矩形边的最大长度为150mm） |
|:---:|:---:|:---:|
| Ⅲ | $l \leq 6.0$ | $d \leq 6.0$，且在评定框内不大于4个 |
| Ⅳ | | 大于Ⅲ级 |

注：$l$ 表示线性缺陷显示长度（mm）；$d$ 表示圆形缺陷显示在任何方向上的最大尺寸（mm）。

### （十）检测报告

渗透检测完成后，应出具检测报告，描述检测过程和结果。报告至少应包括以下项目：

1）委托单位。

2）被检工件的描述。

3）检测设备：渗透检测剂名称、牌号。

4）检测规范：检测比例、检测灵敏度校验及试块名称，预清洗方法，渗透剂施加方法，乳化剂施加方法、去除方法、干燥方法，显像剂施加方法、观察方法和后清洗方法，温度、时间等。

5）渗透显示记录及工件草图 / 示意图。

6）检测结果及质量分级、检测标准名称及验收等级。

7）检测人员、报告编写人和审核人签字及技术资格。

8）检测日期。

## 四、射线检测

### （一）定义

射线检测利用射线穿透试件，以胶片作为记录检测信息的方式并保留检测原始数据，主要用于检测试件内部的宏观几何缺陷。在工业产品中常将 X 射线、$\gamma$ 射线用于射线检测。

### （二）工作原理

射线在穿透物体的过程中会与物质发生相互作用，因吸收和散射而使其强度减弱。强度减弱程度取决于物质的衰减系数和射线在物质中穿越的厚度。如果被透照物体（试件）的局部存在缺陷，且构成缺陷的物质的衰减系数又不同于试件，该局部区域的透过射线强度就会与周围产生差异。把胶片放在适当位置使其在透过射线的作用下感光，经暗室处理后得到底片。底片上各点的黑化程度取决于射线照射量（又称曝光量，等于射线强度乘以照射时间），由于缺陷部位和完好部位的投射射线强度不同，底片上相应部位就会出现黑度差异，底片上相邻区域的黑度差定义为"对比度"。把底片放在观片灯光屏上并借助透过光线观察，可以看到由此对比度构成的不同形状的影像，评片人员据此判断缺陷情况并评价试件的质量。

### （三）特点及适用范围

1. 适用于工件内部缺陷探测，基于射线的能量更适宜于较薄工件，且厚度方向的缺陷定位比较困难。

2. 对体积型缺陷的检出率很高，而对于面积型缺陷的检测精度则会受到影响。因此不适合用于板材、棒材和锻件的检测。

3. 可以获得缺陷投影图像，有直观的记录，易于对缺陷进行判断和保存该记录。

4. 对资源及照相焦距都有一定的要求，因此对工件形状及检测现场资源的要求较高，且一次透照长度有限，因此效率较低。

5. 射线对人体有一定的伤害，因此对其防护要求高，辅助成本也高。

### （四）射线检测对人员的要求

从事射线检测的人员，应按照《特种设备无损检测人员考核规则》（TSG Z8001—2019）的相关规定取得相应资格，并在上岗前进行辐射安全知识培训，按照有关法规的要求取得相应证书，方可从事与该资格级别相应的射线检测工作；且检测人员未经视力矫正或经矫正的近（距）视力和远（距）视力应不低于5.0，测试方法应符合《标准对数视力表》（GB 11533—2011）的规定，检测人员每12个月应检查一次视力。

### （五）设备和器材

**1. X射线机** 工业射线检测中通常使用的低能量X射线机主要由4部分组成：射线发射器（X射线管）、高压发生器、冷却系统、控制系统。当各部分独立时，高压发生器与射线发生器之间应采用高压电缆连接。

按射线机的结构，X射线机通常分为便携式X射线机、移动式X射线机、固定式X射线机。

便携式X射线机（图1-3）采用组合式射线发生器，其X射线管、高压发生器、冷却系统共同安装在一个机壳中，也可简称为射线发生器。在射线发生器中充满绝缘介质，整机由两个单元构成，即控制器和射线发生器，它们之间由低压电缆连接。

通过调整管电压、管电流及金属靶材料的原子序数等参数，可获得想要达到的X射

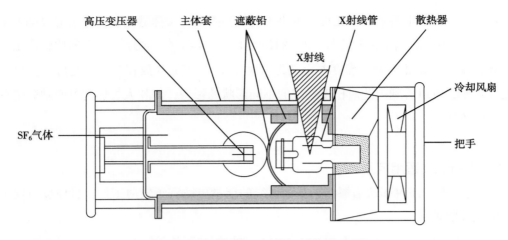

图 1-3    便携式 X 射线机结构示意图

线穿透能力。不同的设备、胶片和暗室等影响其拍片结果，因此在实际工作中会按设备不同选取工件厚度、设备制作曝光曲线，在使用时通过曝光曲线并根据工件的材质和厚度选取工艺参数。

**2. γ射线机**    γ射线机以放射性同位素作为γ射线源辐射γ射线，因此γ射线只有几种特定的波长，常用的放射性同位素有钴 60（$^{60}$Co），铱 192（$^{192}$Ir），硒 75（$^{75}$Se）等。γ射线的穿透能力取决于放射性同位素的能量。γ射线由放射性元素激发，持续辐射能量不变，且其辐射强度随时间减弱，无法调节。因此，它与 X 射线机的一个重要不同之处在于γ射线源始终都在不断地辐射γ射线，而 X 射线机仅在开机并加上高压后才能产生 X 射线，这就使γ射线机的结构具有不同于 X 射线机的特点。

常用的手提式γ射线机结构及原理如图 1-4 所示。

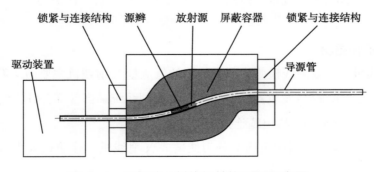

图 1-4    手提式γ射线机结构原理示意图

γ射线机主要由 5 部分构成：源组件（密封γ射线源）、屏蔽容器、导源管、驱动装置、附件。

γ射线机与 X 射线机相比，具有设备简单、便于操作、不用水电等特点，并且可以连续运行，不受温度、压力等外界环境的影响。由于 $\gamma$ 射线源持续不断地衰变并放射出 $\gamma$ 射线，射线机操作错误所引起的后果将是十分严重的，因此必须注意 $\gamma$ 射线机的安全操作和使用。

**3．其他器材**　射线检测主要使用的器材除射线机外，还有胶片、增感屏、像质计、观片灯、黑度计和标记符号等辅助器材，传统的射线检测还需要有暗室，对被射线曝光过带有潜影的胶片进行处理，形成可见影像的底片。底片的灵敏度、清晰度等同时受器材及暗室的影响。

（1）胶片：胶片主要由片基、结合层、感光乳剂层和保护膜组成。射线胶片与普通胶片除了感光乳剂成分有所不同外，其他的主要不同是感光乳剂的涂布面积：普通胶片是单面涂布感光乳剂层，射线胶片一般是双面涂布感光乳剂层，且厚度远大于普通胶片感光乳剂层的厚度，这主要是为了吸收更多的射线能量。

（2）增感屏：当射线入射到胶片时，由于射线的穿透能力很强，大部分穿过胶片，胶片仅吸收入射射线很少的能量。为了吸收更多的射线能量，缩短曝光时间，在射线检测中常使用前、后增感屏吸收一部分射线能量，达到缩短曝光时间的目的。增感屏增感性能的主要指标是增感系数。

（3）像质计：像质计是测定射线照片的射线照相灵敏度的器件，根据在底片上显示的像质计的影像，可以判断底片影像的质量，并可评定透照技术、胶片暗室处理情况、缺陷检验能力等。使用较最广泛的像质计主要有 3 种：丝型像质计、阶梯孔型像质计、平板孔型像质计。像质计应采用与被检验工件相同或对射线吸收性能相似的材料制作。

（4）暗室：暗室是用来处理曝光后带有潜影的胶片的专用空间。暗室需要完全遮光，应设置足够的隔离和密闭设施以保证人员出入时不漏光，并尽可能减少人员出入次数，因此一般会设有传递窗。暗室按功能通常分为干区和湿区两部分，干区主要用来摆放胶片、暗盒、切片和装片等，而湿区主要用于显影、定影、水洗和干燥等工作。在暗室中常用的器材和设备，包括洗片槽、烘片箱、洗片机、温度计和安全灯等。

（5）射线检测的其他设备和器材：为完成射线检测，除需要上述设备器材外，还需要其他设备和器材，如暗盒和药品等。

检测设备和主要器材应附有产品质量合格证明文件，并应按相关法规和标准的要求定期进行检定、校准或核查，并在检测单位的工艺规程中予以规定。

## （六）检测时机

除非另有规定，焊接接头的射线检测应在焊接完成或焊接工序完成后进行。对有延迟裂纹倾向的材料，至少应在焊接完成 24h 后进行焊接接头的射线检测。

## （七）基本操作程序

1. 根据射线检测相关工艺规程和检测工艺卡选择合适的工艺参数及透照方式。
2. 按工艺和标准要求设置防护区，做好个人防护。
3. 按标准及射线检测工艺规程的要求，摆放好标识、像质剂、胶片和增感屏等。
4. 拍片。
5. 胶片处理。
6. 对底片的焊缝质量进行评定。
7. 出具检测报告。
8. 存档。

## （八）检测结果评定

焊接接头中的缺陷按性质和形状可分为裂纹、未熔合、未焊透、条形缺陷和圆形缺陷5类。

## （九）质量分级

根据焊接接头中存在的缺陷性质、尺寸、数量和密集程度，质量等级按《承压设备无损检测 第2部分：射线检测》（NB/T 47013.2—2015）可划分为Ⅰ、Ⅱ、Ⅲ和Ⅳ级。质量分级的一般规定为：

1）Ⅰ级焊接接头内不允许存在裂纹、未熔合、未焊透和条线缺陷。

2）Ⅱ级和Ⅲ级焊接接头内不允许存在裂纹、未熔合和未焊透。

3）圆形缺陷评定区内同时存在圆形缺陷和条形缺陷时，应进行综合评级，即分别评定圆形缺陷评定区内圆形缺陷和条形缺陷的质量级别，将两者级别之和减一作为综合评级的质量级别。

4）除综合评级外，当各类缺陷评定的质量级别不同时，应以最低的质量级别作为焊接接头的质量级别。

5）焊接接头中缺陷评定的质量级别超过Ⅲ级时一律定为Ⅳ级。

对于不同材料的焊接接头或母材的质量分级见相应的检测标准和规范。

## （十）检测报告

射线检测完成后，应出具检测报告，描述检测过程和结果。报告至少应包括以下项目：

1）委托单位。

2）被检工件：名称、检测部位、焊缝坡口型式、焊接方法。

3）检测设备器材：射线源（种类、型号、焦点尺寸），胶片（牌号及其分类等级），增感屏（类型、数量和厚度），像质计（种类和型号）。

4）检测工艺参数：检测技术等级、透照技术（单或双胶片）、透照方式、透照参数（$F$、$f$、$b$）、管电压、管电流、曝光时间（或源强度、曝光时间）、暗室处理方式和条件。

5）底片评定：底片黑度、底片像质计灵敏度、缺陷位置和性质。

6）检测结果及质量分级。

7）布片图。

8）编制、审核人员及其技术资格。

9）检测单位。

## 五、超声检测

### （一）定义

超声检测通过超声波与工件相互作用时产生的反射、折射及散射波的情况，对工件进行缺陷检测、几何特性测量和组织结构检测等，从而对其应用性进行评价。超声检测主要用于探测试件的内部缺陷和材料测厚，主要使用频率为 1～5MHz。超声波有良好的指向性，对缺陷的反射灵敏，距离分辨能力也比较强。

### （二）工作原理

超声波在物体中传播时，与其中的缺陷相互作用导致超声波传播方向或特征发生变化，被改变的超声波被检测设备接收后，根据接收到的超声波特征（传播时间、超声波幅度和能量衰减等），评估工件本身及其内部是否存在缺陷。超声波检测仪所含电路激发产生高频脉冲使得探头电晶片产生超声波，超声波在工件中传播时，遇到缺陷或底面产生反射，返回探头时，又被转化为电信号。电信号以三种波形曲线方式显示，一种方式是将经过处理的信号在显示屏上显像为缺陷回波和底波，据此判断工件内部是否有缺陷，缺陷的性质和位置等。另外一种方式则将探测信号显示在探查距离和声传播时间（或距离）形成的坐标系中，形成二维截面图，从而可以看到缺陷在截面内的位置、取向和深度。还有一种方式则是将回传信号转化为工件某一深度的平面投影，得到缺陷在某一平面内的分布状态和形状，并且可以通过回波的反射时间得到缺陷的深度分布。

### （三）特点及适用范围

1. 基于超声波探测原理，其对面积型缺陷的检出率较高，对裂纹等缺陷的检出率高于射线检测。

2. 超声检测根据接收波来判断缺陷，更适用于较厚的工件，因为较薄工件的表面回波和缺陷波容易混淆。

3. 超声检测可用于多种工况，以及焊缝、板材、锻件、棒材和复合材料等内部缺陷的检测。

4. 检测成本比较低，对环境和资源要求少，使用方便。

5. 检测结果可见到无缺陷直观图像和见证记录，对检测人员的要求较高，且不易对存在的缺陷精确定量。

6. 材料本身的特性（材质、晶粒度等）及工件的状态（外形、结构和表面情况等）会影响检测精度，导致检测的可靠性下降。

### （四）人员要求

从事超声检测的人员需要学习和熟悉相关法规、标准要求，取得超声检测资格，方可从事该检测工作。

由于超声检测需要对检测波型即时做出判断，检测人员应具有一定的金属材料、设备制造安装、焊接及热处理等方面的基本知识，应熟悉被检测工件的材质、几何尺寸及透声性，对检测中出现的问题能做出分析、判断和处理。

### （五）设备和器材

超声检测的设备和器材主要包括超声检测仪、探头、试块和耦合剂等，其中超声检测仪和探头的性能对超声检测系统的检测能力起关键作用。

**1. 超声检测仪** 超声检测仪是超声波检测的主体设备，它的作用是产生电振荡并施加到探头上，使得探头发射超声波，同时接收来自探头的电信号，将其放大后以一定的方式显示，从而得出工件内部的状态。按其原理，超声波显示仪可以分为3类：穿透式检测仪、驻波共振测厚仪和脉冲波检测仪。目前常用的是脉冲波检测仪。

根据超声检测仪信号处理的方式不同又可进行细化分类，现阶段使用最广泛的是《承压设备无损检测》（NB/T 47013—2015）推荐使用的 A 型显示脉冲反射式数字检测仪。其显示原理如图 1-5 所示。

**2. 超声检测用探头** 探头是基于超

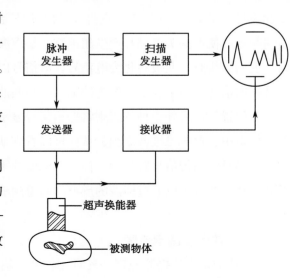

图 1-5 A 型显示脉冲反射式数字检测仪原理图

声换能器为主要元件，结合其他部件组成的具有超声波发射和接收功能的组装件。探头是超声检测系统的重要组成部分，其性能直接影响超声波检测的灵敏度及检测能力。探头一般由压电晶片、阻尼块、吸声材料、保护膜斜楔和外壳等组成，其中压电晶片最为重要，其质量关系到探头声场特性、强度、指向性等，决定了探头的检测性能。探头根据波型、晶片形式、耦合方式和用途等有多种分类方式，在生物工程设备制造和生产过程中常用的探头有接触式纵波直探头和接触式斜探头。

　　超声检测仪和探头两者的组合性能决定了缺陷的检出率，其组合性能包括水平线性、垂直线性、组合频率、灵敏度余量、盲区（直探头）和远场分辨能力。根据《承压设备无损检测》（NB/T 47013—2015）要求，有以下情况时应该测定超声检测仪和探头的组合性能：① 新购置的超声检测仪和 / 或探头；② 仪器和探头在维修或更换主要部件后；③ 检测人员有怀疑时。

　　在测定组合性能时，水平线性偏差不大于 1%，垂直线性偏差不大于 5%。超声检测仪和探头的组合频率与探头标称频率之间偏差不得大于 ±10%。在达到所探工件的最大检测声程时，其有效灵敏度余量应不小于 10dB。检测仪与探头组合频率的检测方法按《超声探伤用探头性能测试方法》（JB/T 10062—1999）的规定，其他组合性能测试方法参考《无损检测 A 型脉冲反射式超声检测系统工作性能测试方法》（JB/T 9214—2010）的规定。除此之外，超声检测仪和探头组合性能还应满足以下要求：

　　（1）检测仪与直探头组合：检测仪与直探头组合时，需满足 3 个条件。

　　1）灵敏度余量应不小于 32dB。

　　2）在基准灵敏度下，对于标称频率为 5MHz 的探头，盲区不大于 10mm；对于标称频率为 2.5MHz 的探头，盲区不大于 15mm。

　　3）直探头远场分辨力不小于 20dB。

　　（2）检测仪与斜探头组合：检测仪与斜探头组合时，需满足 2 个条件。

　　1）灵敏度余量应不小于 42dB。

　　2）斜探头远场分辨力不小于 12dB。

　　**3．超声检测用试块**　　与其他检测方式一样，为了保证超声检测设备检测结果的稳定性和准确性，需要用一块已知特性的试样对设备进行校准，为此目的专门设计和制作的试样，简称试块。根据试块的特性和制作要求不同，常分为 3 类：标准试块、对比试块和模拟试块。标准试块通常由权威机构制定，其特性及制作有专门的标准规定，主要用于检测仪探头系统性能测试校准和检测校准（图 1-6）；对比试块是为检测特定工件专门制作的试块，主要用于检测校准、信号对比及缺陷评估。模拟试块是含模拟缺陷的试块，主要用于检测研究、人员考核、评价和验证检测工艺等。

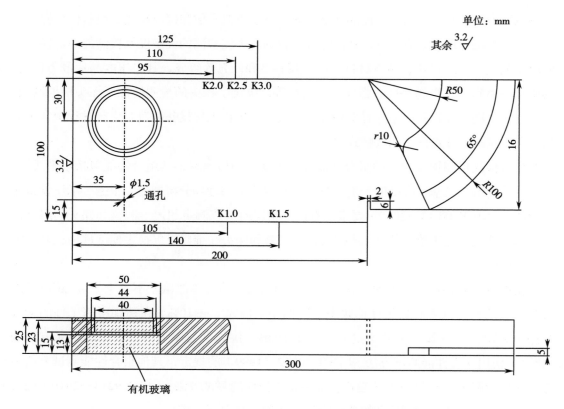

图 1-6 CSK-IA 标准试块（焊接接头用）

注：尺寸误差不大于 ±0.05mm。

**4. 超声检测用耦合剂**   在超声检测过程中，如果探头与工件之间有一层空气时，超声波的反射率几乎为 100%，因此需要排除两者之间的空气。耦合剂即为在超声波检测过程中，为改善探头与工件间声能的传递，加在探头和检测面之间的液体薄层。其可以填充探头与工件之间的空隙，使超声波可以传入工件，并可以减少探头与工件之间的摩擦。常用的耦合剂有水、甘油、机油、化学浆糊和水玻璃等，镍基合金上使用的耦合剂硫含量应不大于 250mg/L，奥氏体不锈钢或钛材上使用的耦合剂则应控制卤素（氯和氟）的总含量不超过 250mg/L。

### （六）检测时机

超声检测的适用范围比较广泛，检测时机应根据检测场景进行调整，选择合适的检测时机。例如，锻件超声检测应在热处理后精加工前，将其加工成适合检测的外形，并要求其表面粗糙度满足要求，无氧化皮等影响检测的杂物、污物存在；复合板超声检测则主要用于基材与覆材界面结合状态的检测，因此其检测宜选在热处理和校平后进行；为避免复合后产生不良，也可在复合后增加超声检测。

## （七）基本操作程序

1. 根据工件的情况选择合适的检测时机和方法。

2. 根据检测方法、工件情况及工艺指导书等选择满足要求的检测仪器、探头、耦合剂，并确定频率、检测方向和扫查面等。

3. 对检测面进行修整，以满足表面要求便于检测。

4. 确定灵敏度。

5. 对工件进行初步检测，并对发现缺陷的性质、尺寸和位置等特性进行确认。

6. 根据相关标准对检测结果进行分级和评定，并出具报告。

## （八）检测结果评定

对应不同的标准和不同的工件类型，其结果评定和分级也不相同。下文以《承压设备无损检测》（NB/T 47013—2015）中复合板的质量分级为例进行介绍。复合板的超声检测目的在于测定复合板基材与覆材界面结合状态，因此其结果评定主要是对未结合缺陷区进行评定。

**1. 未结合指示长度评定规则** 未结合区边界范围确定后，用一边平行于板材压延方向的矩形框包围该未结合区，长边作为其指示长度。若单个未结合的指示长度小于 25mm 时，可不作记录。

**2. 单个未结合面积的评定规则** 一个未结合区按其指示的矩形面积作为该单个未结合面积；多个未结合区其相邻间距小于 20mm 时，按单个未结合区处理，其面积为各个未结合面积之和。

**3. 未结合率的评定** 任一 1m × 1m 检测面积内，按未结合区面积所占百分比来确定。

## （九）质量分级

1. 在复合板边缘或坡口预定线两侧做 100% 扫查的区域内，未结合区的指示长度大于或等于 25mm 时，定级为Ⅳ级。

2. 复合板质量分级（表 1-5）

表 1-5　复合板超声检测质量分级

| 等级 | 单个未结合指示长度/mm | 单个未结合面积/cm² | 未结合率/% |
|---|---|---|---|
| Ⅰ | 0 | 0 | 0 |
| Ⅱ | ≤50 | ≤20 | ≤2 |
| Ⅲ | ≤75 | ≤45 | ≤5 |
| Ⅳ | 大于Ⅲ级者 | | |

## （十）检测报告

超声检测完成后，应出具检测报告，描述检测过程和结果。报告至少应包括以下项目：

1）委托单位。

2）被检工件的描述。

3）检测设备：名称、型号及编号、探头、试块和耦合剂。

4）检测规范：技术等级。

5）检测示意图：检测部位及检测区域及发现的缺陷位置、尺寸和分布等。

6）检测结果及质量分级、检测标准名称及验收等级等。

7）编制、审核人员及其技术资格。

8）检测单位。

# 六、泄漏检测

为防止设备或系统中的气相或挥发物泄漏，需检测设备或管道系统的密封性能，根据需要对设备或系统进行泄漏检测，以确定设备或系统在使用过程中无泄漏。根据试验介质不同，常用泄漏检测分为气密性检测、氨检漏检测、卤素检漏检测、氦检漏检测等。在管道系统中，一般需要对输送极度和高度危害介质以及可燃介质的管道进行泄漏检测。

## （一）定义

泄漏检测指以气体为测试媒介，在一定的压力下根据气体的不同选用与之相适应的测试手段，例如发泡剂、显色剂、气体分子感应测试仪等，检查设备或管道中泄漏点的技术。

## （二）工作原理

利用比气相分子更小的气体检测设备检测是否存在会导致气相泄漏的漏点。

## （三）特点及适用范围

1. 设备携带方便，操作简单，对资源要求较低，适用于现场泄漏检测。

2. 检测记录易于保存。

## （四）人员要求

泄漏检测人员的视力（可矫正）应满足近距视力和远距视力不低于5.0（小数记录值为1.0），其测试方法可参考《标准对数视力表》（GB 11533—2011）。与此同时，基于检测的时效性，还要求检测人员具有丰富的检漏实践经验，掌握所用示踪物质的特性。

### （五）检测设备

在泄漏检测中，根据检测的方式不同其设备各有不同，但均包括压力表/真空表、温度测量装置、检测器具和标准漏孔等。以氦检漏–嗅吸探头检测为例来说明所使用的设备。氦质谱检漏法利用氦质谱检漏仪的氦分压力测量原理，实现被检件的氦泄漏量测量。当被检件密封面上存在漏孔时，示踪气体氦气会从漏孔逸出，泄漏出来的气体通过嗅吸探头进入氦质谱检漏仪，氦质谱检漏仪系统将其转变为可识别的信号值，指示泄漏。在获得氦气信号值的基础上，通过标准漏孔比对的方法就可以获得漏孔对氦泄漏量。氦质谱检漏仪的主要设备包括氦质谱仪、嗅吸探头、氦气源和校准漏孔等（图 1-7）。

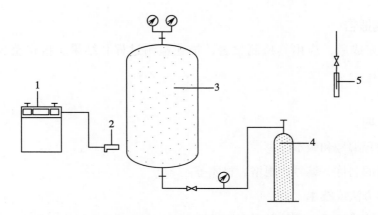

1. 氦质谱仪；2.嗅吸探头；3.待检容器；4.氦气源；5.校准漏孔

图 1-7　泄漏检测连接示意图

（1）氦质谱仪：是以气体分析仪检测氦气而进行检漏的质谱仪。若设备有泄漏，氦气喷到气体分析仪上，分析仪即有所反应，从而可知漏孔所在。

（2）嗅吸探头：即采样探头，用来采集被检工件上逸出的示踪气体，并将示踪气体反馈给质谱仪。

（3）校准漏孔：是在氦质谱仪使用前用来校准的设备。将经过校准的标准漏孔接入氦质谱仪系统，在一定的温度下，得到标准漏孔漏率的检漏仪示值，从而对氦质谱仪系统进行示值校核。

### （六）检测时机

设备安全附件安装完成，设备应干燥清洁，焊缝表面无可能遮蔽泄漏的污物。

### （七）基本操作程序

1. 待检设备应稳固，且内外部均清理干净且干燥。

2．对检测用氦质谱检漏仪进行预热和校准。

3．将嗅吸探头连接质谱检漏仪后对检漏系统进行校准，确定其响应时间、净化时间等。

4．充入氦气并在保压期间对设备进行扫查。

### （八）检测结果评定

一般情况下，检出的漏率不超过 $1 \times 10^{-6}$ Pa·m³/s 的允许漏率，则被检区域或设备是可以被接受的。若有明确的规范、标准、技术要求或合同另有规定时，应参照执行。

### （九）检测报告

泄漏检测完成后，应出具检测报告，描述检测过程和结果。报告至少应包括以下项目：

1）委托单位。

2）检测日期。

3）工艺规程编号和版本。

4）被检件的名称、编号、规格、材质等。

5）采用的方法或技术。

6）检测方法或技术方案的示意图（必要时）。

7）检测仪器、标准泄漏孔和材料识别号。

8）压力表 / 真空表的型号、量程、精度和编号。

9）温度测量设备及其编号。

10）检测工况、示踪气体和气体浓度。

11）检测人员、报告编写人和审核人签字及技术资格。

12）检测日期。

## 七、材料化学成分分析和鉴别

### （一）概述

钢铁是 Fe 与 C、Si、Mn、P、S 以及少量其他元素所组成的合金。由于除 Fe 外，C 的含量对钢铁的机械性能起着主要作用，故统称为铁碳合金。铁碳合金是工程技术中最重要、用量最大的金属材料。

钢是含碳量为 0.03%～2.11% 的铁碳合金，按含碳量不同，碳钢又分为低碳钢、中碳钢和高碳钢。在碳钢的基础上加入一种或多种合金元素，从而使其具有一些特殊性能，如高硬度、高耐磨性、高韧性、耐腐蚀性等。经常加入钢中的合金元素有 Si、Mn、Cr、Ni、Mo、Ti、V 等。

（1）碳（C）：碳含量越高，钢的硬度越高，耐磨性越好，但塑性及韧性越差。

（2）硅（Si）：硅含量增加可使钢的硬度增加，但塑性及韧性下降。

（3）锰（Mn）：锰能提高钢的强度，消除或削弱硫的不良影响，并能提高钢的淬透性，含锰量高的高合金钢具有良好的抗磨性及其他物理性能。

（4）磷（P）：磷能使钢中的塑性及韧性明显下降，特别在低温时影响更为严重，这一现象称为冷脆性。在优质钢中，硫和磷的含量应严格控制。但从另一角度来看，在低碳钢中含有较高的硫和磷时，能使切削时切屑易断，对改善钢的可切削性是有利的。

（5）硫（S）：硫是钢中的有害杂质，含硫较多的钢在高温下进行压力加工时容易脆裂，这种现象称为热脆性。

（6）铬（Cr）：铬能提高钢的淬透性及耐磨性，改善钢的抗氧化作用，提高钢的抗腐蚀能力。

（7）镍（Ni）：镍能提高钢的强度和韧性，提高淬透性，含量高时可显著改变钢和合金的一些物理性能，提高钢的抗腐蚀能力。

（8）钼（Mo）：钼可显著提高钢的淬透性，提高热强性，防止回火脆性，提高剩磁和矫顽力。

（9）钛（Ti）：钛能细化钢的晶粒组织，从而提高钢的强度及韧性。在不锈钢中，钛能消除或减轻钢的晶间腐蚀现象。

（10）钒（V）：钒能细化钢的晶粒组织，提高钢的强度、韧性及耐磨性。当它在高温溶入奥氏体时，可增加钢的淬透性；反之，当它以碳化物形态存在时，会降低钢的淬透性。

因此，检查和复验钢材的化学成分，对确保钢材的物理化学性能都非常重要。在设备制造中，需要检查确认所采购材料的化学成分等符合要求，并在制造过程中严格材料标识和移植，防止材料误用和混用，必要时可采取现场检测方法以鉴别所用材料的正确性。

## （二）测试方法

目前材料化学成分分析和鉴别主要有 3 种方法：容量分析法、光谱分析法和火花鉴别法。

**1. 容量分析法**　用标准溶液（已知浓度的溶液）与金属中被测元素完全反应，然后根据所消耗标准溶液的体积计算出被测定元素的含量。

**2. 光谱分析法**　各种元素在高温、高能量的激发下都能产生自己特有的光谱，根据元素被激发后所产生的特征光谱来确定金属的化学成分及大致含量的方法，称光谱分析法。通常借助电弧、电火花、激光等外界能源激发试样，使被测元素发出特征光谱，经分光后与化学元素光谱表对照，做出分析。根据分析原理，光谱分析可分为发射光谱分析与吸收光谱分析2种。光谱检测法的优点是灵敏、迅速。历史上曾通过光谱分析发现了许多新元素，如铷、铯、氦等。

**3. 火花鉴别法** 指钢铁在砂轮磨削下产生摩擦、高温作用，通过各种元素和微粒氧化时产生的火花数量、形状、分叉及颜色等不同，来鉴别材料化学成分（组成元素）和大致含量的一种方法。火花鉴别法专用电动砂轮的功率为0.20~0.75kW，转速高于30 000r/min，所用砂轮颗粒度为40~60目，直径为$\Phi$150~200mm。磨削时施加压力以20~60N为宜，轻压看合金元素，重压看含碳量。

### （三）光谱分析法

在工程领域，通常说的材料可靠性鉴定（PMI，positive material identification）特指光谱分析法，用以检测金属材料内各元素的含量及牌号的判定。

PMI是指对所使用材料（尤其指金属材料）的安全与可靠性的检测，这种检测可以验证所用材料的化学成分，检查合金牌号是否正确，确认是否符合相关规定。

根据检测的等级要求分为3种：定性、半定量和全定量。

（1）定性：鉴定被检材料中是否含有Cr、Mo。

（2）半定量：测定Cr、Mo等金属元素的含量，与材料质量证明书（或规范）中的含量进行比较，以确定金属元素含量是否合格。

（3）全定量：根据材料中测定的谱线分析材料中所有元素的含量，如C、S、P、Si、Cr、Mo、Mn等。

### （四）PMI仪器类型

光谱分析法所用仪器主要有三种类型：手持式光谱仪、移动式光谱仪和固定式光谱仪。

**1. 手持式光谱分析仪** 是一种X射线荧光（XRF）设备，操作简单，使用方便，对材料无任何伤害，但由于设备只能测出主要合金成分，不能检测非金属含量，因此一般情况下在做定性分析时使用。

其可检测元素和偏差范围在设备说明书中会有详细注释，一般可检测元素包括钛（Ti）、钒（V）、铬（Cr）、锰（Mn）、铁（Fe）、钴（Co）、镍（Ni）、铜（Cu）、锌（Zn）、硒（Se）、锆（Zr）、铌（Nb）、钼（Mo）、钯（Pd）、银（Ag）、锡（Sn）、锑（Sb）、钽（Ta）、钨（Wu）、铋（Bi）、铝（Al）等，每项元素理论上从0.001%~99.999%都可做检测，实际上会因元素、基材、监测设备等不同有所差异。

每次检测会自动显示材料牌号，一般情况下设备测量元素的误差在 10% 左右。理论上检测时间越长越准确，如使用 4 倍的时间能够提高 2 倍的精度，一般情况 10s 以上可以稳定显示和测量出化学成分及含量；元素含量越大越准确，如某元素含量为 0.5%，检测误差为 0.1%，误差率为 20%；某元素含量为 5.0%，检测误差是 0.2%，误差率为 4%；某元素含量为 20%，检测误差是 0.4%，误差率 2%。元素排列越靠后结果越准确，如 Mo 的检测精度要高于 Ni。

目前市场上所使用的便携式设备不可检测非金属元素，但合金中存在少量不需要检测的非金属元素时，如不锈钢中的 C、P、S，基本不会影响金属元素成分的检测。

便携式光谱分析仪属于精密仪器，需要定期校准。其测量过程中会有 X 射线产生，使用不当会对人体产生一定的影响。因此在操作过程中要注意以下几方面：

1）检查设备是否在校准有效期内，设备定期校准可以保证设备在使用期间达到预定的测量精度。

2）在测量过程中，手不要靠近测试窗口。当仪器工作时，绝对不能将仪器指向其他人，操作人员也绝不能观察测试窗口。

3）在测量样品时，确保样品完全覆盖光谱分析仪的测试窗口，并在测试期间处于直立状态，分析仪不要倾斜。

4）为获得准确的测试结果，被检测表面应尽量干净，不应有污染物或覆盖物，避免影响检测结果，在检测不准确时，可对被检测表面进行清理后复测。

5）常规光谱分析仪最佳的环境操作温度为 –5～25℃，如需要在极端环境下使用，则需要选用专门配置的设备。

**2. 移动式和固定式光谱仪**　是使用电感耦合等离子体（ICP 等离子体）、电弧 / 火花 OES 等作为激发源的光学发射光谱仪，具有易用、高灵敏度、高精确度、抗干扰能力较强等特点。可以对所有元素进行检测，包括 C、P、S、B、Li、Si 等非金属元素。移动式光谱仪装有轮子，可用于实验室，也可以用于现场；固定式光谱仪可分为立式和台式，一般在实验室内使用。

## （五）检测报告

检测完成后，应出具检测报告，描述检测过程和结果。报告至少应包括以下项目：

1）委托单位。

2）被检工件的描述。

3）检测方法。

4）检测设备：名称、型号。

5）检测规范：材料标准、操作程序。

6）工件检测部位草图 / 示意图。

7）检测数据及检测结果及验收标准等。

8）检测日期、检测人员、责任人员签字及相应资格等。

## 八、铁素体检测

在奥氏体不锈钢或双相钢材料控制过程中，会对材料中的铁素体含量有范围要求。母材和焊缝中的铁素体含量是工件机械强度和抗腐蚀能力的重要指标。对于奥氏体钢来说，铁素体含量过少，焊接时容易产生热裂纹，含量太高则会降低材料的韧性和耐腐蚀性能；对于双相钢而言，铁素体含量太少，会导致材料的强度降低，铁素体含量过高则会降低材料的韧性和耐腐蚀性能，增加材料的脆性断裂风险。

铁素体数（FN）是不锈钢焊接头铁素体量的量度单位之一，鉴于铁素体相和奥氏体相的相对数量会影响不锈钢焊接接头的物理性能和力学性能（以及常规抗腐蚀性能和抗应力腐蚀开裂能力），准确评定 FN 值非常重要。

铁素体含量检测方法通常有 3 种：金相法、化学计算法和铁素体检测仪。传统方法使用金相法和化学计算法，这两种方法均需要对被测对象进行取样，属于破坏性检测，取样后需要一系列观测统计计算，得出测量结果，测量结果的准确性很大程度上取决于检测人员的自身经验和水平。铁素体检测仪是一款采用磁感应法无损快速检测不锈钢母材或者焊缝中铁素体含量的便携式检测设备。利用磁感应方法测量奥氏体钢和双相钢中的铁素体含量，仪器能识别所有的磁性部件，也就是说，除了 $\delta$ 铁素体，还能识别其转化形式马氏体。铁素体检测仪适合于现场快速无损检测，可以测量奥氏体覆层、不锈钢管道、容器和锅炉焊缝内以及奥氏体钢或双相钢制造的其他产品内的铁素体含量。该方法对被测对象无损，测试快速、准确，操作简单易用，测量结果客观。

铁素体含量检测完成后，应出具检测报告，描述检测过程和结果。报告至少应包括以下项目：

1）委托单位。

2）被检工件的描述。

3）检测方法。

4）检测设备：名称、型号。

5）检测规范：检测标准、操作程序。

6）工件检测部位草图 / 示意图。

7）检测数据及检测结果及验收标准等。

8）检测日期、检测人员、责任人员签字及相应资格等。

# 九、材料及其性能

## （一）概述

材料是人类赖以生存和发展的物质基础，对国民经济发展、社会进步和国家安全有至关重要的作用。20 世纪 70 年代，人们把信息、材料和能源誉为当代文明的三大支柱；20 世纪 80 年代，以高新技术群为代表的新技术革命，又把新材料、信息技术和生物技术并列为新技术革命的重要标志。无论是传统的制造业，还是航空航天、电子信息和人工智能等高新技术产业，都离不开材料的支撑。那么，什么是材料呢？

在《材料大辞典》（主编师昌绪，化学工业出版社，1994 年）中将材料定义为：用来制造有用的构件、器件或物品的物质。

材料科技的发展是人类文明发展的一个重要标志，从直接利用大自然中材料的旧石器时代，到可以制作复杂陶器的新石器时代，再到青铜器时代、铁器时代，发展至今已是百花齐放，各种工程材料、功能材料、新材料都获得了高速的发展。

## （二）材料的分类

材料具有多样性特征，针对多种多样的材料，可以从多个维度对材料进行分类，比如按照形态和性质、化学状态、物理性质、物理效能和用途等规则进行分类。

（1）按照化学状态分类：可分为金属材料、无机非金属材料、高分子材料和复合材料（图 1-8）。

（2）按照形态和性质分类：可分为单晶体、多晶体（陶瓷、水泥）和非晶体材料（玻璃）。

（3）按照物理性质分类：可分为高强度、耐高温、超硬、导电、绝缘、透光、磁性和半导体材料等。

（4）按照物理效能分类：可分为压电、热电、光电、声光和激光材料等。

（5）按照用途分类：可分为功能材料、结构材料等。

## （三）生物工程设备常用材料

近年来，生物工程行业获得快速发展，其生产工艺过程对设备有"洁净"的要求。因此，在生物工程设备制造选材过程中，除了要考虑材料的力学性能和工艺性能，更要重点考虑材料与工艺介质的化学兼容性和生物兼容性问题。因此，只有很少一部分材料在生物工程设备制造行业中获得了广泛的应用，主要包括不锈钢（表 1-6）中的普通 18-8 奥氏体不锈钢、超级奥氏体不锈钢和双相不锈钢，镍基合金中的镍 – 铬 – 钼合金系列（表1-7），钛材（表 1-8），高分子材料（表 1-9），玻璃，烧结材料（例如氧化铝、碳化硅、氮化硅和氧化锆）（图 1-8）。

表 1-6 不锈钢材料及其化学成分（质量分数 /%）

| 中国统一数字代号 | 美国 UNS 号 | EN 数字代号 | C | Si | Mn | P | S | N | Cr | Ni | Mo | Cu |
|---|---|---|---|---|---|---|---|---|---|---|---|---|
| **奥氏体不锈钢** | | | | | | | | | | | | |
| S30408 | … | … | 0.08 | 0.75 | 2.00 | 0.035 | 0.015 | 0.10 | 18.00~20.00 | 8.00~10.50 | … | … |
| … | S30400 | … | 0.07 | 0.75 | 2.00 | 0.045 | 0.030 | 0.10 | 17.5~19.5 | 8.0~10.5 | … | … |
| … | … | 1.430 1 | 0.07 | 1.00 | 2.00 | 0.045 | 0.015 | 0.10 | 17.5~19.5 | 8.0~10.5 | … | … |
| S30403 | … | … | 0.030 | 0.75 | 2.00 | 0.035 | 0.015 | 0.10 | 18.00~20.00 | 8.00~12.00 | … | … |
| … | S30403 | … | 0.030 | 0.75 | 2.00 | 0.045 | 0.030 | 0.10 | 17.5~19.5 | 8.0~12.0 | … | … |
| … | … | 1.430 7 | 0.030 | 1.00 | 2.00 | 0.045 | 0.015 | 0.10 | 17.5~19.5 | 8.0~10.5 | … | … |
| … | … | 1.430 6 | 0.030 | 1.00 | 2.00 | 0.045 | 0.015 | 0.10 | 18.0~20.0 | 10.0~12.0 | … | … |
| S31608 | … | … | 0.08 | 0.75 | 2.00 | 0.035 | 0.015 | 0.10 | 16.00~18.00 | 10.00~14.00 | 2.00~3.00 | … |
| … | S31600 | … | 0.08 | 0.75 | 2.00 | 0.045 | 0.030 | 0.10 | 16.0~18.0 | 10.0~14.0 | 2.00~3.00 | … |
| … | … | 1.440 1 | 0.07 | 1.00 | 2.00 | 0.045 | 0.015 | 0.10 | 16.5~18.5 | 10.0~13.0 | 2.00~2.50 | … |
| S31603 | … | … | 0.030 | 0.75 | 2.00 | 0.035 | 0.015 | 0.10 | 16.00~18.00 | 10.00~14.00 | 2.00~3.00 | … |
| … | S31603 | … | 0.030 | 0.75 | 2.00 | 0.045 | 0.030 | 0.10 | 16.0~18.0 | 10.0~14.0 | 2.00~3.00 | … |
| … | … | 1.440 4 | 0.030 | 1.00 | 2.00 | 0.045 | 0.015 | 0.10 | 16.5~18.5 | 10.0~13.0 | 2.00~2.50 | … |
| … | … | 1.443 5 | 0.030 | 1.00 | 2.00 | 0.045 | 0.015 | 0.10 | 17.0~19.0 | 12.5~15.0 | 2.50~3.00 | … |
| **超级奥氏体不锈钢** | | | | | | | | | | | | |
| S31703 | … | … | 0.030 | 0.75 | 2.00 | 0.035 | 0.015 | 0.10 | 18.00~20.00 | 11.00~15.00 | 3.00~4.00 | … |
| … | S31703 | … | 0.030 | 0.75 | 2.00 | 0.045 | 0.030 | 0.10 | 18.0~20.0 | 11.0~15.0 | 3.0~4.0 | … |
| … | … | 1.443 8 | 0.030 | 1.00 | 2.00 | 0.045 | 0.015 | 0.10 | 17.5~19.5 | 13.0~16.0 | 3.0~4.0 | … |
| S39042 | … | … | 0.020 | 1.00 | 2.00 | 0.030 | 0.010 | 0.10 | 19.00~21.00 | 24.00~26.00 | 4.00~5.00 | 1.20~2.00 |
| … | N08904 | … | 0.020 | 1.00 | 2.00 | 0.045 | 0.035 | 0.10 | 19.0~23.0 | 23.0~28.0 | 4.0~5.0 | 1.00~2.00 |
| … | … | 1.453 9 | 0.020 | 0.70 | 2.00 | 0.030 | 0.010 | 0.15 | 19.0~21.0 | 24.0~26.0 | 4.0~5.0 | 1.20~2.00 |
| … | N08367 | … | 0.030 | 1.00 | 2.00 | 0.040 | 0.030 | 0.18~0.25 | 20.0~22.0 | 23.5~25.5 | 6.0~7.0 | 0.75 |
| S31252 | … | … | 0.020 | 0.80 | 1.00 | 0.030 | 0.010 | 0.18~0.22 | 19.50~20.50 | 17.50~18.50 | 6.00~6.50 | 0.50~1.00 |
| … | S31254 | … | 0.020 | 0.80 | 1.00 | 0.030 | 0.010 | 0.18~0.25 | 19.5~20.5 | 17.5~18.5 | 6.5 | 0.50~1.00 |
| … | … | 1.454 7 | 0.020 | 0.70 | 1.00 | 0.030 | 0.010 | 0.18~0.25 | 19.5~20.5 | 17.5~18.5 | 6.0~7.0 | 0.50~1.00 |
| … | N08926 | … | 0.020 | 0.50 | 2.00 | 0.030 | 0.010 | 0.15~0.25 | 19.0~21.0 | 24.0~26.0 | 6.0~7.0 | 0.50~1.50 |
| … | … | 1.452 9 | 0.020 | 0.50 | 1.00 | 0.030 | 0.010 | 0.15~0.25 | 19.0~21.0 | 24.0~26.0 | 6.0~7.0 | 0.50~1.50 |

续表

**奥氏体-铁素体双相不锈钢**

| 中国统一数字代号 | 美国 UNS号 | EN 数字代号 | C | Si | Mn | P | S | N | Cr | Ni | Mo | Cu |
|---|---|---|---|---|---|---|---|---|---|---|---|---|
| S22294 | ... | ... | 0.040 | 1.00 | 4.00~6.00 | 0.030 | 0.015 | 0.20~0.25 | 21.0~22.0 | 1.35~1.75 | 0.10~0.80 | 0.10~0.80 |
| ... | S32101 | ... | 0.040 | 1.00 | 4.00~6.00 | 0.040 | 0.030 | 0.2~0.25 | 21.0~22.0 | 1.35~1.70 | 0.10~0.80 | 0.10~0.80 |
| ... | ... | 1.4162 | 0.040 | 1.00 | 4.0~6.0 | 0.040 | 0.015 | 0.20~0.25 | 21.0~22.0 | 1.35~1.90 | 0.10~0.80 | 0.10~0.80 |
| S22053 | ... | ... | 0.030 | 1.00 | 2.00 | 0.030 | 0.015 | 0.14~0.20 | 22.00~23.00 | 4.50~6.50 | 3.00~3.50 | ... |
| ... | S32205 | ... | 0.030 | 1.00 | 2.00 | 0.030 | 0.020 | 0.14~0.20 | 22.0~23.0 | 4.5~6.5 | 3.0~3.5 | ... |
| ... | ... | 1.4462 | 0.030 | 1.00 | 2.00 | 0.035 | 0.015 | 0.10~0.22 | 21.0~23.0 | 4.5~6.5 | 2.50~3.5 | ... |
| S25073 | ... | ... | 0.030 | 1.00 | 2.00 | 0.030 | 0.015 | 0.24~0.32 | 24.0~26.0 | 6.0~8.0 | 3.0~3.5 | 0.5 |
| ... | S32750 | ... | 0.030 | 0.80 | 1.20 | 0.035 | 0.020 | 0.24~0.32 | 24.0~26.0 | 6.0~8.0 | 3.0~5.0 | 0.5 |
| ... | ... | 1.4410 | 0.030 | 1.00 | 1.00 | 0.035 | 0.015 | 0.24~0.35 | 24.0~26.0 | 6.0~8.0 | 3.0~4.5 | ... |

注释：1. 除标明范围或最小值外，均为最大值。
2. 列在两线之间的材料并非完全等同的，而是类似的。

表1-7 镍基合金及其化学成分（质量分数/%）

| 中国统一数字代号 | 美国 UNS号 | EN数字代号 | C | Cr | Ni | Fe | Mo | W | Co | Cu | Al | Ti | Si | Mn | P | S | 其他 |
|---|---|---|---|---|---|---|---|---|---|---|---|---|---|---|---|---|---|
| NS3306 | ... | ... | 0.10 | 20.0~23.0 | 余量 | 5.0 | 8.00~10.0 | ... | ... | ... | ... | ... | 0.50 | 0.50 | 0.015 | 0.015 | Nb: 3.15~4.15 |
| ... | N06625 | ... | 0.10 | 20.0~23.0 | 58.0 min | 5.0 | 8.00~10.0 | ... | 1.0 | ... | ... | ... | 0.50 | 0.50 | 0.015 | 0.015 | (Nb+Ta): 3.15~4.15 |
| ... | ... | 2.4856 | 0.03~0.10 | 20.0~23.0 | 58.0 min | 5.0 | 8.00~10.0 | ... | 1.0 | 0.5 | 0.4 | 0.4 | 0.50 | 0.50 | 0.020 | 0.015 | (Nb+Ta): 3.15~4.15 |
| NS3304 | ... | ... | 0.010 | 14.5~16.5 | 余量 | 4.0~7.0 | 15.0~17.0 | 3.0~4.5 | 2.5 | ... | ... | ... | 0.08 | 1.00 | 0.040 | 0.030 | V:0.35 |
| ... | N10276 | ... | 0.01 | 14.5~16.5 | 余量 | 4.0~7.0 | 15.0~17.0 | 3.0~4.5 | 2.5 | ... | ... | ... | 0.08 | 1.00 | 0.040 | 0.030 | V:0.35 |
| ... | ... | 2.4819 | 0.010 | 14.5~16.5 | 余量 | 4.0~7.0 | 15.0~17.0 | 3.0~4.5 | 2.5 | ... | ... | ... | 0.08 | 1.00 | 0.020 | 0.015 | V:0.35 |
| NS3308 | ... | ... | 0.015 | 20.0~22.5 | 余量 | 2.0~6.0 | 12.5~14.5 | 2.5~3.5 | 2.5 | ... | ... | ... | 0.08 | 0.50 | 0.020 | 0.020 | V:0.35 |
| ... | N06022 | ... | 0.015 | 20.0~22.5 | 余量 | 2.0~6.0 | 12.5~14.5 | 2.5~3.5 | 2.5 | ... | ... | ... | 0.08 | 0.50 | 0.020 | 0.020 | V:0.35 |
| ... | ... | 2.4602 | 0.010 | 20.0~22.5 | 余量 | 2.0~6.0 | 12.5~14.5 | 2.5~3.5 | 2.5 | ... | ... | ... | 0.08 | 0.50 | 0.025 | 0.015 | V:0.35 |

注释：1. 除标明范围或最小值外，均为最大值。
2. 列在两线之间的材料并非完全等同的，而是类似的。

表 1-8　钛材及其化学成分（质量分数 /%）

| 中国牌号 | 美标UNS号 | EN数字代号 | Ti | Fe | C | N | H | O | 其他元素 | |
|---|---|---|---|---|---|---|---|---|---|---|
| | | | | | | | | | 单一 | 总和 |
| TA2 | ... | ... | 余量 | 0.30 | 0.10 | 0.05 | 0.015 | 0.25 | 0.1 | 0.4 |
| ... | R50400 | ... | 余量 | 0.30 | 0.08 | 0.03 | 0.015 | 0.25 | 0.1 | 0.4 |
| ... | R50450 | ... | 余量 | 0.30 | 0.08 | 0.05 | 0.015 | 0.35 | 0.1 | 0.4 |
| ... | ... | 3.703 5 | 余量 | 0.20 | 0.06 | 0.05 | 0.013 | 0.18 | 0.1 | 0.4 |
| | | 3.705 5 | 余量 | 0.25 | 0.06 | 0.05 | 0.013 | 0.25 | 0.1 | 0.4 |

注：1. 除标明范围或最小值外，均为最大值。

　　2. 列于两横线之间的材料并非完全等同的，而是相类似的。

表 1-9　高分子材料类型及名称

| 高分子材料类型 | 高分子材料名称 |
|---|---|
| 通用热塑性塑料 | 聚酯纤维（PET）<br>聚酰胺（尼龙）<br>聚碳酸酯（PC）<br>聚砜（PSU，PES）<br>聚二醚酮（PEEK） |
| 热塑性聚烯烃 | 聚丙烯（PP）<br>超低密度聚乙烯（ULDPE）<br>低密度聚乙烯（LDPE）<br>高密度聚乙烯（HDPE）<br>超高分子量聚乙烯（UHMWPE） |
| 热塑性氟聚合物 | 聚全氟乙丙烯（FEP）<br>全氟烷氧基树脂（PFA）<br>聚四氟乙烯（PTFE）<br>乙烯–四氟乙烯共聚物（ETFE）<br>聚偏二氟乙烯（PVDF） |
| 热塑性弹性体（TPE） | EPDM与聚丙烯混合物<br>苯乙烯–异丁烯–苯乙烯类嵌段共聚物<br>乙烯和辛烷共聚物<br>乙烯–醋酸乙烯酯共聚物（EVA） |
| 热固性弹性体 | 三元乙丙橡胶（EPDM）<br>乙丙橡胶（EPR）<br>硅橡胶（VMQ）<br>氟橡胶（FKM）<br>全氟橡胶（FFKM） |
| 刚性热固性材料 | 纤维增强聚合物（FRP/GRP）复合材料 |

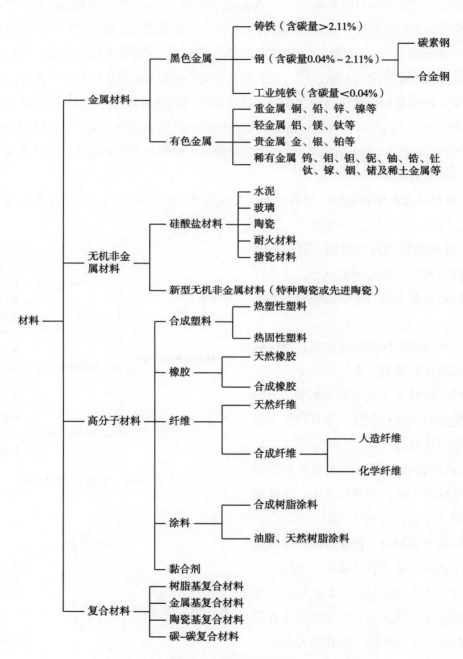

图 1-8 材料的分类

## （四）材料的性能

材料的性能指表征材料在给定外界条件下的响应行为或表现。成分、工艺、结构和性能通常称为材料的四要素。任何材料研究的终极目标都是应用，材料应用的最基本要求是其在某一方面或者几方面的性能达到规定要求，以满足工程设备方面的需要，并可以在规定的服役期限内能安全可靠地运行。这里的"性能"通常指的是使用性能。此外，在使用性能满足工程需要的同时，也要考虑经济性，即尽可能地降低设计、制造和维护的费用。材料在制备和加工过程中的性能一般称为工艺性能，以金属材料为例，其包括可锻性、可焊性、可热处理性和可切削性等。这些工艺性能关乎材料是否能够既经济又可靠地用来制造出符合要求的设备。

**1．材料使用性能的划分** 材料的使用性能通常分为力学性能、物理性能和耐环境性能（图 1-9）。

**2．材料的常规力学性能** 通常指强度、弹性、塑性、韧性和硬度等，这些性能都可以通过基本的力学性能试验方法进行测定。

（1）单向静拉伸试验及性能：单向静拉伸试验是指在室温、大气环境中，对长棒状试样（横截面可为圆形或矩形）沿轴向缓慢施加单向拉伸载荷，使其伸长变形直至断裂的过程。

1）拉伸曲线：退火低碳钢材料拉伸时的力学响应大致分为弹性变形、塑性变形和断裂 3 个阶段（图 1-10）。在 $e$ 点以下，为弹性变形阶段，卸载后试样即刻完全恢复原状。特别在 $p$ 点以下，为线性变形，载荷与伸长量之间以及应力与应变之间均成正比。从 $e$ 到 $k$ 点为塑性变形阶段，在其中任一点卸载，试样都会保留一部分残余变形。当载荷或应力达到一定值时，突然有一段较小的降落，随后曲线出现平台或锯齿，表示在载荷不增加或略减少的情况下试样仍然继续伸长，这种现象称为"屈服"。从 $s$ 点到 $m$ 点，为均匀塑

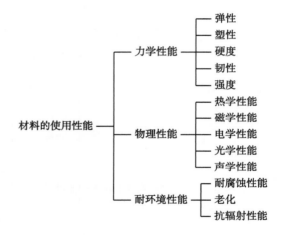

图 1-9　材料的使用性能

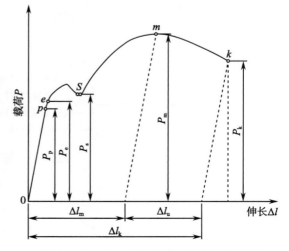

图 1-10　退火低碳钢拉伸曲线示意图

性变形，随着应力增大，试样在标距内均匀伸长；从 $m$ 点到 $k$ 点为非均匀塑性变形，试样的某个部位截面开始急剧缩小，出现"颈缩"，随后的变形主要集中在缩颈附近。

2）单项静载拉伸试验的基本力学性能指标

a. 弹性模量：多数固体材料在静拉伸的最初阶段都会发生弹性变形，表现为主应力 $\sigma$ 与正应变 $\varepsilon$ 成正比，即 $\sigma=E\cdot\varepsilon$。此式即为胡克定律，式中的比例系数 $E$ 为正弹性模量，简称弹性模量，又称杨氏模量。

b. 比例极限和弹性极限：比例极限 $\sigma_p$ 是指能保持应力与应变成正比例关系的最大应力，即 $\sigma_p=P_p/A_0$。式中 $P_p$ 为拉伸曲线上开始偏离直线时所对应的载荷，$A_0$ 为试样的原始截面积。

弹性极限 $\sigma_e$ 是材料发生可逆弹性变形的上限应力值，应力超过此值时，则开始发生塑性变形，即 $\sigma_e=P_e/A_0$。式中 $P_e$ 为拉伸曲线上由弹性变形过渡到塑性变形临界点所对应的载荷，$A_0$ 为试样的原始截面积。

c. 屈服极限：材料的屈服极限定义为应力–应变曲线上的屈服平台的应力，即 $\sigma_s=P_s/A_0$。人为规定产生一定非比例伸长时的应力作为条件屈服强度，有时简称屈服强度。规定的非比例伸长量视需要而定，一般有 0.01%、0.2%、0.5%、1.0% 等，相应屈服强度记作 $\sigma_{0.01}$、$\sigma_{0.2}$、$\sigma_{0.5}$、$\sigma_1$，其中以 $\sigma_{0.2}$ 最为常用。

d. 抗拉强度：抗拉强度 $\sigma_m$ 是由试样拉断前最大载荷所决定的条件临界应力，即 $\sigma_m=P_m/A_0$。

e. 伸长率和断面收缩率：材料在断裂前发生塑性变形的能力叫塑性。在工程上，通常用伸长率和断面收缩率表示。

伸长率是断裂后试样标距长度的相对伸长量，即 $\delta=\dfrac{l_k-l_0}{l_0}\times100\%$。式中 $l_0$ 是原始标距长度，$l_k$ 为断裂后标距长度。

断面收缩率是断裂后试样截面的相对收缩率，即 $\Psi=\dfrac{A_0-A_k}{A_0}\times100\%$。式中 $A_0$ 是原始截面积，$A_k$ 为断裂后的最小截面积。

（2）硬度：硬度是表征材料软硬程度的一种力学性能指标，测定硬度的方法有多种，一般可分为压入法和刻划法两大类。根据试验方法的不同，又可分为布氏硬度（锤击法）和肖氏硬度（回跳法），洛氏硬度、维氏硬度、努氏硬度和莫氏硬度等。

（3）冲击韧度：许多零件及工程结构在工作时要受到冲击载荷的作用，材料在受到冲击载荷后，其变形、断裂行为及性能指标的表征方法有别于静态，常用大能量一次冲击试验（又称夏比冲击试验）来测定材料的冲击韧度以进一步评价材料的韧脆性。

夏比冲击试验中，将欲测定的材料先制备成带缺口的标准试样，然后放置在试验机支座上，将具有质量为 $G$ 的摆锤提升到一定的高度 $h$，然后释放摆锤，摆锤下落至最低位置冲断试样，剩余动能将摆锤再扬起一定高度 $h'$，冲断试样所用的能量称为冲击功，以 $A_k$ 表示，即 $A_k=G（h-h'）$。

将冲击功除以缺口处截面积 $A_0$ 的值定义为冲击韧度，以 $a_k$ 表示。

（4）材料的疲劳：指材料或构件在应力或应变力反复作用下发生损伤和断裂的现象。

1）变动应力：指应力大小或应力的大小及方向随时间而变化的应力，通常分为周期变动应力和随机变动应力两类。周期变动应力是力的大小和方向均随时间呈现周期性变化的应力，又称为循环应力和交变应力。随机变动应力为大小和方向随时间呈现无规则变化的应力。

2）疲劳破坏的特点

a. 疲劳断裂是在低应力下的脆性断裂。由于造成疲劳破坏的循环应力的峰值或幅值可以低于材料的弹性极限，材料或构件不会产生明显的塑性变形而发生突然断裂，没有预先征兆，这是在工程界最忌讳的一种失效型式。

b. 疲劳断裂属于延时断裂。静载条件下，应力达到材料的抗拉强度就会立刻破坏，而疲劳断裂是一个长期过程，在循环载荷下，往往需要几百次甚至几万次的循环才会产生破坏。

c. 疲劳破坏是一个损伤不断累积的过程。在循环过程中，材料内部发生变化，某些部位首先产生了损伤，然后损伤逐步累积，达到一定程度后发生疲劳断裂。

d. 疲劳断裂在微观上经历了裂纹萌生、裂纹的稳态扩展和裂纹失稳扩展 3 个阶段。一般将在裂纹失稳扩展前经历循环的次数称为疲劳寿命。

3）疲劳宏观断口：疲劳断口记录了断裂的整个过程，具有较明显的形貌特征，在肉眼或低倍放大镜下观察有 3 个明显的特征区，分别为疲劳源、疲劳区和瞬断区。

a. 疲劳源：即疲劳裂纹的起始源头，一般出现于构件或材料的缺口、裂纹、划痕、蚀坑或内部缺陷等。由于疲劳源区域的裂纹经历反复的挤压、摩擦，因此该区域比较光亮且硬度较高。疲劳源可以是一个，也可能是多个，由载荷状态所决定。

b. 疲劳区：是裂纹稳态扩展而形成的区域。该区域的典型特征具有贝壳花样，称为贝纹线。贝纹线是裂纹扩张过程中形成的一簇外凸同心圆弧线。

c. 瞬断区：是裂纹失稳扩展直至断裂的区域，其形态和断裂韧度试样相似，靠近中心为平面应力状态的平断口，边缘则为平面应力状态的剪切唇。

三个区域的相对位置、性状和所占面积的比例与构件的形状、载荷的类型和大小等因素有关。

4）疲劳极限：德国人 Wohler 开启了疲劳试验的先河，首次采用螺旋弯曲疲劳试验方法，测定材料所受的名义循环应力（$S$）与疲劳循环寿命（$N$）之间的关系曲线，后来被称为 Wohler 曲线，又称疲劳曲线。

在恒幅加载条件下，许多材料的应力－寿命曲线通常在超过 $10^6$ 循环次数的位置出现一个平台，循环应力低于此平台值时，试样可无限循环使用而不发生破坏。该应力幅值称为疲劳极限，用 $\sigma_{-1}$ 表示。

**3．材料的物理性能**　材料的物理性能，包括热学性能、磁学性能和电学性能等。

（1）材料的热学性能：包括热容、热膨胀、热传导等。

1）热容：材料在升高或者降低温度时需要吸收或者放出热量。在没有相变或者化学反应的条件下，材料温度升高 1K 所吸收的热量 $Q$，称为材料的热容。用大写字母 $C$ 表示，单位为 J/K，因此温度 $T$ 时材料的热容为：

$$C_T = \left(\frac{\partial Q}{\partial T}\right)_T \qquad 式（1-1）$$

显然，热容并不是一个材料参数，材料的量不同，热容就不同。为便于材料间的比较，通常定义单位质量（$m$）的热容为比热容，用小写字母 $c$ 表示，温度 $T$ 时材料的比热容为：

$$c_T = \frac{1}{m}\left(\frac{\partial Q}{\partial T}\right)_T \qquad 式（1-2）$$

2）热膨胀：物体的体积和长度随温度升高而增大的现象称为热膨胀。通常用热膨胀系数来表征材料的热膨胀性能。

单位长度的物体温度升高 1℃时的伸长量称为线膨胀系数，以 $\alpha_L$ 表示；单位体积的固体温度升高 1℃时的体积变化称为体积膨胀系数，以 $\alpha_v$ 表示。

固体材料的热膨胀与原子的非简谐振动（非线性振动）有关，简单地说，温度升高，导致原子间的距离增大，因此产生了热膨胀。如果原子的热振动为简谐振动，不会改变原子间距，即原子的中心位置不变，不会引起热膨胀。实际上，原子的位移和原子间的相互作用呈现非线性和非对称性关系，因而引起热膨胀。

3）热传导：当固体材料的两端存在温差时，热量会从热端自动传向冷端，这种现象称为热传导。材料的热传导性能广泛应用于热能工程、制冷工程、房屋的采暖和空调，以及航天工程中隔热等领域。

当一块固体材料两端存在温度差时，单位时间内流过的热量与温度梯度成正比，即：

$$\frac{dQ}{dT} = -\lambda A \frac{dT}{dX} \qquad 式（1-3）$$

式中，$dQ/dT$ 为热量迁移率；$dT/dX$ 为温度梯度；$\lambda$ 为热导率，是表征材料导热能力的常数，单位为 W/（m·K）或 W/（cm·K）。

热传导过程就是材料内部的能量传输过程，固体材料中可以作为能量载体有自由电子、声子和光子（电磁辐射）。对于纯金属材料而言，电子导热是主要机制；在合金中，声子导热的作用增强；在半导体材料中，声子导热与电子导热相仿。在绝缘体内通常只有声子导热一种形式。光子导热只有在极高温度下才会存在，因此通常情况下不考虑光子导热。

（2）材料的磁学性能

1）磁性的基本概念：在自然界中有些物质，如铁、钴、镍及铁氧体等，在一定的情况下能相互吸引，这种性质称为磁性。使物质获得磁性的过程称为磁化。能够被磁化或者能够被磁性物质吸引的物质称为磁性物质或磁介质。

将两个磁极靠近，在两个磁极之间将产生作用力（排斥或吸引）。磁极之间的作用力是在磁极周围空间传递的，这里存在着磁力作用的特殊物质，称为磁场。

2）物质磁性分类：所有物质在磁场中都会产生磁化现象，只是磁化强度的大小不同而已。根据物质对磁场反应的大小，可以分为5类。

a. 铁磁体：指在较弱磁场作用下就能产生很大的磁化强度的物质，如铁、钴和镍等。铁磁体在温度高于某一临界温度后变成顺磁体，此临界温度称为居里温度或居里点。

b. 亚铁磁体：这类物质与铁磁体类似，但磁化率没有铁磁体那么大，如磁铁矿属于此类物质。

c. 顺磁体：该类物质磁化率为正值，在磁场中受微弱吸力，根据磁化率与温度的关系可分为：① 正常顺磁体，即磁化率与温度成反比的物质，如金属铂、钯、奥氏体不锈钢、稀土金属等；② 磁化率与温度无关的物质，如锂、钾、钠等金属。

d. 反铁磁体：指磁化率为小的正数的物质。当低于某温度时，其磁化率随温度的升高而增大，此温度称为奈尔温度，高于奈尔温度时，其行为像顺磁体，如氧化镍、氧化锰等。

e. 抗磁体：该类物质磁化率为很小的负数，在磁场中受到微弱的斥力。金属中约一半简单金属为抗磁体。

（3）材料的电学性能：指在外电场作用下材料内部电荷的响应行为，大致可以分为导电性和介电性两大类。

1）导电性：当在材料两端施加电压 $V$，材料中有电流 $I$ 通过，这种性能称为导电性。电流大小可由欧姆定律求出，即 $I=V/R$。式中的 $R$ 为材料的电阻，其不仅与材料本身的性质有关，还与其长度 $L$ 和横截面积 $S$ 有关，即 $R=\rho L/S$，式中的 $\rho$ 为材料的电阻率或比电阻，比电阻只与材料特性有关，与材料几何尺寸无关。根据电学理论，定义电阻率的倒数为电导率，用 $\sigma$ 表示。电阻率和电导率都是表征材料导电能力的基本参数。

根据电阻率 $\rho$ 的大小，将材料分为三类：

a. 导体：$\rho < 10^{-5}\,\Omega \cdot m$

b. 半导体：$10^{-5}\,\Omega \cdot m < \rho < 10^{9}\,\Omega \cdot m$

c. 绝缘体：$\rho > 10^{9}\,\Omega \cdot m$

2）介电性：在外加电场的作用下，材料表面感生出电荷的性能称为介电性。具有介电性的物质称为介电体或电介质，其电阻率一般大于 $1 \times 10^8 \Omega \cdot m$，是在电场中以感应而非传导方式呈现其电学性能的材料。衡量材料感生电荷能力的指标称为介电常数，用 $\varepsilon$ 表示。

介电性的本质是在外加电场作用下电介质内部的极化。所谓极化是指在外电场作用下，介质内的离子、原子、分子或不同区域的正负电荷重心发生分离，形成内部的电偶极矩的现象。

**4. 材料的耐环境性能**　材料在特定环境中服役，经过长时间与环境的交互作用会使材料的性能或状态发生变化，最终失效。下文主要介绍金属材料的腐蚀和高分子材料的老化问题。

（1）金属材料的腐蚀：腐蚀是金属在周围介质（最常见的是液体和气体）的作用下，由于化学反应、电化学变化或物理溶解而产生的变质和破坏。

1）腐蚀的分类：按照腐蚀过程的作用机制，可将腐蚀分为 5 类。

a．化学腐蚀：指金属与非电解质溶液直接发生纯化学作用而引起的破坏。主要发生在干燥气体或非电解质溶液中，金属表面的原子与环境中的氧化剂之间直接发生氧化还原反应，形成腐蚀产物。

b．电化学腐蚀：指金属表面与离子导电的介质因发生电化学作用而产生的破坏。电化学腐蚀至少包括一个阳极反应和一个阴极反应，并通过流过金属内部的电子流和介质内部的离子流形成回路。阳极反应是氧化过程，金属原子失去电子变成离子进入溶液中；阴极反应是还原过程，也就是溶液中的氧化剂吸收来自阳极电子的过程。

c．在机械因素作用下的腐蚀：指金属构件在环境因素和机械联合作用下遭到的加速破坏。

d．生物腐蚀：指金属表面在某些微生物生命活动产物的影响下所发生的破坏。

e．物理腐蚀：指金属由于单纯物理溶解作用所引起的破坏。

2）腐蚀形态（图 1-11）：金属材料的腐蚀形态可以分为全面腐蚀和局部腐蚀。全面腐蚀是指阴阳极共轭反应在金属相同位置同时发生或交替发生，阴阳极没有时间和空间上的区别，在此腐蚀电位下表面全面溶解腐蚀。由于电化学不均匀性（如异种金属、表面缺陷、浓度差异、应力集中和环境不均匀等），形成局部电池。在局部腐蚀中，阴、阳极可区分，阴极／阳极面积比很大，阴、阳极共轭反应分别在不同区域发生，局部腐蚀集中在个别位置，急剧发生，材料被快速腐蚀破坏。

3）耐腐蚀性及评价指标：金属材料在某一

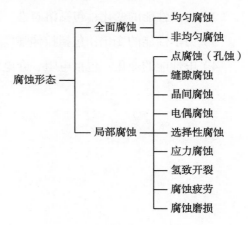

图 1-11　腐蚀形态分类

环境下承受或者抵抗腐蚀的能力，称为耐蚀性或抗蚀性。需要有公认的方法来表示腐蚀程度、速度或者耐蚀性评价标准，用来定量地评价材料的耐蚀性能。通常用材料腐蚀重量、腐蚀深度来表示腐蚀速度。

a. 腐蚀速度的重量指标：指金属因腐蚀而发生的质量变化。根据腐蚀产物是否去除分为失重法和增重法，在此仅介绍失重法。

失重腐蚀速度为 $V^-$，则：

$$V^- = \Delta W^-/St$$

式中，$\Delta W^-$ 表示金属初始重量与金属腐蚀并清除腐蚀物厚度重量差，单位为 g；$S$ 表示金属的面积，单位为 $m^2$，$t$ 表示腐蚀时间，单位为 h。

因此，失重腐蚀速度的单位为 $g/(m^2 \cdot h)$。

b. 腐蚀速度的深度指标：指金属因腐蚀减少的量。用线性量表示金属的厚度，并换算成单位时间内的数值。腐蚀深度为 $V_L$，则：

$$V_L = \Delta L^-/t \qquad\qquad 式（1-4）$$

式中，$\Delta L^-$ 表示金属厚度变化值，单位为 mm；$t$ 表示腐蚀时间（以年计，y）。

因此腐蚀深度的单位为 mm/y。

$V_L$ 与 $V^-$ 的换算公式为：

$$V_L = V^- \times 8.76/\rho \qquad\qquad 式（1-5）$$

式中，$\rho$ 为金属的密度，单位为 $g/cm^3$。

（2）高分子材料的老化：高分子材料在加工、储运和使用过程中，在光、热、水、化学和生物侵蚀等内外因素综合作用下，表现为性能明显下降，从而全部或部分丧失使用价值，这种现象称为老化。高分子材料老化体现在以下几方面：

1）外观的变化：出现污渍、斑点、裂纹、粉化、翘曲、起皱、收缩、焦烧或者色泽的变化等。

2）物理性能的变化：包括溶解性、流变性以及耐温、透水和透气等变化。

3）力学性能的变化：包括拉伸强度、剪切强度、弯曲强度和延伸率等变化。

4）电性能的变化：包括电阻、介电常数和电击穿强度等变化。

| 第二节 | 生物工程设备确认和验证的策略与方法 |

## 一、概述

《药品生产质量管理规范（2010 年修订）》第七十一条规定："设备的设计、选型、安装、改造和维护必须符合预定用途，应当尽可能降低产生污染、交叉污染、混淆和差错的风险，便于操作、清洁和维护，以及必要时进行的消毒或灭菌。"

第一百四十条规定："应当建立确认与验证的文件和记录，并能以文件和记录证明达到以下预定的目标：（一）设计确认应当证明厂房、设施、设备的设计符合预定用途和本规范要求；（二）安装确认应当证明厂房、设施、设备的建造和安装符合设计标准；（三）运行确认应当证明厂房、设施、设备的运行符合设计标准；（四）性能确认应当证明厂房、设施、设备在正常操作方法和工艺条件下能够持续符合标准；（五）工艺验证应当证明一个生产工艺按照规定的工艺参数能够持续生产出符合预定用途和注册要求的产品。"

上述规定要求，在新建、扩建或改建的药品生产项目中，在项目设计、建造、改造、安装和确认等各阶段，都要遵循严格 GMP 要求，切实强化质量管理、确保合法合规，确保药品生产的质量、安全性和有效性。

## 二、确认和验证的策略与方法

确定调试和确认的策略，规划相关文件的编制、实施，都是非常重要的，为此国际制药工程协会（ISPE）等行业和国际组织为在项目建造全生命周期中满足 GMP 要求提出了一系列基准指南，供各国和地区使用。

ISPE《良好工程质量管理》（*Good Engineering Practice*，GEP）及《制药工程指南：调试和确认》（*Pharmaceutical Engineering Guide: Commissioning and Qualification*）为制药工程活动如何满足 GMP 要求提供了指南。

在 ISPE《制药工程指南：调试和确认》中，提出了验证"V"模型，分别对直接影响系统与间接影响系统的调试和确认活动进行了总结（图 1-12、图 1-13）。多年来，"V"模型指导行业内的调试和确认活动，得到了普遍的认可和运用。目前，虽然第一版已被第二版取代，但仍有很多内容值得参考和借鉴。

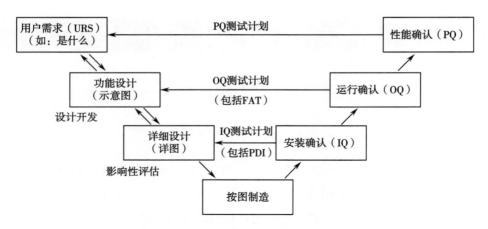

图 1-12 直接影响系统的∨模型

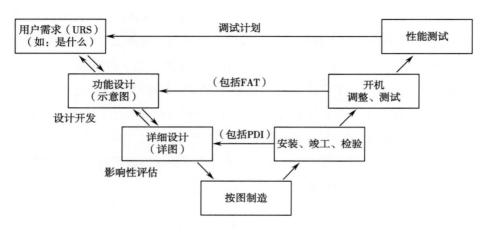

图 1-13 间接影响系统的∨模型

在 ISPE《制药工程指南：调试和确认（第 2 版）》中，提出了新的调试和确认流程（图 1-14），提供了一种基于科学管理和风险控制的合规的、完整的调试和确认方法，也取消了第一版中"V"模型的概念，从生命周期的角度提出了新的调试和验证流程。相信未来一段时间，行业内也会持续推进和应用这些新思路、新方法和新要求，并在实践中不断深入和探索。

按照风险控制的要求，对药品生产有重要影响的厂房、设施、设备和系统进行分类，对 GMP 有影响的因素进一步采用风险评估方法和技术，确定确认和验证的程度。这是一种科学、高效的做法，避免一刀切，把与 GMP 有关的厂房、设施、设备和系统辨识出来，对它们进行更严格的控制和确认，确保设备性能可靠、药品生产稳定；而对与 GMP 无直接关系的设备和系统，只需要按照正常的建造要求，调试符合要求就可以使用，既能把握重点、控制风险，又能节省资源、加快建设进程。

确认和调试活动虽然有不同的含义和目的，但是对于既需要调试、又需要确认的

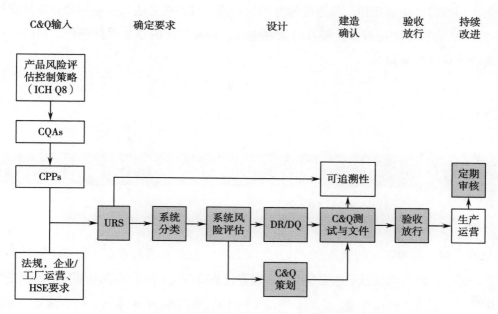

图 1-14　基于科学和风险控制的调试和确认流程

GMP 有关设备和系统，在最终调试和确认中，有一部分测试活动可能是相同的、重复的，合适的调试和确认策略可以将它们作为一个整体来考虑。在确保不影响设备和系统性能、符合法规和程序要求的情况下，在满足一定条件下，确认时可以直接引用最终调试的相关测试结果，避免不同阶段重复进行相同测试，浪费时间和资源。因此，制药企业要确定调试和验证策略，制药装备企业也需要配合做好相关活动。

## 三、确认和验证方案与报告

按照 GMP 要求，应编制书面的确认和验证方案，并在实施前得到有关部门的批准。方案可以由制药企业自行编制和批准，也可以由供应商或第三方服务商负责编制、初审和预批准，最后经制药企业相关部门审核，并得到其质量部门批准。因此，制药装备企业一定要充分理解和熟悉 GMP 的要求，具备编制与执行确认和验证方案的能力，提升行业的专业技术水平。

确认和验证方案要充分考虑药品生产 GMP 要求，特别是对能降低产生污染、交叉污染、差错和混淆风险，便于操作、清洁、维护以及消毒或灭菌的相关检测项要进行专门规定，如影响设备和系统可排放性的检测项（如容器的排尽试验、管道的隔膜阀安装角度检测和管道坡度死角检测等），影响可清洗性检测（如容器的表面粗糙度检测、喷淋球覆盖试验、管道的焊缝质量检测、隔膜阀安装角度检测和管道坡度死角检测等），影响可灭菌性检测（如容器的接管死角、管道的焊缝质量检测、隔膜阀安装角度检测和管道坡度检测等）。在确认和验证的过程中，要及时做好记录，并对验证的结果进行评价，最终提供一份详细的确认或验证报告。

<br>

## 第三节　生物工程设备设计制造的资质与认证

生物工程设备和系统的制造商，往往需要设计、制造和采购容器、管道、管件和仪器仪表等产品，或将它们按照工艺流程组合为成套设备或系统。这些设备和部件需要承受生物工艺中压力、温度等操作环境，也需要满足生物工程的清洗、灭菌条件，必须满足一定的安全要求和洁净要求。因此，对于这类设备和系统制造商，既需要考虑其是否具有符合承压设备的设计、制造资质，也需要考虑其是否取得相关认证才能满足客户或使用地监管要求。

### 一、特种设备生产许可

制药行业使用的设备和工程系统，因为其使用的工作条件如压力、温度、介质的不同，以及设备各自的功能差异，通常会存在安全风险，有可能归于特种设备范围，因此应当遵循国家颁布的《中华人民共和国特种设备安全法》《特种设备安全监察条例》及相关规定，如《固定式压力容器安全技术监察规程》（TSG 21—2016），《压力管道安全技术监察规程——工业管道》（TSG D0001—2009）。国内使用的压力容器、压力管道及压力管道元件，都需要严格执行这些规定要求，从企业资质、人员资格、设计、选材、制造、安装和使用等各环节满足监管要求。

作为生物工程设备供应商，要根据产品特点进行分析评估，确保企业具备相应的设计、制造和安装资质，以及产品按照相关监督检验规定进行申报、接受监督检验、取得监督检验证书，并将资质证书和监督检验证书作为质量证明文件提交给客户。

### 二、CE认证

CE认证是欧盟的一种产品安全标志认证，是产品进入欧盟市场的许可证，也是欧盟对进入欧盟市场的产品的监管方式。凡是贴有CE认证标志的产品即可在欧盟各成员国内销售，并实现商品在欧盟成员国范围内的自由流通。在欧盟市场，CE 标志属强制性认证标志，无论是欧盟内部企业生产的产品，还是其他国家生产的产品，要想在欧盟市场上自由流通，就必须加贴 CE 标志，以表明产品符合欧盟《技术协调与标准化新方法》指令的基本要求。这是欧盟法律对产品提出的一种强制性要求。

CE 认证具体的产品范围：①IT 类；② 音视频 AV 类；③ 大家电；④ 小家电；⑤ 灯具；⑥ 工医科；⑦ 机械；⑧ 仪器；⑨USP 电源类等。

生物工程设备或模块根据其产品特点，可能会涉及压力容器、压力管道等承压设备，也可能需要满足钢结构、防爆电气设备、控制柜等的 CE 认证规定。只有满足相关法规和指令要求，通过 CE 认证、具备 CE 标志，才可以出口欧盟地区。

# 三、ASME认证

美国机械工程师协会（American Society of Mechanical Engineers，ASME），成立于1880 年，是一个旨在工程领域促进合作、知识共享和技能提升的非营利性专业组织。ASME 实行会员制，全球各地的工程师都可以申请加入该协会，目前在全球 135 个以上国家和地区拥有会员超过 90 000 名。ASME 的规范和标准、出版物、学术会议、继续教育以及专业发展计划等，为推进技术知识进步和建设一个更安全的世界提供了良好的基础。

1884 年 ASME 制定了《锅炉测试规范》，1911 年成立锅炉规范委员会，1915 年首次发布《锅炉及压力容器规范》（BPVC），《锅炉压力及容器规范》后来成为美国大多数州和加拿大省等北美地区的法律。此后 ASME 继续致力于促进工业安全，在许多技术领域制定了工程标准，包括管道生产、电梯和自动扶梯、材料、燃气轮机和核电等，目前ASME 拥有 600 多项规范和标准。

ASME 的符合性评定计划可以帮助小型企业利用竞争环境进入新市场，并与更大、更成熟的企业竞争。企业实施 ASME 认证，有助于推动企业遵循法规、提升效率、降低成本并提高产品质量和安全性，也有助于增强客户、同行和监管机构对公司产品质量、安全和可靠性等方面已达到高标准的信心，使企业进一步获得市场的信任和认可，以便在全球范围内创造新的市场机会。

ASME 符合性评定计划分为两部分。第一部分是认可，针对第三方服务机构，即授权检验机构（authorized inspection agency，AIA）和泄压装置测试实验室，对它们的能力进行评价和认可；第二部分是认证，以生产制造型企业为主，通过 AIA 等授权检验机构的符合性评价，对申请企业的质量体系以及与产品质量相关的各环节进行审核，评价其满足 ASME 相应标准的能力，为评价结果合格的企业颁发 ASME 证书，并允许其在相应产品上使用 ASME 认证标志。

目前，ASME 认证主要包括以下种类：

（1）生物工程设备认证（BPE）：对管子和管件制造商的质量管理体系进行认证。

（2）锅炉压力容器认证（BPV）：对锅炉或压力容器制造商的质量控制体系进行认证。

（3）锅炉压力容器部件认证：对为持证锅炉压力容器制造商提供部件的生产商进行认证。

（4）核级设备和部件认证：对核级设备和部件制造商的质量保证体系进行认证。

（5）核级设备和部件用材料认证：对核级设备和部件用材料生产商的质量体系进行认证。

（6）核质量保证体系认证：对核安全产品或服务提供商的质量保证体系进行认证。

（7）人员认证：为评估专业能力提供统一标准的认证。

（8）增强型热固性塑料耐腐蚀设备（RTP）认证：对增强型热固性塑料耐腐蚀设备的制造商的质量控制体系进行认证。

（9）供应商质量计划认证：对商业或工业类制造商建立质量计划的基本要求进行认证。

常用 ASME 锅炉及压力容器规范及相对应的认证情况见表 1-10。

表 1-10    ASME BPV 规范及相应认证

| 序号 | 标准 | 标题 | 认证范围 |
|---|---|---|---|
| 1 | ASME B31.1 | 动力管道 | PP |
| 2 | ASME 第Ⅰ卷 | 动力锅炉建造规则 | PP，S，E，M，HLW |
| 3 | ASME 第Ⅳ卷 | 采暖锅炉建造规则 | H，HLW |
| 4 | ASME 第Ⅷ卷，第1册 | 压力容器建造规则 | PP，S，H，HLW，U，UM，T |
| 5 | ASME 第Ⅷ卷，第2册 | 压力容器建造另一规则 | PP，S，H，HLW，U，UM，T，U2 |
| 6 | ASME 第Ⅷ卷，第3册 | 高压容器建造另一规则 | U3 |
| 7 | ASME 第Ⅻ卷 | 运输储罐建造和延续使用规则 | T |

注：PP，压力管道；S，动力锅炉；E，电力锅炉；M，小型锅炉；HLW，饮用水加热器和储罐；H，采暖锅炉；U，压力容器1；UM，小型容器；U2，压力容器2；U3，压力容器3；T，运输储罐。

对于生物工程设备，虽然有 ASME BPE 标准和认证规定，但目前该认证仅适用于管子和管件。因此，生物工程中使用的压力容器的 ASME BPV 认证只需遵循第Ⅷ卷的相关要求。

## 四、UL认证

美国保险商试验所（Underwriter Laboratories Inc., UL）是美国最具权威的，也是世界上从事安全试验和鉴定的较大民间机构，它是一个独立的、非营利性的、为公共安全进行研究试验的专业机构。

UL 认证属于非强制性认证，主要是产品安全性能方面的检测和认证。

UL 认证范围包括电子电气、机械或机电产品、建筑等。

依据客户的不同要求，生物工程如配液系统等模块化、成套设备，可能需要进行 UL 认证，取得 UL 标志。

## 五、卫生级产品认证

卫生级产品主要是指用于奶制品、啤酒、药品和化妆品等行业的材料、设备和部件，为了有效防止污染和交叉污染，具有易于清洗、消毒和灭菌等特点。

欧美等国家和地区对卫生级产品的规范已有相当长的时间。在奶制品、啤酒行业，美国 3-A 卫生标准有限公司、欧洲卫生工程设计集团（EHEDG）等组织起草发布标准，并开展相应认证；而在生物工程行业，美国自 1997 年起就发布了 ASME BPE 标准，自 2009 年起开始制定认证标准，并于 2013 年 1 月向卫生级管子制造商签发了第一张卫生管生产认证证书。

3-A 认证适用于食品、奶制品、制药行业的设备和机械，如储罐、泵、换热器、冻干机、离心机、管子、管件、阀门、流量计、液位计等。

EHEDG 认证适用于食品、奶制品行业清洗设备、加工设备、各类泵、阀、传感器等。

ASME BPE 认证是 ASME 认证的一部分，主要适用于生物工程有关的设备，如容器、阀门、管材等，目前仅开展管子、管件的认证工作。

# 第二章
# 生物工程设备的检验和试验

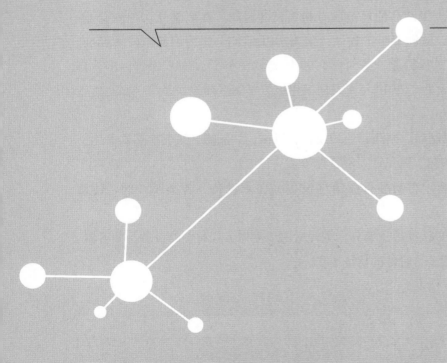

质量是企业的生命，企业建立完善的质量管理体系，采取必要的检验和试验活动，对确保产品质量满足相应法规、标准和规范的要求极其重要，也是企业质量保证体系不可缺少的一环。

检验和试验活动，要根据产品的特点，结合企业自身的实际，由合适的人员、在合适的时机、采取合适的方法、使用合适的装备来完成，并根据相关要求对结果进行评价，出具合适的报告，以证明产品能满足相应的技术要求。

## 第一节 材料检验

本节描述了生物工程设备用材料的检验、试验及验收要求，其内容与适用的标准联合使用，以满足生物工程设备对材料性能的需求。材料按照制品形式区分为板材、锻件、管子和管件等。

针对不同制品形式的材料，制定相应的检验、试验计划及验收标准，计划应该至少包括检验或试验的项目、抽样规则、检验和试验的时机等内容。

## 一、材料检测项目

材料检测主要项目有外观检查、尺寸检查、无损检测、化学成分分析、力学性能试验、铁素体检测、晶间腐蚀试验和微观金相试验和质量证明文件检查等。

在入库检验时，可根据材料标准和技术要求，结合制造厂的质量控制程序，制订合适的抽样检验计划。表 2-1 为建议的材料设备入库检验抽样比例。

表 2-1　材料设备入库检验抽样比例

| 材料类别 | 材料类型 | 检查形式 | 比例 |
| --- | --- | --- | --- |
| 原材料 | 板材、锻件、型钢、棒材、管材等 | 抽样 | 10%，每炉批号不少于1件 |
| 容器组成件 | 封头、法兰、视镜、人孔等 | 全检 | 100% |
|  | 接管、支腿、连接板等 | 抽样 | 10%，每批次不少于1件 |
| 设备 | 磁力搅拌、阀门、泵和研磨器等 | 全检 | 100% |
| 管道组成件 | 管件、支架、垫片等 | 抽样 | 10%，每批次不少于1件 |

续表

| 材料类别 | 材料类型 | 检查形式 | 比例 |
| --- | --- | --- | --- |
| 电气仪表 | 电缆、气管、桥架等 | 抽样 | 10%，每批次不少于1件 |
| | 流量计、压力表、音叉、盘柜等 | 全检 | 100% |

**1．外观检查**　检查材料的表面质量和材料标记是否符合相应标准的要求，包括表面是否存在裂纹、气孔、褶皱、凹坑、表面夹杂物、油、锈蚀及其他污染物等表面缺陷；材料表面机械抛光或电解抛光的均匀性和一致性；材料标记是否清晰，标记的材料标准、材料牌号或代号、材料炉批号及规格是否正确和完整。

外观检查时，由于材料的标准、形式、表面要求不同，合格标准会有所不同。对于卫生级管子、管件、垫片及仪表等用于生物工程与生产工艺或产品直接接触的材料，外观检查时除进行目视检测外，必要时还要检测表面粗糙度等项目。

**2．尺寸检查**　材料的尺寸检查主要是对材料的外形尺寸进行测量，并将测量结果与采购要求和适用的技术标准的相关条款进行比对，以确定材料的尺寸是否符合要求。检查的项目包括但不限于材料的长、宽、高、对角线、直径、厚度和椭圆度等。

**3．无损检测**　无损检测方法包括射线检测、超声检测、磁粉检测、液体渗透检测和涡流检测等。通常情况下，原材料的无损检测工作在材料制造商处完成，当对材料产生怀疑或者有特殊要求时，可采用合适的无损检测方法进行复验。

**4．化学成分分析**　对于工艺接触面材料，可通过便携式 PMI 检测仪识别材料的正确性，尤其是超级奥氏体不锈钢、双相不锈钢、镍基合金等材料及其焊缝。对材料产生怀疑时，应进行全成分的化学成分分析。

**5．力学性能试验**　材料的力学性能试验包括拉伸试验、弯曲试验、低温冲击试验、硬度试验、疲劳试验等。原材料的力学性能试验一般在材料制造商处完成，当材料经受热处理（爆炸复合及随后热处理或成型后的热处理）、热成型时（封头的热成型等）、用户有特殊要求时或对材料产生怀疑时，需要对材料的相关力学性能进行测试。

**6．铁素体含量检测**　铁素体含量检测主要用于奥氏体不锈钢和双相不锈钢材料。为应对环境的腐蚀要求，可能会对奥氏体不锈钢中的铁素体含量提出具体的要求，比如要求锻轧件中的铁素体含量≤5% 等，对于双相不锈钢材料而言，通常要求其铁素体含量控制在 40% ~ 60%。

**7．晶间腐蚀试验**　晶间腐蚀试验是为了检验材料二次金属间相析出和晶间腐蚀倾向的试验方法。奥氏体不锈钢、双相不锈钢及镍基合金材料在特定的温度区间内极易产生二次金属相，根据材料使用的工况条件或者加工条件，可对这些材料分别按照《金属和合金的腐蚀 奥氏体及铁素体 – 奥氏体（双相）不锈钢晶间腐蚀试验方法》（GB/T 4334—

2020）（或 ASTM A262 和 ASTM A 923）、《金属和合金的腐蚀 镍合金晶间腐蚀试验方法》（GB/T 15260—2016）（或 ASTM G28）进行晶间腐蚀试验。

**8．微观金相试验** 微观金相试验是检查材料微观组织的试验方法。通过微观金相试验可以检测金属间相（配合 EDS 能谱可以确定相的成分和种类）或者双相不锈钢的相比例，并可以直观地观察材料的微观组织。

**9．质量证明文件检查** 对于金属材料，应检查质量证明书等文件；对于非金属材料，应检查合格证等文件是否满足生物工程对非金属材料的要求。核查质量证明文件的内容包括但不限于材料的制造标准、材料牌号或代号、规格、化学成分、热处理状态、力学性能、腐蚀试验结果以及其他特殊采购技术要求的内容。质量证明文件应该清晰、准确、齐全。

（1）检验文件类型：欧盟标准 EN 10204:2004 规定了金属产品－检验文件类型。该标准规定了 2 种检验类型，即非规定检验和规定检验，对应出具 4 类检验文件（表 2-2）。欧盟的承压设备指令 2014/68/EU（PED）对主要承压部件提出了证书要求。

非规定检验（non-specific inspection）：指生产厂按照自定程序进行的检验和试验，以判定由相同生产工艺所生产的产品是否满足合同的要求。

规定检验（specific inspection）：指在交货前，根据合同的技术要求对交货的产品或其中的部分产品进行检验，以验证其是否符合合同的要求。

**表 2-2　检验文件类型**

| EN 10204 类型代号 | 检验文件类型名称 | 检验文件的内容 | 检验文件的批准及验证 |
|---|---|---|---|
| 2.1类 | 与合同一致的符合性声明 | 声明产品质量符合合同规定，不需要提供非规定检验项的具体结果 | 生产厂 |
| 2.2类 | 试验报告 | 声明产品质量符合合同规定，需要提供非规定检验项的具体结果 | 生产厂 |
| 3.1类 | 检验证明书3.1 | 声明产品质量符合合同规定，需要提供按合同规定的检验项的具体结果 | 生产厂授权独立于生产制造部门的检验代表 |
| 3.2类 | 检验证明书3.2 | 声明产品质量符合合同规定，需要提供按合同规定的检验项的具体结果 | 生产厂授权独立于生产制造部门的检验代表，以及买方授权检验代表或官方规定的检查人员 |

我们经常提到的对证书的要求有两方面，一方面是相关法规、标准的要求，另一方面是客户合同中明确指定的要求。

从法规的角度，欧盟的承压设备指令 2014/68/EU（PED）在附录Ⅰ第 4.3 条中提出了具体要求，并明确规定"如果材料制造商建立了合适的质量保证体系，经有资格的欧盟认证机构对其质量管理体系进行认证，并对材料制造过程进行专门评价，则可认为该材料制造商签发的证书，符合对Ⅱ、Ⅲ、Ⅳ类主要承压设备部件的规定产品质量控制证书"。也就是说，如果材料制造商通过有资格的欧盟认证机构对其质量体系认证和2014/68/EU（PED）附录Ⅰ第4.3条的认证，材料制造商可以签发3.1证书；对于3.2证书而言，无论材料制造商是否通过有资格的欧盟认证机构对其质量管理体系的认证，均应由材料制造商授权独立于生产制造部门的检验代表和买方授权的检验代表或官方规定的检查人员共同签发（图2-1）。

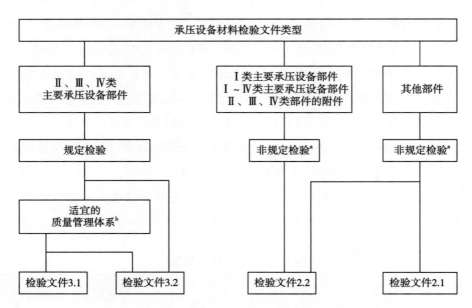

图2-1　2014/68/EU指令对检验文件的要求

注：[a]如材料标准或合同有规定，规定检验可以替代非规定检验；[b]由有资格的欧盟认证机构对其质量管理体系进行认证，并对材料制造过程进行专门评价。

国际标准化组织标准 ISO 10474 和我国国家标准 GB/T 18253 均对检验文件的类型做出了规定，以前这些标准中规定的检验文件类型与欧盟标准有所不同，但目前标准的规定已经完全相同。表2-3为《钢及钢产品 检验文件的类型》（GB/T 18253—2018）及其之前版本与国外标准中检验文件类型的对照，供读者参考。

表 2-3 国内外检验文件类型对照表

| GB/T 18253—2018 | | GB/T 18253—2000 | | ISO 10474:2013 | | EN 10204:2004 | |
|---|---|---|---|---|---|---|---|
| 文件类型 | 文件名称 | 文件类型 | 文件名称 | 文件类型 | 文件名称 | 文件类型 | 文件名称 |
| 2.1 | 符合订单的声明 | 4.1 | 符合合同声明 | 2.1 | 符合订单的声明 | 2.1类 | 符合订单的声明 |
| 2.2 | 试验报告 | 4.2 | 试验报告 | 2.2 | 试验报告 | 2.2类 | 试验报告 |
| 3.1 | 检验证明书3.1 | 5.1B | 检验证明书5.1B | 3.1 | 检验证明书3.1 | 3.1类 | 检验证明书3.1 |
| 3.2 | 检验证明书3.2 | 5.2 | 检验证明书5.2 | 3.2 | 检验证明书3.2 | 3.2类 | 检验证明书3.2 |

对金属材料质量证明书的审核，首先要确认对证书类型是否有特殊要求，不是所有的材料都一定需要满足 3.1/3.2 证书要求，因为 PED 指令中仅对一部分主要承压部件提出了证书的类型要求，并且 PED 指令提出了其质量体系认证的限制性规定。一般而言，如果合同和法规没有提出其他要求，材料制造商都设立有专门的独立于生产部门的质量检验部门，经质量检验部门签发的质量检验证明书基本上满足了 3.1 证书的要求。因此，既要关注检验证书的类型，更应该关注质量证明书中测试项目和试验结果是否符合标准和图纸的技术要求，并确保质量证书和材料实物之间具有可追溯性。材料的化学成分、机械性能、耐腐蚀性能和表面交货状态等是否按照所要求的标准进行分析测试，是否在合格范围内，都需要仔细审核对比。

（2）对生物工程设备用材料质量证明文件的审核要求：生物工程设备中常用的材料，既要满足设备工作条件下的强度要求，确保设备的安全，也要满足制药 GMP 的要求，如适用于清洗或消毒，耐腐蚀，不与药品发生化学反应、不吸附药品以及不向药品中释放物质等。

金属材料如 S31603 不锈钢应用非常广泛，能满足绝大部分场合的使用要求，因此要审核这些材料是否符合相应的标准要求。对于采用自熔焊的卫生级管道，为了保证良好的焊接性能和焊缝的焊接质量，对材料中的硫含量提出更严格的控制要求，即其焊接端部的硫含量应在 0.005% ~ 0.017%。因此，管子和管件的质量证明书要特别注意核查材料的化学成分是否符合要求。

对于非金属材料和部件，如何确保材料满足生物工程的需要，ASME BPE 标准对非金属材料合格证作出了详细规定（表 2-4）。设计工程师和检验工程师可以参考这些要求，根据材料类型和使用场合对所采用的非金属材料做出规定并进行检查验收。

表2-4　非金属材料/部件合格证要求

| ASME BPE 要求 | 高分子密封件（包括隔板和卫生级密封件） | 软管 | 管子、管件 | 过滤器 | 层析柱 | 连接器（包括蒸汽连接） | 高分子容器（刚性和柔性） | 其他高分子部件 | 非金属过程部件 | 一次性系统部件 |
|---|---|---|---|---|---|---|---|---|---|---|
| 制造商名称 | √ | √ | √ | √ | √ | √ | √ | √ | √ | √ |
| 制造商联系信息 | √ | √ | √ | √ | √ | √ | √ | √ | √ | √ |
| 零件号 | √ | √ | √ | √ | √ | √ | √ | √ | √ | √ |
| 批号或唯一标识或序列号 | √ | √ | √ | √ | √ | √ | √ | √ | √ | √ |
| 结构材料（工艺接触） | √ | √ | √ | × | √ | √ | √ | √ | √ | × |
| 化合物编号或唯一标识 | √ | × | √ | × | × | × | × | √ | √ | × |
| 固化日期或制造日期 | √ | × | √ | √ | √ | × | √ | √ | × | √ |
| USP <87>或 ISO 10993-5 | √ | √ | √ | √ | √ | √ | √ | √ | √ | √ |
| USP <88>类别Ⅳ或 ISO 10993-6, -10, -11 | √ | √ | √ | √ | √ | √ | √ | √ | × | √ |

注：√适用项，×不适用项

## 二、验收标准

材料的验收标准应依据所采购材料的制造标准的相关要求以及采购的附加技术要求进行验收。

## 三、检验报告

材料检验后，应对检验结果进行记录，最终形成检验报告。

| 第二节 | 管件检验 |
| --- | --- |

## 一、概述

生物工程项目中管道组成件常用的标准有 3-A、ISO、SMS、DIN 和 ASME BPE 等，各标准的适用范围和面向的产品类型各不相同，但彼此之间可相互交叉引用与借鉴。基于此，以下对制药工程项目中常用到的标准 3-A，ISO，ASME BPE 进行介绍。

**1. 3-A 标准** 1920 年，国际食品工业供应商协会（International Association of Food Industry Suppliers，IAFIS）、国际食品保护协会（International Association for Food Protection，IAFP）和乳业基金会（Milk Industry Foundation，MIF）共同提出了 3-A 标准（定义为 3-A），目的是以乳制品行业为主，提供公共健康服务和提高食品卫生要求，之后又扩展到生产加工、设备制造和制药领域。1944 年，由 5 家奶酪加工集团和 1 个供应商协会共同成立了一个乳制品行业协会，组成了新的 3-A 组织机构；2002 年底，美国乳制品协会（ADPI）、国际食品工业供应商协会（IAFIS）、国际食品保护协会（IAFP）、国际乳制品协会（IDFA）和 3-A 卫生标准标志管理委员会合作成立了美国 3-A 卫生标准有限公司（3-A Sanitary Standards，Inc.，3-A SSI），与此同时美国食品药品监督管理局（FDA），美国农业部（USDA）和 3-A 指导委员会（the 3-A Steering Committee）也都是该公司的领导成员。

3-A SSI 是一个非营利组织机构，主要的任务是通过制定和应用这些志愿性的 3-A 卫生标准与实施惯例，其中包括加强带有 3-A 标志的制造设备、对 3-A 卫生标准符合性的监管以及对 3-A 标志第三方认证机构（third party certification authority）工作的指导。其针对制药行业设备有特定要求的 3-A 卫生标准（3-A Sanitary Standards），材料部分主要使用其 3A 00-01 通用要求（Sanitary Standards for General Requirements）、3-A 33-03 金属管标准（Sanitary Standards for Metal Tubing）、3-A 63-04 卫生级管件标准（Sanitary Standards for Sanitary Fittings）等。

**2．ISO 标准**　ISO 是 International Standard Organization（国际标准化组织）的缩写。ISO 是一个独立的非政府国际性组织，167 个国家和地区的标准机构成为其会员。1946 年 10 月，来自 25 个国际标准化机构的 65 位代表齐聚伦敦，讨论成立国际标准化组织。1947 年 ISO 正式成立了 67 个技术委员会，目前共有 807 个技术委员会、分委员会，发布了 24 315 个国际标准。

1951 年，ISO 发布了第一个 ISO 标准（当时为推荐标准）——ISO/R 1:1951《工业长度测量用标准参考温度》，这个标准就是现在的 ISO 1:2016《产品几何尺寸技术规范——产品几何尺寸的标准参考温度》。1987 年，ISO 发布了第一个质量管理标准，即大家非常熟悉、应用也非常广泛的 ISO 9000 族标准，推动了质量管理向标准化管理的变革。1996 年，ISO 发布了环境管理体系标准，即 ISO 14001。该标准为企业和机构识别与控制环境影响提供了工具和方法。2010 年，ISO 发布了第一个社会责任国际标准，即 ISO 26000，为企业和机构承担社会责任提供了指南。2018 年，ISO 发布了职业健康与安全管理体系标准，即 ISO 45001，代替了 OHSAS18001 及国际劳工组织相关指南和标准。

卫生级管子、管件及型材标准由 ISO 第五技术委员会（TC5）及其分委员会负责，主要有以下标准（ISO 标准每 5 年审核一次，以下标准年号虽然比较久，但都是最近 5 年内确认过的有效标准）：

ISO 1127:1992《不锈钢管——尺寸、公差和单位长度的公称质量》

ISO 3305:1985《平端焊接精密钢管——交货技术条件》

ISO 3306:1985《平端焊态和定尺精密钢管——交货技术条件》

ISO 3545-1:1989《钢管和管件——规范中使用的符号第 1 部分：圆形管及管状附件》

ISO 3545-2:1989《钢管和管件——规范中使用的符号第 2 部分：方形和矩形空心型材》

ISO 3545-3:1989《钢管和管件——规范中使用的符号第 3 部分：圆形管件》

ISO 4200:1991《平端焊接和无缝钢管——通用单位长度尺寸和质量》

ISO 5252:1991《钢管——公差系列》

ISO 10799-1:2011《非合金钢和细晶粒钢制冷成型焊接结构空心型材 第 1 部分：交货技术条件》

ISO 10799-2:2011《非合金钢和细晶粒钢制冷成型焊接结构空心型材 第 2 部分：尺寸和截面几何特性》

ISO 12633-1:2011《非合金钢和细晶粒钢制热加工结构空心型材 第 1 部分：交货技术条件》

ISO 12633-2:2011《非合金钢和细晶粒钢制热加工结构空心型材 第 2 部分：尺寸和截面几何特性》

**3．ASME BPE 标准** 在 1988 年美国机械工程师协会（ASME）冬季年会（WAM）上，许多人表达了对开发生物工程行业标准的兴趣，该标准用于生物工程行业内的设备和部件的设计。由于这一立意，ASME 规范和标准委员会（CCS）批准了这个项目。1989 年 6 月 20 日，CCS 向压力技术委员会发出指令，正式启动该项目。该标准最初的适用范围包括生物工程行业使用的容器、管道及相关附件（如泵、阀门和管件等）的设计、材料、建造、检验和试验。在 1989 年 ASME 冬季年会上，成立了一个特别委员会来评估下一步标准的适用范围和行动计划。该委员会于 1990 年开会，一致认为有必要制定符合生物工程行业的标准，并评估以下需求：

1）设备设计需要既可清洗又可灭菌。

2）在满足焊接强度要求后，焊缝表面质量的特殊要求。

3）对材料供应商、设计师／制造商和用户使用的定义进行标准化。

4）需要整合现有的涵盖容器、管道、附件和其他必要设备的标准，而又不违反现有标准要求。

ASME BPE 设有标准委员会，下设 6 个分委员会和 1 个执行委员会，任命标准委员会主席和分委员会主席。最初期的分委员会有：

1）通用要求分委员会。

2）设备无菌和清洁设计分委员会。

3）尺寸和公差分委员会。

4）材料连接分委员会。

5）表面处理分委员会。

6）密封分委员会。

在该标准的整个开发过程中，参考欧洲标准化委员会（CEN）、美国材料与试验协会（ASTM）和 3-A 乳制品标准，目的是开发一个独特的、并与其他行业标准密切相关而不冲突的 ASME 标准。委员会尽可能参考现有标准中适用于生物工程设备设计和制造的内容。

第 1 版 ASME BPE 标准于 1997 年 5 月 20 日被批准为美国国家标准，此后每 2 年或 3 年，ASME 都会根据行业的最新发展要求进行标准修订更新。目前普遍采用的版本于 2019 年 6 月 10 日发布，自发布起 6 个月后生效。

ASME BPE—2019 标准主要包括以下 10 部分内容：

1）通用要求。

2）系统设计。

3）金属材料。

4）高分子及其他非金属材料。

5）工艺零件的尺寸和公差。

6）仪表。

7）密封。

8）材料连接。

9）工艺接触面表面处理。

10）认证。

**4．SMS 标准**　SMS 标准是瑞典标准。瑞典标准协会（Swedish Institute for Standards，SIS）成立于 1922 年，至 2022 年刚好 100 年，其宗旨是作为瑞典的标准化管理机构，对口 ISO 和 CEN 进行标准化管理工作。通过在标准领域的合作，可以有效实施立法、增强竞争力并消除贸易壁垒。基于此，瑞典标准中引用或等同 EN（欧洲标准）、DIN（德国标准）、ISO 等标准的情况较为普遍。目前可供选用的 SMS 标准有 230 多个。

在制药、食品领域使用的材料也可能会用到 SMS 标准，特别是管子、管件材料。以下是卫生级产品中常用的 SMS 标准：

1）SMS 3008《食品行业用无缝和焊接不锈钢管》

2）SMS 3009《食品行业用无缝和焊接不锈钢管件——90°弯头》

3）SMS 3010《食品行业用无缝和焊接不锈钢管件——三通》

4）SMS 3016《食品行业用管道连接——卡箍》

5）SMS 3017《食品行业用管道连接——接头》

6）SMS 3019《食品行业用管道连接——垫片》

**5．DIN 标准**　德国标准化学会（DIN）是德国最大的具有广泛代表性的公益性标准化民间机构，成立于 1917 年，总部设在首都柏林。1917 年 5 月 18 日，德国工程师协会（VDI）在柏林皇家制造局召开会议，决定成立通用机械制造标准委员会，其任务是制定 VDI 规则。同年 7 月，通用机械制造标准委员会建议将各工业协会制定的标准与德国工程师协会标准合并，通称为德国工业标准（DIN）。1917 年 12 月 22 日，通用机械制造标准委员会改组为德国工业标准委员会（NDI）。该委员会鉴于其标准化活动早已超越了工业领域，遂于 1926 年 11 月 6 日改名为德国标准委员会（DNA）。第二次世界大战期间（1936—1945），该委员会停止活动。1946 年 10 月经四国管制委员会同意，德国标准委员会曾作为民主德国与联邦德国双方代表组成的机构在全德境内开展工作。1954 年民主德国标准化局成立，德国标准委员成为联邦德国的标准化机构，但在民主德国境内仍设有办事机构，直到 1961 年才撤销。1968 年民主德国宣布退出 DNA。自此以后，DNA 的活动仅限于联邦德国和西柏林。1975 年 5 月 21 日德国标准委员会改为德国标准化学会，同年 6 月 5 日 DIN 与联邦政府签订一项协议：联邦政府承认 DIN 是联邦德国和西柏林的标准化主管机构，并代表德国参加非政府性的国际和区域标准化机构。

德国标准化学会（DIN）是一个在德国和全球范围内独立的标准化平台，目前有超过 34 000 份文件，这些标准是自愿性采用的，但当在合同、相关法律和法规中明确采用时，需要严格执行标准的规定。如大家非常熟悉的 A4 纸等纸张系列尺寸，就是 ISO 216:1975《书写纸和某些类别的印刷品 裁切尺寸——A 系列和 B 系列》中提出的纸张尺寸标准，而事实上 1922 年 DIN 在其标准 DIN 476 中就已首次发布了该标准。

DIN 标准主要有以下几种表示方法（表 2-5）：

表 2-5　DIN 标准的表示方法

| 序号 | 编号 | 含义 |
|---|---|---|
| 1 | DIN加编号，如DIN 1234 | 德国国家标准。因编号不表示分类，有时同一主体的标准会出现类似编号的情况 |
| 2 | DIN EN加编号，如DIN EN 1234 | 德国国家标准。未作修改地采用欧盟标准，这些标准由欧盟标准化机构如CEN、CENELEC等发布 |
| 3 | DIN EN ISO加编号，或DIN EN IEC加编号，如DIN EN ISO 1234或DIN EN IEC 1234 | 德国国家标准。未作修改地采用等同于国际标准的欧盟标准，这些标准由ISO或IEC发布，经欧盟标准化机构如CEN/CENELEC采用 |
| 4 | DIN ISO加编号，DIN IEC加编号，或DIN ISO/IEC加编号，如DIN ISO 1234，DIN IEC 1234或DIN ISO/IEC 1234 | 德国国家标准。未作修改地采用国际化标准，这些标准由ISO、IEC单独或共同发布 |

DIN 专门成立了标准化部门，负责标准化工作。标准化部门共设五大领域，分别进行标准的管理工作，分别是：① 建造（BAU）；② 水、空气、技术和资源（WLTR）；③ 工业信息技术（IIIT）；④ 生活与环境（LUW）；⑤ 流程管理标准化（PMN）。每一个领域成立若干标准化委员会，其下再设立分委员会。如在水、空气、技术和资源部门设有阀门委员会（NAA），负责各类工业和建筑阀门及管件的德国标准、欧盟标准及国际标准发布和管理，提出阀门和管件的基本要求、产品要求和性能要求等。而在 NAA 下设食品、化工和制药行业管子与部件分委员会（NA 003-01-14 AA），负责用于食品、化工和制药行业的金属管子、三通、弯头、异径管、管件与可拆卸螺纹、卡箍和法兰连接件以及非金属密封件。NA 003-01-14 AA 分委员会对口欧盟标准化委员会食品、制药和化工行业卫生和无菌不锈钢管、管件和连接件工作组（CEN/TC 459/SC 10/WG 11）。

由 NA 003-01-14 AA 分委员会组织制定的用于食品、化工和制药行业的主要标准有：

1）DIN 11851:2013-02《食品和化工行业用不锈钢元件——胀接和焊接螺纹管连接》

2）DIN 11853-1:2017-08《食品和化工行业用卫生级不锈钢元件——第一部分：管连接》

3）DIN 11853-2:2017-08《食品和化工行业用卫生级不锈钢元件——第二部分：法兰连接》

4）DIN 11853-3:2017-08《食品和化工行业用卫生级不锈钢管件——第三部分：卡箍连接》

5）DIN 11854:2015-09《食品和制药行业用元件——不锈钢软管接头》

6）DIN 11864-1:2017-10《化工和制药行业用无菌型不锈钢元件——第一部分：管连接》

7）DIN 11864-2:2021-06《化工和制药行业用无菌型不锈钢元件——第二部分：法兰连接》

8）DIN 11864-3:2021-06《化工和制药行业用无菌型不锈钢元件——第三部分：卡箍连接》

9）DIN 11865:2020-07《化工和制药行业用无菌型不锈钢管元件——三通、弯头和异径管》

10）DIN 11866:2016-11《化工和制药行业用无菌型不锈钢元件——管子》

11）DIN 11867:2021-08《化工和制药行业用无菌型不锈钢元件——清管系统专用弯头》

12）DIN 32676:2009-05《食品、化工和制药行业用元件——不锈钢管焊接卡箍接头》

13）DIN EN 10357:2021-06《食品和化工行业用奥氏体、奥氏体－铁素体和铁素体纵向焊接不锈钢管》

14）DIN EN 10374:2021-10《食品和化工行业用焊接管件——焊接三通、弯头和异径管》

## 二、各标准的比较

### 1．不同标准检测项目比较（表 2-6）

表 2-6　不同标准检测项目比较

| 项目 | 标准 | | | | |
| --- | --- | --- | --- | --- | --- |
| | ASME BPE | DIN 11865/11866 | ISO 1127 | 3-A | SMS 3008/3009/3010 |
| 材料 | 多种材料，对S31603的硫含量控制在0.005%~0.017% | 1.440 4<br>1.443 5<br>1.453 9 | 1.440 4<br>1.443 5<br>1.453 9 | 不锈钢 C含量 ≤0.08% | 无特别规定 |
| 尺寸 | 有 | 有 | 有 | 有 | 有 |

| 项目 | 标准 | | | | |
|------|------|------|------|------|------|
| | ASME BPE | DIN 11865/11866 | ISO 1127 | 3-A | SMS 3008/3009/3010 |
| 公差 | 有 | 有 | 有 | 有 | 有 |
| 表面处理 | 有 | 有 | 有 | 与物料接触表面Ra≤0.8 | 与物料接触表面Ra≤1.0 |
| 清洗 | 有 | 无 | 无 | 无 | 有 |
| 标记 | 炉号、牌号、尺寸、标准、表面等级、商标等 | 标准、尺寸、钢材种类、管道卫生等级、设计类型、商标等 | 炉号、尺寸、标准等 | 无 | 无 |
| 包装 | 带有塑料端盖及塑料包装 | 管道要处于干燥状态，用PE软管包装，端盖封闭 | 处于干燥状态，连接端配备塑料端盖，并用塑料薄膜包装 | 无 | 无 |
| 文件 | 有 | 有 | 有 | 有 | 有 |
| 内表面合格标准 | 有 | 有 | 有 | Ra≤0.8 | Ra≤1.0 |
| 焊接判断标准 | 有 | 见相关标准 | 见相关标准 | 有 | 见相关标准 |
| 检查 | 全检 | 抽检 | 抽检 | 抽检 | 抽检 |

## 2．不同标准管子尺寸要求（表 2-7）

表 2-7　不同标准管子尺寸要求对照表 /mm

| ASME BPE | DIN 11866 | SMS 3008 | ISO 1127 |
|----------|-----------|----------|----------|
| 6.35 × 0.89 | 8 × 1.0 | — | 10.2 × 1.6 |
| 9.53 × 0.89 | 10 × 1.0 | — | 13.5 × 1.6 |
| — | 13 × 1.5 | 12 × 1.0 | 17.2 × 1.6 |
| 12.7 × 1.65 | 19 × 1.5 | 18 × 1.0 | 21.3 × 1.6 |
| 19.05 × 1.65 | 29 × 1.5 | 25.0 × 1.2 | 26.9 × 1.6 |
| 25.4 × 1.65 | 35 × 1.5 | 33.7 × 1.2 | 33.7 × 2.0 |
| — | 41 × 1.5 | 38.0 × 1.2 | 42.4 × 2.0 |
| 38.1 × 1.65 | 53 × 1.5 | 51.0 × 1.2 | 48.3 × 2.0 |
| 50.8 × 1.65 | 70 × 2.0 | 63.5 × 1.5 | 60.3 × 2.0 |

续表

| ASME BPE | DIN 11866 | SMS 3008 | ISO 1127 |
|---|---|---|---|
| 63.5 × 1.65 | 85 × 2.0 | 76.1 × 1.6 | 76.1 × 2.0/2.3 |
| 76.2 × 1.65 | 104 × 2.0 | 101.6 × 2.0 | 88.9 × 2.3 |
| 101.6 × 2.11 | 129 × 2.0 | 114.3 × 2.0 | 114.3 × 2.3 |
| 152.4 × 2.77 | 154 × 2.0 | 139.7 × 2.0 | 139.7 × 2.6 |
| — | 204 × 2.0 | 168.3 × 2.6 | 168.3 × 2.6 |
| — | — | 219.1 × 2.6 | 219.1 × 2.6 |

**3．3-A 标准的尺寸公差要求（表 2-8）**

表 2-8　3-A 标准尺寸公差要求

| 公称直径/英寸 | 内径/英寸 | 允许偏差/英寸 |
|---|---|---|
| 1/4 | 0.152 | ± 0.005 |
| 3/8 | 0.277 | ± 0.005 |
| 1/2 | 0.370 | ± 0.005 |
| 3/4 | 0.620 | ± 0.005 |
| 1 | 0.870 | ± 0.005 |
| $1\frac{1}{2}$ | 1.370 | ± 0.005 |
| 2 | 1.870 | ± 0.005 |
| $2\frac{1}{2}$ | 2.370 | ± 0.005 |
| 3 | 2.870 | ± 0.005 |
| 4 | 3.834 | ± 0.005 |
| 6 | 5.782 | ± 0.013 |
| 8 | 7.782 | ± 0.016 |
| 10 | 9.732 | ± 0.016 |
| 12 | 11.732 | ± 0.016 |

**4．ASME BPE 标准的尺寸公差要求（表 2-9）**

表 2-9　ASME BPE 标准尺寸公差要求

| 尺寸 | 外径/mm | | 壁厚/mm | | |
|---|---|---|---|---|---|
| | 标准 | 公差 | 标准 | 公差（电抛） | 公差（机抛） |
| 1/4" | 6.35 | ± 0.13 | 0.89 | +0.08/−0.15 | +0.08/−0.10 |
| 3/8" | 9.53 | ± 0.13 | 0.89 | +0.08/−0.15 | +0.08/−0.10 |
| 1/2" | 12.7 | ± 0.13 | 1.65 | +0.13/−0.25 | +0.13/−0.20 |
| 3/4" | 19.05 | ± 0.13 | 1.65 | +0.13/−0.25 | +0.13/−0.20 |
| 1.0" | 25.4 | ± 0.13 | 1.65 | +0.13/−0.25 | +0.13/−0.20 |
| 1.5" | 38.1 | ± 0.20 | 1.65 | +0.13/−0.25 | +0.13/−0.20 |
| 2.0" | 50.8 | ± 0.20 | 1.65 | +0.13/−0.25 | +0.13/−0.20 |
| 2.5" | 63.5 | ± 0.25 | 1.65 | +0.13/−0.25 | +0.13/−0.20 |
| 3.0" | 76.2 | ± 0.25 | 1.65 | +0.13/−0.25 | +0.13/−0.20 |
| 4.0" | 101.6 | ± 0.38 | 2.11 | +0.20/−0.30 | +0.20/−0.25 |
| 6.0" | 152.4 | ± 0.76 | 2.77 | +0.38/−0.43 | +0.38/−0.38 |

## 三、管件检验

　　生物工程常用管件通常是指卫生级管子、三通、弯头、异径管、管帽等。管件检验通常包括外观检验、尺寸检验、粗糙度检测和材质检测。

　　**1．外观检验**　管子、管件等的外观检验相关要求见表 2-10～表 2-13。通常采用目视检测。

表 2-10　卫生级管件外观检验要求

| 检查类别 | 检查内容 |
|---|---|
| 外包装与实物规格 | 外包装及规格等标识和实物规格是否一致，管子管件两端口必须进行管帽保护 |
| 管件表面标识 | 检查实物材质标识、炉批号、粗糙度标记是否与随货质量证明文件一致并满足要求 |
| 外表面检查 | 表面不允许有目视可见的明显划伤、凹坑和变形等影响其使用性能的表面缺陷存在，粗糙度检查可利用粗糙度仪进行相关复测，并保留测量记录 |
| 与工艺接触金属表面的检查 | 查看内表面的表面状态（机抛或电解），粗糙度是否达到要求（用粗糙度仪进行测量并记录），内表面通用要求按表2-11进行检验，酸洗钝化表面按表2-12进行检验，电解抛光表面按表2-13进行检验 |
| 随货质保书/质量证明书 | 随货是否提供了相关质保证书，证书与实物是否相符（核对规格、材质和炉批号等信息） |

表 2-11　卫生级管件内表面检验要求

| 异常或显示 | 验收标准 |
| --- | --- |
| 麻点/气孔 | 直径应<0.51mm，底部有光泽[1,2]。直径<0.08mm的麻点是不相关且可以接受的 |
| 麻点/气孔群 | 在每个13mm×13mm的检查窗内麻点数不超过4个。所有相关麻点的累积总直径不应超过1.02mm |
| 压痕 | 不可接受 |
| 抛光纹路 | Ra最大值满足要求 |
| 焊缝 | 焊后经过抛光的焊缝应当与母材金属齐平，凹凸度应当满足焊接要求。表面抛光应当满足Ra要求 |
| 刻痕 | 不可接受 |
| 划伤 | 累积划伤长度应<6.4mm，深度应<0.08mm，而且Ra最大值满足要求 |
| 表面裂纹 | 不可接受 |
| 表面夹杂物 | Ra最大值满足要求 |
| 表面残留物 | 不可接受。采用目视检测 |
| 表面粗糙度（Ra） | 满足采购技术要求 |
| 夹渣 | 不可接受 |
| 起泡剥落 | 未在表面显现 |

注：[1] 任何深度的暗底麻点都是不可接受的；[2] 超级奥氏体和镍基合金中的麻点可能会超过此值，麻点尺寸的验收标准应由所有者/用户和供应商协商后确定。麻点的其他验收标准仍保持不变。

表 2-12　酸洗钝化表面检验要求

| 异常或显示 | 验收标准 |
| --- | --- |
| 表面颗粒物 | 不用放大镜、在室内照明充足的情况下，目视检测观察不到颗粒 |
| 污点 | 不可接受 |
| 可见的建造碎片 | 不可接受 |
| 可见的油脂或有机化合物 | 不可接受 |

表 2-13　电解抛光表面检验要求

| 异常或显示 | 验收标准 |
| --- | --- |
| 云斑 | 若Ra最大值满足要求，则可接受 |
| 端纹效应 | 若Ra最大值满足要求，则可接受 |
| 夹具印记 | 若经电解抛光，则可接受 |
| 雾斑 | 若Ra满足要求，则可接受 |
| 间断电解抛光 | 若Ra满足要求，则可接受 |
| 橘皮皱 | 若Ra最大值满足要求，则可接受 |
| 线状迹象 | 若Ra最大值满足要求，则可接受 |
| 焊缝白化 | 若Ra最大值满足要求，则可接受 |
| 光泽度变化 | 若Ra最大值满足要求，则可接受 |

**2．尺寸检验**　管件尺寸检验时，应 100% 或抽查相关尺寸，特别是管径、壁厚、椭圆度、直边长度、表面粗糙度等。因为它们对管道系统的组对、焊接等非常重要，会造成错边等缺陷，从而影响焊接质量。卫生级管件尺寸检验要求见表 2-14。

表 2-14　卫生级管件尺寸检验要求

| 检查类别 | 检查内容 |
| --- | --- |
| 连接型式及接口尺寸 | 接口连接型式及标准是否与采购要求一致 |
| 端口连接尺寸 | 实测外径/壁厚尺寸等 |
| 内表面粗糙度 | 实测粗糙度值，应满足规定要求 |

**3．材质检测**　通过检查管件实物上的标记，确认材质的标准、等级符合采购技术要求，并核查管件上是否有唯一对应的炉号，以便与管件供应商提供的材料质量证明文件进一步核对。

根据管件采购技术要求中的材料技术标准或技术要求，核对材料质量证明文件中的化学成分、机械性能、耐腐蚀性能、表面粗糙度等指标是否均符合要求。特别是核对化学成分中硫含量是否在规定范围内（严格控制硫含量，以确保卫生级管道轨道焊接时具有良好的焊接质量）。

对于双相不锈钢及其他镍基合金管件，还可以采用便携式材料检测仪等对材质进行 100% 复查。

对于用于压力管道的管件，应采用光谱或其他方法进行材质抽样检查，抽样数量取每批（同炉批号、同规格）的 5% 且不少于一个。

**4．管件验收检测报告**　管件检验完成后，应出具检验验收报告，确认接受或拒收。

## 第三节　阀门检验

## 一、概述

阀门是流体运输系统中的控制部件，具有截止、调节、导流、防止逆流、稳压、分流或溢流泄压等功能。用于流体控制的阀门，从最简单的截止阀到极为复杂的自动控制系统中所用的各种阀门，其品种和规格繁多，应用很广泛。

## 二、阀门分类

**1．按作用和用途分类**

（1）截断阀：又称闭路阀，其作用是接通或截断管道中的介质。截断阀包括闸阀、截止阀、旋塞阀、球阀、蝶阀、隔膜阀等。

（2）止回阀：又称单向阀或逆止阀，其作用是防止管道中的介质倒流。

（3）安全阀：其作用是防止管道或装置中的介质压力超过规定数值，从而达到安全保护的目的。

（4）调节阀：其作用是调节压力、流量等参数，调节阀包括节流阀、减压阀等。

（5）分流阀：其作用是分配、分离或混合管道中的介质。分流阀包括各种分配阀、疏水阀等。

（6）排放阀：是管道系统中必不可少的辅助元件，往往安装在制高点或弯头等处，用于排除管道中多余的气体，提高管道使用效率及降低能耗。

**2．按公称压力等级分类**

（1）真空阀：指工作压力低于标准大气压的阀门。

（2）低压阀：指公差压力 $P_N<1.6MPa$ 的阀门。

（3）中压阀：指 $1.6MPa \leqslant P_N<10.0MPa$ 的阀门。

（4）高压阀：指 $10.0MPa \leqslant P_N<100.0MPa$ 的阀门。

（5）超高压阀：指 $P_N \geqslant 100.0MPa$ 的阀门。

**3．按工作温度分类**

（1）超低温阀：用于介质工作温度 $t<-100℃$ 的阀门。

（2）低温阀：用于 $-100℃ \leqslant t<-40℃$ 的阀门。

（3）常温阀：用于 $-40℃ \leqslant t<120℃$ 的阀门。

（4）中温阀：用于 $120℃ \leqslant t<450℃$ 的阀门。

（5）高温阀：用于 $t \geqslant 450℃$ 的阀门。

**4．按驱动方式分类**

（1）自动阀：指不需要外力驱动，而是依靠介质自身的能量来使阀门动作的阀门，如安全阀、解压阀、疏水阀、止回阀、自动调节阀等。

（2）动力驱动阀：指利用各种动力源进行驱动的阀门，如电动阀、气动阀、液动阀等。

1）电动阀：指借助电力驱动的阀门。

2）气动阀：指借助压缩空气驱动的阀门。

3）液动阀：指借助油等液体压力驱动的阀门。

## 三、阀门标识

对于阀门的标识，ASME BPE 要求采用合适的且不会对与物料接触表面造成伤害的方法做永久性标记，标记内容有：

1）接液部件的炉批号或材料编码。

2）阀门压力等级。

3）材料类型。

4）制造商名称、标志或商标。

5）ASME BPE 标准标识，未经认证仅标注"BPE"字样，经认证可标"BPE"钢印。

6）按 BPE 标准标识粗糙度等级代号。

如果因阀门尺寸限制不允许完整标记，则可以按上述顺序将部分标识省略，但应有炉批号或制造商编码、阀门压力等级、材料类型。如果阀门尺寸不允许完整标识材料炉批号，则标识制造商的代码也是可以接受的。

其他标准的卫生级阀门也应有相应的标识，确保阀门信息可追溯。

## 四、阀门检验

阀门检验通常包括如下检验内容：外观检验、材质检测、尺寸检验、构造检查、压力试验、密封试验、非破坏性试验等。

卫生级阀门除上述要求外，还需要检查其接液部分的粗糙度，是否平滑、有无死角等。

对于安装好的阀门，必要时需要检查阀门安装方向是否正确（如单向阀等）、安装角度是否满足洁净要求（如隔膜阀等）。

**1．外观检验**　阀门外观检验要求见表 2-15，通常采用目视检测。

表 2-15　阀门外观检验要求

| 检查类别 | 检查内容 |
|---|---|
| 阀体外观及材质标识 | 阀体是否完好，标识的材质与要求的材质是否相符 |
| 手轮或执行器 | 表面是否出现损坏 |
| 气源连接线等 | 气源连接线等是否完好无损 |
| 连接端口 | 阀门连接端口是否有变形及影响装配的缺陷情况 |
| 阀门包装情况 | 阀门包装是否完好 |
| 阀体外表面处理 | 表面是否有镀锌、油漆要求，有无影响表面的质量缺陷 |

| 检查类别 | 检查内容 |
|---|---|
| 阀体接液表面处理 | 表面验收标准参考管件检验要求 |
| | 钝化表面验收标准参考管件检验要求 |
| | 电解表面验收标准参考管件检验要求 |
| 随货资料 | 是否提供合格证、材质证明书、测试报告和说明书等 |

**2. 阀门的材质检测**　通过检查阀门实物上的标记，确认材质的标准、等级是否符合采购技术要求，并核查阀门上有对应的炉号信息，以便与管件供应商提供的材质测试报告进一步核对。

根据阀门采购合同中的材质技术标准或技术要求，核对与介质接触的材质测试报告中的化学成分、机械性能、耐腐蚀性能和表面粗糙度等均符合要求。如果是焊接连接的卫生级阀门，如有规定，还应核对化学成分中硫含量在规定范围内（严格控制硫含量，以确保轨道焊接时具有良好的焊接质量）。

对于双相钢及其他镍基合金阀门，可以采用便携式材料检测仪等对材质进行100%复查。

对于阀门，由于膜片是接触药品生产工艺和成品的非金属材料，同时要满足清洗、灭菌的介质和温度等环境要求，它们的性能和质量对药品生产非常重要，因此要特别核对膜片的材质、核查膜片的合格证等文件，是否满足GMP相关规定。

**3. 阀门的尺寸检验**　在进行阀门尺寸检验时，应对相关尺寸进行100%检查，特别是焊接阀接口管径、壁厚、椭圆度、直边长度、表面粗糙度等，因为这些要素会影响随后的组对、焊接质量。阀门尺寸检验要求见表2-16。

表2-16　阀门尺寸检验要求

| 检查类别 | 检查内容 |
|---|---|
| 连接型式及接口尺寸 | 接口连接型式及标准与采购要求是否一致 |
| 端口连接尺寸 | 实测外径/壁厚尺寸 |
| 内表面粗糙度 | 实测粗糙度值，与要求是否相符 |

**4. 阀门的压力试验**　根据设计或标准规范要求对阀体进行耐压试验检查、气密性检查和阀体泄漏检查，对于用于压力管道上的阀门，阀门壳体压力试验和密封试验要求如下：

1）用于GC1级压力管道的阀门，应逐个进行壳体压力试验和密封试验。

2）用于 GC2 级压力管道的阀门，应每批抽查 10%，且不得少于 1 个。

3）用于 GCD 级压力管道的阀门，应每批抽查 5%，且不得少于 1 个。

4）经设计者或业主同意，到阀门制造厂逐件见证压力试验并有见证试验记录的阀门，可免除压力试验。

阀门壳体的试验压力至少是阀门在 20℃时允许最大工作压力的 1.5 倍，阀门密封试验的试验压力至少是在 20℃时允许最大工作压力的 1.1 倍，当阀门铭牌标示的最大工作压差或阀门配有的操作机构不适宜进行高压密封试验时，试验压力应为阀门铭牌标示的最大工作压差的 1.1 倍，并满足以下要求：

1）保压时间和密封面泄漏率应符合相应标准的规定。

2）对于试验合格的阀门，应填写阀门试验记录。

3）对不锈钢阀门进行水压试验时，水中的氯离子含量不得超过 0.1‰。

**5．阀门检验报告**  阀门检验完成后，应出具检验验收报告，确认接受或拒收。

## 第四节　生物工程设备的焊接检验

## 一、焊接和连接工艺分类

焊接是通过加热、加压或两者并用，填充或不填充材料，达到原子之间结合的一种连接方法。焊接和连接工艺分类情况如图 2-2 所示。

## 二、生物工程设备和管道系统的材料连接

对于压力容器、储罐与管道系统，焊接后再进行抛光处理的工艺接触面焊缝，应采用电弧或高能光束（电子束和激光束）焊接方法。

对于压力容器、储罐与管道系统，在焊态下直接使用的工艺接触面焊缝，应采用惰性气体电弧焊方法（例如钨极气体保护电弧焊和等离子弧焊）或高能束焊（例如电子束或激光焊）方法，并且尽量使用自动或机械焊方法。若焊缝满足所有适用规范的要求，自熔的焊缝、填充焊丝的焊缝或填充可熔化嵌条的焊缝都是可以接受的。

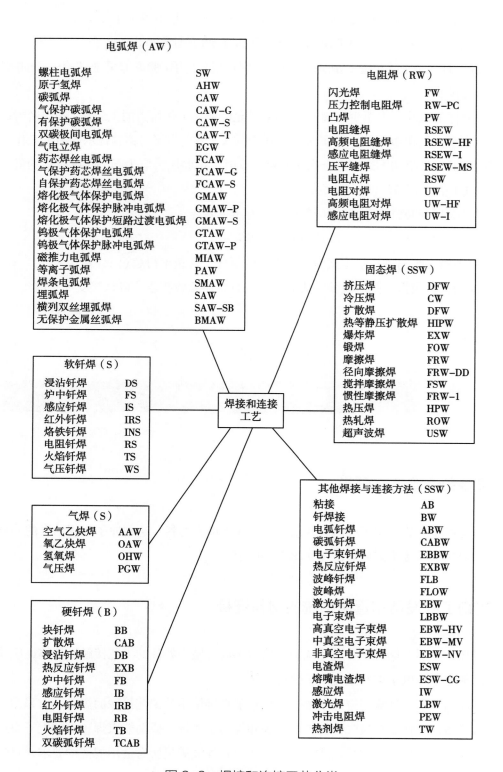

图 2-2 焊接和连接工艺分类

## 三、焊接检验和试验

**1. 压力容器和储罐焊接检验和试验** 压力容器和储罐的检验与试验应按照适用的建造规范要求进行（如 GB/T 150、ASME BPVC 第Ⅷ卷、EN 13445 等）。

**2. 工业管道焊接检验和试验** 工业管道（包括压力管道）焊接的检验与试验应按照适用的建造规范要求进行（如 GB/T 20801、ASME B31.3、EN 13480 等）。

**3. 生物工程卫生级管道焊接检验和试验** 所有焊缝的外表面均应进行目视检测，且每个已安装在系统中的工艺接触面焊缝应进行不少于 20% 的内镜或直接目视检测。检验应包含每个焊工和 / 或焊接操作工的代表焊缝，还应包含对封闭焊缝的检验要求。

## 四、焊缝验收标准

**1. 通用要求** 用于卫生级要求和无菌环境的焊缝，不得形成有利于微生物生长和污染工艺介质的表面。焊缝不得有任何诸如裂纹、空隙、气孔或错边等不连续缺陷，因为这些不连续缺陷会导致工艺流体的污染。

**2. 压力容器和储罐** 对用于生物工程领域的压力容器和储罐，其焊缝的验收标准应满足适用建造标准（如 GB/T 150、ASME BPVC 第Ⅷ卷、EN 13445 等）的要求，这些建造标准要求主要是确保设备满足强度要求，而 ASME BPE 标准还提出了更为详细的目视检测要求，有利于控制微生物生长、防止污染（表 2-17）。

**3. 工业管道系统（公称管道系统）** 工业管道系统焊缝验收标准满足适用建造标准（如 GB/T 20801、ASME B31.3、EN 13480 等）的要求。这些建造标准主要是确保设备满足强度要求，而当用于生物工程领域的管道系统时，还应满足卫生级系统的相关要求。ASME BPE 提出了详细检验要求（表 2-18）。

**4. 卫生级管道系统（薄壁管道系统）** 卫生级管道由于管壁比较薄，一般无须加工坡口，大部分情况下采取自熔焊的方式来完成，只有超级奥氏体不锈钢和双相不锈钢等少数材料需要填充金属，因此，其焊缝检查验收标准与工业管道相比有很大的差别。ASME BPE、EHEDG 和 AWS 18.1 等标准都提出了卫生级管道焊接相关要求，在此仅列出 ASME BPE 对焊缝的验收要求（表 2-19，图 2-3 ~ 图 2-6），供读者参考。

表 2-17 卫生级金属容器焊缝的目视检测标准

| 缺陷 | 工艺接触表面的焊缝 | | | 非工艺表面的焊缝 | |
| --- | --- | --- | --- | --- | --- |
| | 焊后状态 | 抛光前 | 抛光后 | 焊后状态 | 抛光后 |
| 裂纹 | 无 | 无 | 无 | 无 | 无 |
| 未熔合 | 无 | 无 | 无 | 无 | 无 |
| 未焊透 | 工艺接触表面无 | 工艺接触表面无 | 工艺接触表面无 | 符合相关标准要求[1] | 符合相关标准要求[1] |
| 气孔 | 无表面气孔 | 符合相关标准要求 | 直径<0.5mm且底部光亮或直径<0.08mm且在13mm×13mm检查范围内不超过4个孔以及所有相关的孔累计总直径不超过1.0mm | 无表面气孔 | 无表面气孔 |
| 夹杂物 | 无表面夹杂物 | 符合相关标准要求 | 无表面夹杂物 | 无表面夹杂物 | 无表面夹杂物 |
| 咬边 | 无 | 符合相关标准要求 | 无 | 符合相关标准要求 | 符合相关标准要求 |
| 坡口焊缝凹度 | 符合相关标准要求 | 符合相关标准要求 | 最大为较薄构件名义厚度的10% | 符合相关标准要求 | 符合相关标准要求 |
| 角焊缝凸度 | 最大1.5mm | 按适用的设计和制造规范 | 最大0.8mm | 符合相关标准要求 | 符合相关标准要求 |
| 氧化变色（热影响区） | 热影响区可允许有轻微的浅黄色到浅蓝色变色，任何存在的变色必须紧密附着于表面，使得正常操作无法将其去除。在任何情况下，热影响区都不得有生锈、游离铁或颗粒化迹象 | 不适用 | 热影响区可允许有轻微的浅黄色到浅蓝色变色，任何存在的变色必须紧密附着于表面，使得正常操作无法将其去除。在任何情况下，热影响区都不得有生锈、游离铁或颗粒化迹象 | 按客户要求 | 按客户要求 |
| 氧化变色（焊道） | 不允许 | 不适用 | 不允许 | 按客户要求 | 按客户要求 |
| 氧化物岛 | 只要氧化物岛附着在表面，就允许存在。氧化物岛的反射颜色不应是拒收的原因 | 不适用 | 不允许 | 允许氧化物岛 | 允许氧化物岛 |
| 余高 | 符合相关标准要求 | 符合相关标准要求 | 最大0.8mm | 符合相关标准要求 | 符合相关标准要求 |

| 缺陷 | 工艺接触表面的焊缝 | | | 非工艺表面的焊缝 | |
|------|------|------|------|------|------|
| | 焊后状态 | 抛光前 | 抛光后 | 焊后状态 | 抛光后 |
| 定位焊 | 符合相关标准要求 | 不适用 | 不适用 | 符合相关标准要求 | 不适用 |
| 电弧击伤 | 无 | 不适用 | 无 | 无 | 无 |
| 焊瘤 | 无 | 无 | 无 | 无 | 无 |
| 焊道宽度 | 不适用 | 不适用 | 不适用 | 不适用 | 不适用 |
| 最小焊角焊缝尺寸 | 符合相关标准要求 | 符合相关标准要求 | 符合相关标准要求 | 符合相关标准要求 | 符合相关标准要求 |
| 错边 | 符合相关标准要求 | 符合相关标准要求 | 符合相关标准要求 | 符合相关标准要求 | 符合相关标准要求 |

注：[1] 不适用于绝热壳体或类似焊缝。

表 2-18　卫生级金属管道焊缝目视检测标准

| 缺陷 | 工艺接触表面的焊缝 | | | 非工艺接触表面的焊缝 | |
|------|------|------|------|------|------|
| | 焊后状态 | 抛光前 | 抛光后 | 焊后状态 | 抛光后 |
| 裂纹 | 无 | 无 | 无 | 无 | 无 |
| 未熔合 | 无 | 无 | 无 | 无 | 无 |
| 未焊透 | 无 | 工艺接触表面无 | 工艺接触表面无 | 符合相关标准要求[1] | 符合相关标准要求[1] |
| 气孔 | 无表面气孔 | 符合相关标准要求 | 直径<0.5mm且底部光亮或直径<0.08mm 且在13mm × 13mm检查范围内不超过4个孔以及所有相关的孔累计总直径不超过1.0mm | 无表面气孔 | 无表面气孔 |
| 夹杂物 | 无表面夹杂物 | 符合相关标准要求 | 无表面夹杂物 | 无表面夹杂物 | 无表面夹杂物 |
| 咬边 | 无 | 符合相关标准要求 | 无 | 符合相关标准要求 | 符合相关标准要求 |
| 凹度 | 符合相关标准要求 | 符合相关标准要求 | 符合相关标准要求 | 符合相关标准要求 | 符合相关标准要求 |
| 角焊缝凸度 | 最大1.5mm | 符合相关标准要求 | 最大0.8mm | 符合相关标准要求 | 符合相关标准要求 |

续表

| 缺陷 | 工艺接触表面的焊缝 | | | 非工艺接触表面的焊缝 | |
| --- | --- | --- | --- | --- | --- |
| | 焊后状态 | 抛光前 | 抛光后 | 焊后状态 | 抛光后 |
| 氧化变色（热影响区） | 热影响区可允许有轻微的浅黄色到浅蓝色变色，任何存在的变色必须紧密附着于表面，使得正常操作无法将其去除。在任何情况下，热影响区不得有生锈、游离铁或颗粒化迹象 | 不适用 | 热影响区可允许有轻微的浅黄色到浅蓝色变色，任何存在的变色必须紧密附着于表面，使得正常操作无法将其去除。在任何情况下，热影响区不得有生锈、游离铁或颗粒化迹象 | 按客户的规范 | 按客户的规范 |
| 氧化变色（焊道） | 不允许，此标准不适用于焊道上的可见岛状氧化物 | 不适用 | 不允许 | 按客户的规范 | 按客户的规范 |
| 氧化物岛 | 只要氧化物岛附着在表面，就允许存在。氧化物岛的反射颜色不应是拒收的原因 | 不适用 | 不允许 | 允许氧化物岛 | 允许氧化物岛 |
| 余高 | 符合相关标准要求 | 符合相关标准要求 | 最大0.8mm | 符合相关标准要求 | 符合相关标准要求 |
| 定位焊 | 必须被最终焊道完全熔化 | 必须被最终焊道完全熔化 | 必须被最终焊道完全熔化 | 按客户的规范 | 不适用 |
| 电弧击伤 | 无 | 无 | 无 | 无 | 无 |
| 焊瘤 | 无 | 无 | 无 | 无 | 无 |
| 焊道宽度 | 不适用 | 不适用 | 不适用 | 不适用 | 不适用 |
| 最小焊角焊缝尺寸 | 符合相关标准要求 | 符合相关标准要求 | 符合相关标准要求 | 符合相关标准要求 | 符合相关标准要求 |
| 错边 | 允许[2] | 允许[2] | 允许[2] | 允许[2] | 允许[2] |

注：[1] 不适用于绝热壳体或类似焊缝；[2] 允许错边量，可能与其他洁净标准或设计要求相关。

表 2-19　卫生级金属管 – 管对接接头的焊缝检验标准

| 缺陷 | 工艺接触表面的焊缝 | 非工艺接触表面的焊缝 |
| --- | --- | --- |
| 裂纹 | 无 | 无 |
| 未熔合 | 无 | 无 |
| 未焊透 | 无（图2-3g） | 无［图2-3（g）］ |

续表

| 缺陷 | 工艺接触表面的焊缝 | 非工艺接触表面的焊缝 |
|---|---|---|
| 气孔 | 无表面气孔；若焊后抛光的，孔的直径 < 0.5mm 且底部光亮或者直径 < 0.08mm 且在 13mm × 13mm 检查范围内不超过 4 个孔及所有相关的孔累计总直径不超过 1.0mm | 无表面气孔 |
| 夹杂物 | 无表面夹杂物 | 无表面夹杂物 |
| 咬边 | 无 | 符合相关标准要求 |
| 凹度 | 最大 10% $T_w$ [1] [图 2-3（d）]，且外凹或内凹不得使壁厚减低于管壁的最小厚度 | 在整圆周允许上最大 10% $T_w$ [图 2-3（c）]，在不大于 25% 的圆周上允许最大 15% $T_w$ |
| 凸度 | 最大 10% $T_w$ [图 2-3（f）] | 最大 0.38mm [图 2-3（e）] |
| 氧化变色（热影响区） | 热影响区可允许有轻微的浅黄色到浅蓝色变色，任何存在的变色必须紧密附着于表面，使得正常操作无法将其去除。在任何情况下，热影响区不得有生锈、游离铁或颗粒化迹象 | 变色程度应由业主/用户和承包商商定，焊后的状态可以满足由业主/用户决定的变色要求 |
| 氧化变色（焊道） | 不允许 | 变色程度应由业主/用户和承包商商定 |
| 余高 | 见凸度 | 见凸度 |
| 定位焊 | 必须被最终焊道完全熔化 | 与工艺接触侧相同 |
| 电弧击伤 | 无 | 可采用机械打磨的方法去除 [2] |
| 焊瘤 | 无 | 无 |
| 焊道宽度 | 不限制，只要可以实现接头全熔透 | 如果物料接触面不能检查（例如远控图像设备不能达到的管的内部），非物料接触面焊道环整个焊缝圆周必须平直、均匀，最小焊道宽度不得小于最大焊道宽度的 50%；最大的焊道弯曲为焊道宽度的 25%，从焊缝中心线开始测量 |
| 最小喉高 | 不适用 | 不适用 |
| 错边 | 允许 [3] | 除了 4 寸管外侧允许最大 0.38mm 错边和 6 寸管外侧允许最大 0.76mm 错边。其余最大 15% $T_w$ |
| 氧化物岛 | 只要氧化物岛牢固附着在表面，就允许存在。氧化岛的反射颜色不应是拒收的原因 | 允许有氧化物岛 |

注：[1] $T_w$ 是两连接件中较薄件的名义厚度，焊缝应光滑地熔入母材；[2] 只要不危及最小设计壁厚，在非产品接触表面上的电弧击伤可采用机械打磨的方法去除；[3] 允许错边量，可能与其他洁净标准或设计要求相关。

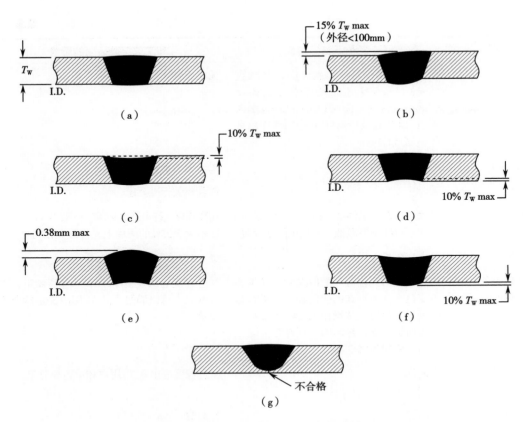

图2-3  卫生级金属管 - 管对接接头的焊接验收标准

（资料来源：ASME BPE—2019）

（a）合格；（b）错边；（c）外凹；（d）内凹；（e）外凸；（f）内凸；（g）未焊透。

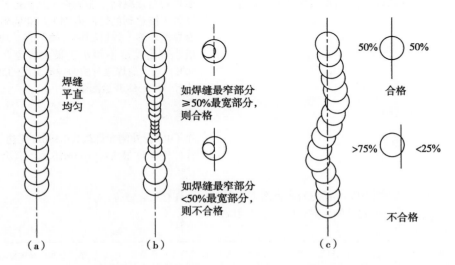

图2-4  卫生级金属管 - 管对接接头非工艺接触面焊缝宽度和平直度验收标准

（a）合格焊缝；（b）焊缝宽度变化；（c）焊缝弯曲。

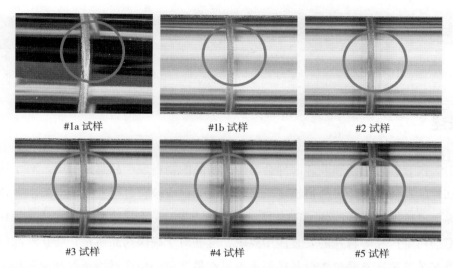

图2-5    电解抛光的 UNS S31603 管道的焊缝及热影响区氧化变色验收标准

注：照片中呈现的焊道是管道内径上的焊道，每张照片用于对比的区域是圆圈内的区域。焊道不应有氧化变色；在焊态的条件下，电解抛光的 UNS S31603 管道的热影响区的变色程度在 #1~#4 试样之间是合格的；热影响区的氧化变色程度比 #4 试样严重则是不合格的。#5 试样所呈现的不合格的焊缝和热影响区变色程度供对比使用，应注意，在直接目视检测或内窥镜检查过程中，垂直于表面的视角（90°）与沿边缘小角度视角所观察到的颜色是不同的。

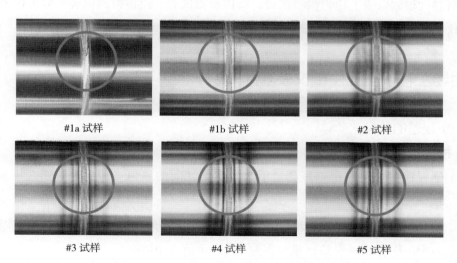

图2-6    机械抛光的 UNS S31603 管道的焊缝及热影响区氧化变色验收标准

注：照片中呈现的焊道是管道内径上的焊道，每张照片用于对比的区域是圆圈内的区域。焊道不应有氧化变色；在焊态的条件下，机械抛光的 UNS S31603 管道的热影响区的变色程度在 #1~#3 试样之间是合格的；热影响区的氧化变色程度比 #3 试样严重则是不合格的。#5 试样所呈现的不合格的焊缝和热影响区变色程度供对比使用。应注意，在直接目视检测或内窥镜检查过程中，垂直于表面的视角（90°）与沿边缘小角度的视角所观察到的颜色是不同的。

第五节　生物工程设备的仪表检验

## 一、概述

卫生级仪表的传感器和取源部件会与生产药品的物料或产品直接接触，对于接触工艺物料的部件的材质、内外表面粗糙度、过程连接等都应该符合行业规范的要求。仪表的安装除了满足准确测量的功能外，还需要满足易于清洗、易于排放、平整光洁且无死角、仪表本身不会污染产品等特殊的安装使用要求，这些对于确保药品质量，防止药品的污染及交叉污染至关重要。有些仪表设备还要求满足在最严苛的生产过程条件和灭菌环境条件下使用，仪表本身不得与药品发生反应、不吸附药品、不向药品中释放物质。当前在制药装备仪表的专业设计、制造、安装、调试和确认环节中，可参照的行业相关规范较少，对于如何满足卫生级仪表的相关使用要求在同类书籍中也缺少描述。

本节系统地总结了生物技术及制药装备工程实践中有关仪表专业的相关知识，同时也借鉴了 ASME BPE 仪表篇中的规定，参考各大仪表厂商针对不同卫生级仪表的安装使用要求，对温度检测仪表、压力检测仪表、物位检测仪表、流量检测仪表、分析仪表等各类卫生级仪表的基本工作原理、结构特征、洁净安装要求和检验等进行了阐述。

## 二、生物工程设备卫生级仪表基础知识

（一）误差的分类

**1. 按误差的表示方式分类**

（1）绝对误差：绝对误差是测量值与真实值之间的差值。即：绝对误差＝测量值－真实值。

（2）相对误差：相对误差是绝对误差与被测量值（即仪表示值）之比，通常以百分数的形式来表示。即：相对误差＝绝对误差/仪表示值×100%。

（3）引用误差：引用误差是绝对误差与仪表全量程的比值，通常也以百分比来表示。

例如：有一温度仪表刻度为 0~200℃，在 100℃处的计量检定值为 98℃，那么在 100℃处仪表的绝对误差、相对误差和引用误差分别如下：

$$仪表示值的绝对误差 =100-98=2℃$$

$$仪表示值的相对误差 = \frac{2}{100} \times 100\%=2\%$$

$$仪表示值引用误差 = \frac{2}{200} \times 100\% = 1\%$$

**2．按测试时的工作条件分类**

（1）基本误差：指在规定的参比工作条件下，即该仪表在标准工作条件下的最大误差。

（2）附加误差：指仪表在非规定的参比工作条件下使用时另外产生的误差，如温度附加误差、电源波动产生的误差等。

**3．按误差的状态分类**

（1）静态误差：仪表进入到一种新的平衡状态后具有的误差，这时仪表的示值是稳定的。一般仪表的精度、绝对误差、相对误差等都是由静态误差决定。

（2）动态误差：检测系统受到外界扰动后，被测变量处于变动状态下仪表示值与实际之间的误差即为动态误差。当系统经过一段时间稳定下来后，动态误差最终会消失。动态误差的存在是由于系统本身的惯性时间常数和传递滞后（纯滞后）时间决定的。

**4．按误差出现的规律分类**

（1）系统误差：又称规律性误差。引起系统误差的原因通常是检测的原理不十分精确，仪表本身的材料、零部件、工艺上的某些缺陷，测试工作中使用仪表的方法不正确，测量者有不良的操作习惯等。因为系统误差是有一定规律可循的，通过分析和总结原因，其中某些影响因素总能够找出，并通过相应的改进措施，可以消除或减少系统误差。

（2）随机误差：又称偶然误差。当对某一物理量进行多次重复测量时，每次测量的结果并不完全相同，误差出现的大小和符号均以不可预知的方式变化。对于这种变化人们并不能找出根本的原因，即使测量是在相同的条件下进行的，但测量环境中的各种干扰因素如温度、湿度、压力、电磁场、振动和噪声等总会发生微小的变化。因此，随机误差是大量对测量值影响微小且又互不相关的因素引起的综合结果，并无规律可循，也不能像系统误差那样通过校正的方法来消除，但总体却服从统计规律。可从理论上推断其对检测结果的影响。

（3）疏忽误差：主要特点是无规律可循，且明显与事实不符。这种误差产生的原因通常是操作者疏忽大意、仪表故障或重大外界干扰，对于这类误差应该作为异常值剔除。

（4）重复性误差：是指仪器在操作条件不变的情况下，多次分析所得结果之间的偏差。

## （二）量程、精度和灵敏度

**1．量程**  每个仪表都有其测量范围，它是该仪表按规定的准确度进行测量的被测变量的范围。测量范围的最小值和最大值分别称为测量下限（LRV）和测量上限（URV），简称下限和上限。URV、LRV 这两个值很重要，在所有的模拟输出变送器中都需要设定这两个值和输出电流的对应关系，如果变送器输出电流是 4～20mA，那么 URV 的值对应20mA 输出，LRV 的值则对应 4mA 输出。量程用来表示其测量范围的大小，是其测量上限值与下限值的差值。即：

量程 = 测量上限（URV）– 测量下限（LRV）

例如：有一个温度变送器的下限值设定为 –20℃，上限值设定为 100℃，则其测量范围可表示为 –20 ~ 100℃，量程为 120℃。

**2．精度** 仪表的精度指基本误差的最大允许值，也叫基本误差和允许误差。仪表的精度等级通常根据引用误差进行划分。精度等级的标志通常是在仪表的本体上看到的相关信息。

例如：有一台温度检测仪表，其测量范围为 0 ~ 200℃，已知其最大绝对误差 2℃，确认其精度等级。

$$仪表的精度等级 = \frac{最大绝对误差}{量程的上限值 - 量程的下限值} \times 100\%$$

$$= \frac{2}{200 - 0} \times 100\% = 1\%$$

故本仪表的精度等级为 1 级。

**3．灵敏度** 灵敏度（$S$）是测量仪表对被测量参数变化的灵敏程度，用仪表的输出信号 $\Delta y$ 与引起此输出信号的被测参数变化量 $\Delta x$ 之比表示，即：

$$S = \frac{\Delta y}{\Delta x} \qquad\qquad 式（2-1）$$

线性仪表的灵敏度为常数，而非线性仪表的灵敏度则为一变量，用 $S = \frac{\Delta y}{\Delta x}$ 表示。$S$ 越大，说明灵敏度越高，即输入量有一个微小的变化就会导致输出量发生很大的变化。仪表灵敏度的调整通常通过改变仪表放大系数来进行，单纯增加灵敏度并不能改变仪表的基本性能，相反有时还会造成输出不稳。这时可能还会出现灵敏度很高但准确度下降的现象。因此常规仪表标尺上的分格值不能小于仪表允许误差的绝对值。

**4．检出限** 检出限是指采用某一方法在给定的置信水平上能够检测出被测物质的最小含量或最小浓度，也称为这种方法对该物质的检出限，它是表征和评价分析仪表检测能力的一个技术指标。分析仪表的灵敏度越高，检出限越低，所能检出的物质量值就越小，所以以前常用灵敏度来表征分析仪表的检出限。但分析仪表的灵敏度直接依赖于检测器的灵敏度与放大倍数，随着灵敏度的提高，通常噪声也随之增大，而分析方法的检出能力不一定会提高。由于灵敏度未能考虑到测量噪声的影响，因此现在已不用灵敏度来表征分析仪器的最大检出能力，而使用检出限来表征。例如，某总有机碳（TOC）仪表的检出限为 0.025μg/L，意味着当样品中总有机碳含量低于这个值时，设备已不能检出此物质，但不能检出不代表此样品中总有机碳含量为零。

### （三）自动检测系统的误差

实际工程中经常遇到测量系统的误差问题。例如：一个温度显示回路由温度传感器、温度变送器、模拟输入模块 AI 通道组成，那么实际上整个系统的误差是由 3 个部件的精度共同来决定的。也就是说，无论是单一变量的检测系统还是多变量、多环节的检测系统，整个系统误差是系统中各环节误差的叠加。由于各环节的误差不可能同时按相同的符号出现最大值，有时会互相抵消，因此必须按照概率统计的方法求取，即按各项误差的平方根求得误差来估算系统的误差。

例如：某一温度测量系统由测量原件、变送器和指示仪表组成，实际工艺要求系统的允许误差为 ±1%，但从仪表本体上得到的仪表精度信息分别是 0.25 级、0.25 级和 1 级，那么由这些元件构成的仪表系统的误差为：$x = \sqrt{0.25^2 + 0.25^2 + 1.0^2} \times 100\% = 1.06\%$，此值大于系统的误差 ±1%，因此不能满足系统对误差的要求。从选用的元件上可以看出，由于指示仪表的精度为 1 级，所以无论其他两个元件精度如何提高，都不能使系统误差 ≤ ±1%，因此，只要把指示仪表的精度提高到 0.5 级，即用 0.5 级的指示仪表即可满足要求，此时 $x = \sqrt{0.25^2 + 0.25^2 + 0.5^2} \times 100\% = 0.61\%$。

## 三、温度检测仪表

### （一）温度检测仪表的分类及特点

根据敏感元件与被测介质是否接触可将温度检测仪表分为两大类，即接触式和非接触式。

接触式温度检测仪表的特点是测温元件与被测介质相接触，相互之间进行热传递，最终达到热平衡的状态，此时感温元件的温度与被测量介质的温度相等，温度计的示值就是被测介质的实际温度。接触式温度检测仪表的精度相对较高，直观可靠，测温元件价格较低。

根据测温原理，接触式温度检测仪表可分为膨胀式温度计、热电式温度计和热阻式温度计。① 膨胀式温度计是利用物体受热而体积膨胀的性质与温度的固有关系为基础来制作的。膨胀式温度计按选择物体和工作原理不同又可分为三大类：液体膨胀式温度计（如水银温度计）、固体膨胀式温度计（如双金属温度计）、压力式温度计（如液压式温度计、气压式温度计等）。② 热电式温度计是根据两种不同金属组合成的闭合回路产生热电效应制成的。③ 热阻式温度计是根据电阻体的阻值随温度变化而变化的原理制作的。

非接触式温度检测仪表的特点是感温元件不与被测对象直接接触，而是利用热辐射或光学原理，通过接收被测物体的辐射能量来测出被测介质的温度，例如红外温度检测仪表。此类型的仪表测量精度相对较低，但价格较高，也很少在制药装置上使用。

在制药设备上，通常应用最广泛的两种温度检测仪表是双金属温度计和热电阻测温仪，前者属于就地安装仪表，供操作人员巡回检查中及时了解工艺过程参数，方便操作人员就地观察；后者则配合变送器输出 4~20mA 的信号传到控制系统来实现采集、处理、控制、显示、报警和连锁等功能。下文仅对制药设备上常用的这两种类型的温度检测仪表进行介绍。

**1. 双金属温度计** 双金属温度计属于固体膨胀式温度计，它由两片膨胀系数不同的金属 A、B 固定黏合在一起，其中一端固定，另一端通过传动机构和指针相连。当温度变化时，由于膨胀系数不同，双金属片产生角位移（$x$），带动指针指示相应温度（图 2-7）。

图 2-7  双金属温度计原理图

工业上常用的双金属温度计（图 2-8）将感温元件双金属片绕制成螺旋形，一端固定，另一端连接在刻度盘指针的芯轴上。当温度发生变化时，双金属片产生角位移，带动指针显示相应的温度。在一定的温度范围内，双金属片的旋转角度与温度呈线性关系。双金属温度计结构简单、易于维护、使用方便、价格低廉。配合卫生级的工艺接口，双金属温度计在制药设备中广泛用于就地温度指示。双金属温度计通常分为普通型双金属温度计和耐震型双金属温度计。按双金属温度计指针盘与探杆的连接方向，可以将双金属温度计分成轴向型、径向型和万向型。其指示盘的直径通常为 100mm 和 150mm。因此在选用双

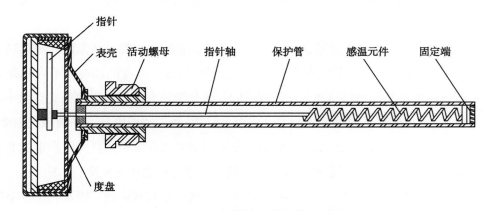

图 2-8  双金属温度计结构示意图

金属温度计时要充分考虑实际应用环境，如表盘直径、精度等级、测温范围、卫生连接和材质需求等。

**2. 热电阻测温仪** 根据电阻的热效应，即电阻体的阻值随温度升高而增加或降低，利用电阻和温度之间的函数关系，可将温度变化量转换为相应的电参量，从而实现温度的电测量。热电阻按其引出线的方式通常分为两线制、三线制和四线制（图2-9）。无论是三线制还是四线制，引线必须从热电阻的感温体根部引出，而不能从热电阻的接线端子上并列分出。热电阻在测量回路中的连接方式会直接影响到测量精度，其电路的测量原理也有所不同。下面简要介绍3种接线方式的基本原理。

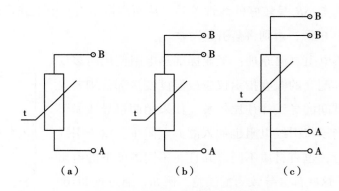

图2-9　热电阻接线示意图

（a）两线制接法；（b）三线制接法；（c）四线制接法。

（1）两线制热电阻测温原理：两线制引线方式是在热电阻的两端各连接一根导线来引出电阻值信号，这种引线方式的优点是接法简单，但是由于连接导线存在引线电阻，导线越长电阻越大，误差也就越大。因此，这种方式只适用于对温度测量精度要求不高的场合。图2-10中，$U_s$ 为电压源，$R_1$，$R_2$，$R_3$ 和被测热电阻 $R_t$ 组成了桥式测量电路。则：

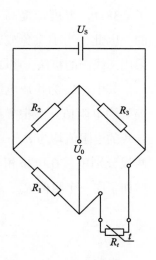

$$U_0 = \frac{R_{t(min)}}{R_{t(min)} + R_1} \times E - \frac{R_3}{R_3 + R_2} \times E$$

当电桥平衡时，$U_0=0$，则：

$$\frac{R_3}{R_3 + R_2} = \frac{R_{t(min)}}{R_{t(min)} + R_1}$$

图2-10　两线制热电阻测温原理图

通过电桥各电阻的合理设计可使：$R_3 \times R_1 = R_2 \times R_{t(min)}$

当温度升高时，$R_t = R_{t(min)} + \Delta R_t$，电桥失去平衡，测得 $U_0$ 的开路电压为：

$$U_0 = \frac{R_t}{R_t + R_1} \times U_s - \frac{R_3}{R_3 + R_2} \times U_s$$

$$U_0 = \frac{R_{t(\min)} + \Delta R_t}{R_{t(\min)} + \Delta R_t + R_1} \times U_s - \frac{R_{t(\min)}}{R_{t(\min)} + R_1} \times U_s$$

$$= \frac{R_1 \times \Delta R_t}{(R_{t(\min)} + \Delta R_t + R_1)(R_{t(\min)} + R_1)} \times U_s$$

当 $(R_{t(\min)} + R_1) \gg \Delta R_t$ 时，则：$U_0 = \dfrac{R_1 \times \Delta R_t}{(R_{t(\min)} + R_1)^2} \times U_s$

由此可知，$U_0$ 与 $\Delta R_t$ 呈较好的线性关系，从而测量温度。由上式可知，为电桥供电的电源 $U_s$ 应为稳压电源，否则将会引起误差。

（2）三线制热电阻测温原理：工业标准热电阻使用时多安装在现场，但与其配套的温度指示仪表或温度变送部件则要安装在控制室内，其间的导线往往比较长。如果用两根导线做引线去连接，则相当于将引线电阻也加入测温电阻中。由于引线有长短和粗细之分，也有材质不同，并且在不同温度下的电阻值也会发生变化，这些都会导致测量误差。例如，通过查 Pt100 热电阻分度表，温度在 100℃时其电阻值为 138.5Ω，当电阻值为 138.88Ω 时，测得的温度为 101℃，也就是说，电阻值变化了 0.38Ω，温度却提高了 1℃，这对于某些工艺条件是不允许的。因此，为了避免或减少导线电阻对测温的影响，工业上常采用三线制的接法（图 2-11）。

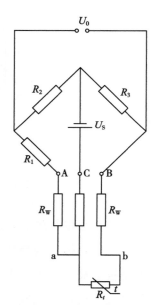

图 2-11 三线制热电阻测温原理图

其中，$U_s$ 为稳压电源，$R_t$ 是实际热电阻值，$R_w$ 是三根导线等效的电阻值。三根导线长度相等，材质和粗细相同，每一根导线的电阻值均为 $R_w$。从图 2-11 中可见热电阻的三根引线，有两根分别串接在电桥相邻的两个桥臂上，使相邻两个桥臂同时增加了同一个阻值 $R_w$。当电桥平衡时，$U_0 = 0$。即

$$\frac{R_3}{R_t + R_w} = \frac{R_2}{R_1 + R_w}$$

由此可得：

$$R_t = \frac{R_3 R_1}{R_2} + \frac{R_3 R_w}{R_2} - R_w$$

如果使 $R_3=R_2$，则导线的电阻 $R_W$ 的影响可以完全消除。需要注意的是，这种假设是在电桥完全平衡的情况下才能实现全补偿，而测温电桥一般不会工作在平衡方式下。所以不能完全消除导线电阻 $R_W$ 的影响，但由于 $R_W$ 分别跨在了两个电桥上，这可以减少测量的误差。

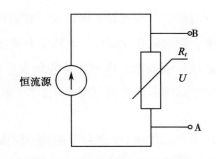

图 2-12　四线制热电阻测温原理图

（3）四线制热电阻测温原理：这种测量方式主要用于高精度的测温中，用恒流源和直流电位差计来测量热电阻的阻值（图 2-12）。

四线制就是在热电阻的两端各引出两根导线，其中两根接恒流源，另外两根接电位差计。恒流源电流 $I$ 流过热电阻产生电压降 $U$。用电位差计测出电压 $U$ 值。

$$R_t = \frac{U}{I} \qquad\qquad 式（2-2）$$

在测量回路中，电位差计是高阻抗的设备，由于其输入电阻很大，所以在电压的测量回路中几乎没有电流流过，这样导线的电阻 $R_W$ 在电压回路中所引起的电压降几乎可以忽略，而在电流回路中所引起的电压降又不在测量范围内，所以四根导线都对测量的准确度没有影响。四线制连接恒流源和电位差计的测量方法是一种比较完善的方法，不受任何条件限制，总是能消除导线电阻的影响。需要注意的是恒流源要求稳定。

**3．常用热电阻材料**

（1）基本要求：大多数金属导体的热电阻都有随温度变化而变化的特性，但并不是说任何一种金属导体材料都可作为测温热电阻的材料。制作热电阻的材料一般要满足以下几点要求：

1）在测温范围内应具有稳定的物理化学性能，才能确保热电阻具有一定的使用寿命。

2）电阻值与温度尽量呈线性关系。

3）有较大的电阻率。如果导体的电阻率大，就可以把电阻的体积做得小一些，从而使热容量更小，仪表的动态误差就会变小，测温延迟少，测温响应速度快。

4）电阻的温度系数 $\Delta R/\Delta t$ 要大（即温度有较小的变化即可引起电阻值表现出较大的变化），温度系数大说明热电阻灵敏度越高。

综合以上特点，目前广泛用于工业的金属热电阻材料有铂和铜。

（2）铂热电阻：由金属铂丝（$\Phi 0.02 \sim 0.07mm$）绕制成线圈，具有测量准确度高、测温范围宽、稳定性和复现性好等优点，但因为其是贵金属，所以价格相对高。目前我国工业用铂热电阻有 $R_0=10\Omega$ 和 $R_0=100\Omega$ 两种。

（3）铜热电阻：由金属铜丝（$\Phi 0.02 \sim 0.07mm$）绕制成线圈，在 $-50 \sim 150℃$ 范围内

性能稳定，线性好。所以在一些温度较低，测量精度要求不高的场合使用铜电阻温度计较多。铜电阻在 150℃ 以上易发生氧化，氧化后线性特性变得很差；另外铜的电阻率小，电阻丝一般偏细，电阻体体积较大，机械强度低。在 −50 ~ 150℃ 范围内，铜的电阻值与温度之间的函数关系可用式（2-3）表示：

$$R_t = R_0 + （1 + \alpha_0 t）\qquad\qquad 式（2-3）$$

式中，$\alpha_0$ 代表 0℃ 条件下的铜电阻温度系数，$\alpha_0 = 4.28 \times 10^{-3}/℃$。

目前国内铜电阻的分度号为 Cu50 和 Cu100，其 $R$（0℃）分别为 50Ω 和 100Ω，即在 0℃ 时电阻值分别是 50Ω 和 100Ω。

（4）铠装热电阻：它是由金属保护管、绝缘材料和电阻体三者经冷拔、旋锻加工组成的组合体。电阻体多为铂丝，铂丝和金属保护管之间填充绝缘材料氧化镁粉。铠装热电阻的特性是：

1）热惰性小，反应迅速。

2）具有可挠性，适用于结构复杂或狭小设备的温度测量。

3）耐振动、耐冲击，寿命长，由于热电阻受到绝缘材料和气密性很好的保护套管的保护，所以不易氧化。

## （二）温度计套管在卫生级设备上的使用要求

在 ASME BPE 的最新标准中对温度计套管的使用提出了相关要求。

1）当需要拆除温度传感器且不至于影响工艺的正常运行时，插入式安装的温度传感器应该采用温度计套管。

2）对于工艺系统的操作，温度测量的响应时间很重要，这时可考虑使用薄壁或小口径的套管。

3）为了测温的准确性并减少温度传递过程中的延迟，传感器和套管的可靠热接触很重要。温度计套管的孔径应设计成大于传感器直径 0.25mm 或采用弹簧加载形式的传感器以确保传感器的顶端与套管内部紧密接触，或采用导热式的复合物或金属与金属之间的接触方式等。

## （三）卫生级温度检测仪表的安装与确认

温度检测仪表的安装型式属于插入式安装，其插入深度直接影响系统的测量精度。插入过浅，系统的过程连接和管壁的热传导效应会导致测量误差。因此，在管道上安装时探头的插入深度至少应为管径的一半。当在小管道上安装热电阻时，必须确保探头末端越过管道中心点（图 2-13）。在管道安装时可以选择斜插的方式，斜插的方向应逆流体流向。如果管道直径较小或在直管段上受有限安装空间的影响，温度计也可安装在管道的拐弯

处，安装方向应逆流体流向。在容器的罐壁上安装温度探头时，出于满足清洗和排放性的
卫生级连接要求，容器接管常采用 5° 倾斜安装（图 2-13）。温度检测仪表的结构设计也
必须符合卫生级认证标准（如 3-A、EHEDG 等认证）并满足原位清洗（CIP）和原位灭菌
（SIP）要求。

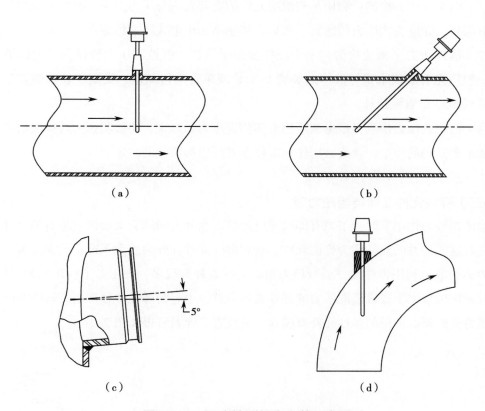

图 2-13　温度检测仪表安装示意图

（a）温度探杆垂直于管道安装；　（b）温度探杆倾斜于管道安装；

（c）罐壁上温度仪表安装；　（d）温度探杆安装于管道弯头处。

## 四、生物工程设备上使用的压力检测仪表

压力是生产过程中的重要参数之一，一些生产过程是在一定压力下进行的。由于工艺
条件的不同，有的设备在高压条件下运行，有的设备在低压条件下运行，还有的设备在真
空条件下运行。压力会直接影响到产品的质量、产量，同时也是生产过程中的一个重要安
全指标。因此，压力的检测与控制在药品生产中具有重要的地位和意义。

## （一）压力检测的主要方法

压力检测的方法很多，按敏感元件和转换原理的特性不同，一般可分为：

（1）弹性式压力检测：根据弹性元件受力变形的原理，将被测压力转换为弹性元件的位移，如弹簧管压力表。

（2）电测式压力检测：利用某些敏感元件的物理效应与压力关系，将被测压力转变成各种电信号，如应变式压力传感器、电容式传感器和压电式压力传感器。

（3）液体压力平衡法检测：基于流体静力学原理，将被测压力转换为一定的液柱高度，一般用充有水或水银等液体的玻璃 U 形管或单管进行测量，类似于校验微差压变送器时用到的 U 形管液位计。

（4）活塞式压力检测：根据液压机液体传送压力的原理，将被测压力转换成活塞面积上所加平衡砝码的质量，普遍被用作标准仪器对压力检测仪的检定。

## （二）弹性元件及弹簧管压力表

物体在外力作用下改变了原有的尺寸或形状，当外力撤除后又能恢复原有的尺寸或形状，具有这类特性的元件称为弹性元件。利用弹性元件在外力作用下产生的形变可直接进行压力的测取。利用弹性元件进行压力测取的仪表种类很多，在工业上应用也相当广泛。有通过弹性位移大小直接读取压力的弹性式压力计，也有将弹性位移非电量转换为电量的远传压力变送器。常用的弹性元件有膜片、波纹管、弹簧管等（图 2-14）。

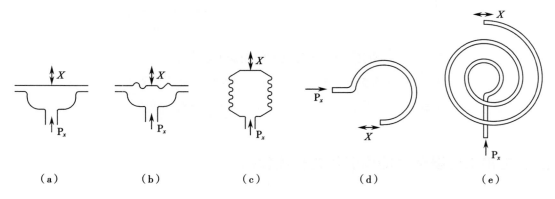

图 2-14 压力计弹性元件示意图

（a）平薄膜；（b）波纹膜；（c）波纹管；（d）单圈弹簧管；（e）多圈弹簧管。

弹簧管式压力计原理如图 2-15 所示，当被测压力从接头 9 输入弹簧管后，弹簧管 1 的自由端产生位移，通过拉杆 6 使扇形齿轮 5 做逆时针偏转，于是指针 3 通过同轴中心齿轮 4 的带动而做顺时针盘转，在面板 8 的刻度尺上显示出被测压力的数值。游丝 2 用来

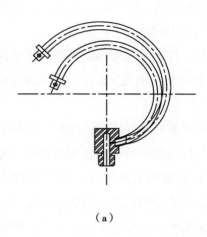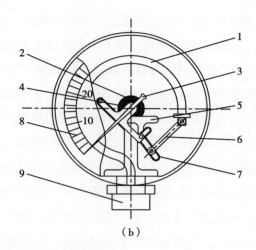

（a）　　　　　　　　　　　　　　　　　（b）

图 2-15　弹簧管式压力计原理示意图

（a）单圈弹簧管结构；（b）弹簧管压力计结构。

克服因扇形齿轮和中心齿轮的间隙所产生的仪表变差。改变调节螺钉 7 的位置，即改变机械传动的放大系数，可实现压力表的量程调节。

　　压力表中的弹簧管通常是由一根弯成 270° 圆弧状、截面呈椭圆形的空心金属管制作而成。因为椭圆形截面在介质压力作用下将趋于圆形，使弯成圆弧形的弹簧管随之产生向外挺直扩张的变形，使弹簧管的自由端产生位移，并且其自由端位移和被测压力之间在某范围内有一定的线性对应关系。

　　弹簧管压力表结构简单、使用方便、价格低廉、使用范围广、测量范围宽，可测量高压、中压、低压、微压、负压等。

　　由于普通压力表在测量压力时被测介质往往要进入仪表的内部，造成表内部的流体不流动，其结构特征决定了它不能作为卫生级仪表使用。而卫生级隔膜压力表则是由通用型压力检测仪表与隔膜隔离器组成一个系统的压力表，其隔膜隔离器内部充满符合卫生认证要求的填充液，如甘油、食用油等，隔膜在被测介质压力作用下产生微小形变，膜盒内部的密封液受压后把这个压力信号传导到仪表的检测部分再进行测量、显示。接口型式为卫生级卡盘连接的隔膜压力表，在制药工艺现场拆装方便，容易清洗，不易污染，能够实现流体无死角测量，能够满足 GMP 的要求，在制药行业对仪表有卫生要求的工艺流体中得到广泛的应用。

### （三）电测压力检测仪表

　　电测压力检测仪表一般利用压力敏感元件直接将压力转换为电阻、电容或电荷量的变化，然后再转化为相应的电信号输出，如 4 ~ 20mA，1 ~ 5VDC 等。它一般是由敏感元件、传感元件和转换电路构成，根据物理效应不同，常分为电阻式、电容式、压电式、霍尔式、膜盒式和应变式。以下主要介绍电容式和膜盒式压力检测仪表。

**1．电容式压力变送器的工作原理** 与平板电容相似，改变极板间的距离将会使电容量发生改变。如果引入外加压力作用于平板电容极板，使极板间距发生变化，就可通过对电容量变化的测取实现压力和差压的检测。

如图 2-16 所示，固定膜片与测量膜片分别组成两个球面电容，测量膜片左、右两室充满硅油，当隔离膜片分别受高压 $P_1$ 和低压 $P_2$ 时，由于硅油的不可压缩性和流动性，将差压 $\Delta P = P_1 - P_2$ 传递到测量膜片上。由于测量膜片在焊接前施加了预张力，所以当 $\Delta P = 0$ 时，测量膜片十分平整、无任何变形，使得定极板左、右两个电容的电容量完全相等，即 $C_1 = C_2 = C_0$，电容量的差值为 $\Delta C = 0$。在有差压作用时测量膜片（动极板）发生变形，测量膜片向低压侧定极板靠近，同时远离高压侧定极板。根据球面电容的求值公式可分别求出 $C_1$、$C_2$ 的值，进而可推出测得的差压值与电容值 $C_1$、$C_2$ 之间的关系式（2-4）：

$$\frac{C_2 - C_1}{C_2 + C_1} = K_1(P_1 - P_2)$$

式（2-4）

式中，$K_1$ 是常数，由电容结构、材料、尺寸等决定。

差动电容的相对变化量 $\frac{C_2 - C_1}{C_2 + C_1}$ 与 $\Delta P$ 差压呈线性关系。

差动电容的相对变化量 $\frac{C_2 - C_1}{C_2 + C_1}$ 是一个无量纲，与填充液的介电质常数无关。

电容式压力变送器具有结构简单、体积小、动态性能好、电容相对变化大、灵敏度高等优点，因此在工业中得到广泛应用。

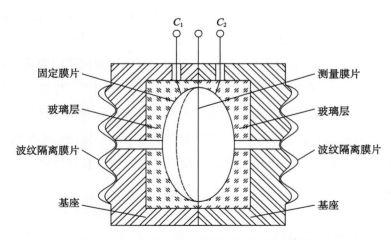

图 2-16 电容式压力变送器的工作原理图

**2. 膜盒式压力变送器的工作原理**　膜盒式压力（差压）变送器（图 2-17）由测量部分和转换部分组成。当 $P_1$ 输入的压力大于 $P_2$ 输入的压力时，主杠杆会受到向左的推力；当 $P_2$ 输入的压力大于 $P_1$ 输入的压力时，主杠杆会受到向右的推力。这个力与受到的压差呈线性关系。该推力经过转换、放大后，可以输出 4 ~ 20mA 电流信号，并送至其他仪表进行显示、报警和控制。

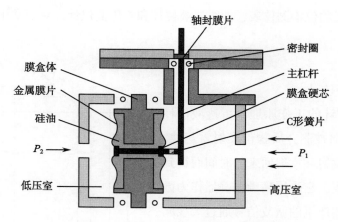

图 2-17　膜盒式压力变送器的工作原理图

以上两种压力变送器都可以通过增加隔离膜盒装置实现与工艺介质的隔离。膜盒内填充经过卫生级认证的填充液再配合卫生级工艺接口，则可于制药工艺流体的压力测量。

### （四）压力检测仪表的安装检查及确认

压力检测仪表的安装需要注意以下几点：

1）取压口要选在被测介质直线流动的管段上，不要选择在管道的拐弯、分叉、死角及流束形成漩涡的地方。

2）用于卫生级设备的压力传感器，应该通过内部的隔膜与工艺过程进行隔离，压力可以在隔膜和带有填充液的传感元件之间进行压力传递。

3）压力检测仪表的量程应该覆盖实际生产需要的使用范围。由于 SIP 过程会产生负压，因此在仪表选型时应该考虑负压情况的测量。

4）用户应该考虑由于仪表的膜盒破裂和填充液的泄漏导致对制药工艺流体的影响。

5）出于防震的目的，在就地指示的耐震压力表仪表盘内填充了液体介质。作为卫生级仪表，同样要考虑表盘内的填充液是否满足卫生级认证的要求。

## 五、生物工程设备使用的物位检测仪表

物位检测是对容器中的物料储量多少的度量。物位检测为保证生产过程的正常运行，如调节物料平衡、掌握物料的消耗数量、确定产品的产量等提供了可靠的计量依据。用来检测液位的仪表称为液位计；用来检测固体料位的仪表称为料位计，它们统称为物位计。物位检测的结果通常是用长度单位米（m）、毫米（mm）或测量的百分数来表示。本节主要介绍两种卫生级物位检测仪表，即雷达液位计和静压液位计，对于常用音叉液位开关也做了简单介绍。

### （一）雷达液位计

**1. 雷达液位计的工作原理** 雷达液位计是通过雷达天线向被测介质物位发射雷达波，然后测出雷达波发射和反射回来的时间而得到容器内物位的仪表。它采用高频振荡器作为微波发生器，发生器产生的微波信号通过天线向下射出，当微波遇到障碍物，如液体表面或物料表面时，雷达波有一部分被吸收，有一部分被反射回来。通过测量发射波与液位反射波之间往返的时间来计算出液位高度，其工作原理如图2-18所示。

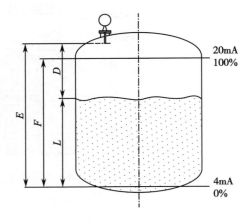

D. 探头到液面的距离；E. 空罐的高度；
F. 满罐的高度；L. 实际液面的高度

图2-18 雷达液位计工作原理图

$$D=V \times t/2 \qquad 式（2-5）$$

式中，$t$是雷达波从发射到接收的时间间隔，$V$是雷达波的传播速度。

因为空罐的高度$E$已知，故实际液面的高度$L$为：$L=E-D$。

**2. 雷达液位计的天线型式** 常用的雷达液位计天线型式有灯泡型、喇叭型、隔离喇叭型和杆型（图2-19）。通常天线越大，波束角（$\alpha$）越小，干扰回波越小，抗干扰能力越强。由于雷达液位计属于非接触式连续测量仪表，即雷达天线不会与产品直接接触，因

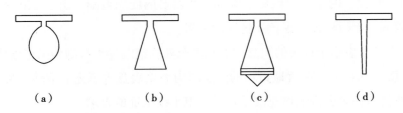

图2-19 雷达液位计天线型式

（a）灯泡型天线；（b）喇叭型天线；（c）隔离喇叭型天线；（d）杆型天线。

而降低了仪表可能对产品造成污染的风险。

波束角 $\alpha$ 的定义为雷达波能量密度达到其最大值一半时的角度。微波会发射至信号波束范围之外，且可以被干扰物反射（图 2-20）。

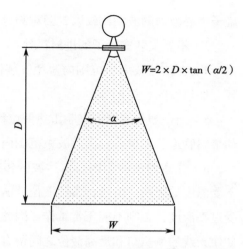

$$W=2 \times D \times \tan(\alpha/2)$$

图 2-20　雷达液位计波束角 $\alpha$

雷达液位计能否正确测量，依赖于反射波的信号。如果在所选择的安装位置，液面不能将雷达波反射回雷达天线或在雷达波的范围内有干扰物反射雷达波给雷达液位计，雷达液位计就不能正确反映实际液位。因此，雷达液位计的性能主要与工艺液体的反射特性和安装在容器上的位置有关。以下工艺条件可能会造成测量不准：

1）存在波浪形不稳定的液面。如带有搅拌的设备，罐体进料（连续加料、顶部加料和混合加料）都可能引起液面的波动。

2）液面有漩涡，液面的湍流状态、工艺液体反射特性发生较大变化。雷达波沿着直线传播，碰到介质后会发生反射和折射，经过反射的雷达波会有一定的衰减。微波信号的衰减程度与物质的介电常数有关，相对介电常数越小，微波信号衰减越大，甚至导致液位计不能正常工作。因此，被测介质的相对介电常数必须大于产品要求的最小值。在测量相对介电常数较小的液位时，通常会采用导波管或导波天线的雷达液位计来提高反射波的能量。但由于导波杆直接与产品接触，出于对设备要满足可清洁性和卫生级安装的需求，一般都不会采用导波杆雷达液位计。

3）工艺液体表面气泡、汽化或雾化等对微波会有散射和吸收作用，从而造成微波信号的衰减，进而影响液位计的正常测量。

4）物料积聚在天线上。

**3. 雷达液位计的安装检查**　为了确保实现准确的液位测量和满足生物工程设备安装的需要，雷达液位计的安装应注意以下问题：

1）雷达液位计应在容器轴线开始 1/3 ~ 2/3 的区域内安装（图 2-21）。与罐壁的距离不应小于 300mm，有些品牌的仪表可达到 150mm，这要根据供应商推荐的手册来选择。

2）不要安装在罐子顶部正中央位置，因为

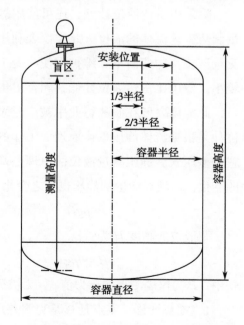

图 2-21　雷达液位计盲区、测量范围和安装位置

罐子中心液面的波动比较大，会对测量产生干扰。

3）不要安装在罐子的进料口处。

4）在信号波束角范围内避免安装任何设备，如液位开关、温度传感器、支撑、真空环、加热线圈、挡板等。

5）当在塑料容器上安装雷达液位计时，雷达波会被信号波束范围之外的干扰物反射，如金属管道、楼梯等。因此波束范围内不得安装此类干扰物。

6）注意温度的影响。雷达波的传播速度取决于传播媒介的相对介电常数和磁导率，不受温度的影响。但是，雷达液位计的传感器和天线部分却不耐高温，所以这部分不能承受过高温度，否则不能正常工作。因此在测量高温介质时需要考虑冷却、降温等措施，例如使天线的喇叭口和最高液位之间留有一段距离或采用高温型雷达液位计。

由于制药工程需要满足卫生级要求，还需要注意以下几点：① 确认雷达液位计的工艺接触部件的表面状态、材质要求。② 雷达液位计的过程连接和隔离密封件采用卫生级的过程连接（如采用 ISO 2852 标准的卡箍连接或齐平式连接方式）。③ 可清洁性取决于天线的形状和工艺连接的几何结构及位置，为了实现有效的清洁，应考虑天线安装时所造成的遮挡效应。容器上安装高度的设置，既要考虑天线的伸出长度是否能够满足准确测量的需求，还要考虑罐子的喷淋清洗是否有效覆盖雷达液位天线，避免存在死区。

### （二）静压液位计

除采用雷达液位计外，还可使用静压液位计测量制药工艺流体的液位。此类仪表利用静压原理来测量液位，构造简单、维护方便、受工艺条件影响较小，费用比雷达液位计低。配合卫生级的工艺接口，此类仪表已在制药行业中被广泛采用。静压液位计是根据流体静压平衡原理而工作的，分为压力式和差压式。静压测量液位的原理是基于液位高度的变化，由液柱产生的静压也随之变化（图 2-22）。

$$P=\rho gH \qquad 式（2-6）$$

则液位的高度 $H$ 为：

$$H=P/\rho g \qquad 式（2-7）$$

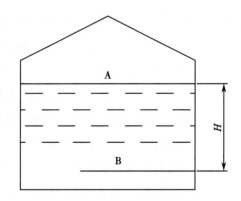

A. 实际液面；B. 零液位；

H. 液柱的高度

图 2-22　静压液位计原理图

式中，$P$ 为仪表测得的压力值，$\rho$ 为被测液体的密度，$g$ 为重力加速度。

**1. 零点迁移**　零点迁移是克服差压液位计在安装过程中，由于变送器取压口与容器取压口不在同一水平线或采用隔离措施后产生的一种技术措施。在仪表的安装过程中，出于对设备安装位置和便于维护，以及工作人员操作等方面考虑，变送器不一定都能与取压点在同一水平线上，如制药设备的容器储罐上，采用了带毛细管的双卡盘式差压液位计，导压毛细管内填充了符合 FDA 认证的填充介质（合成油或甘油），这时就要考虑被测介质和隔离液柱对测压仪表读数的影响。为了消除安装位置或隔离液对测压仪表的影响，因此要进行零点迁移。零点迁移通常可分为三大类，即无迁移、正迁移和负迁移。

（1）无迁移（图 2-23，图 2-24）：在敞口容器中，当差压变送器的正压室安装位置正好和零液位等高，此时变送器正、负压室受到的压力为：

$$P_+=P_0+\rho_1 gH, \quad P_-=P_0$$
$$\Delta P = P_+ - P_- = \rho_1 gH$$

式中，$H$ 为被测液位的高度，$\rho_1$ 为被测介质的密度，通常为已知。

可见，当 $H=0$ 时，$\Delta P=0$，差压变送器未受到任何附加静压，此时变送器输出电流 $I=4mA$；当 $H=H_{max}$ 时，$\Delta P=\rho_1 gH_{max}$，变送器的输出电流为最大值 $I=20mA$，所以变送器不需要进行零点迁移。

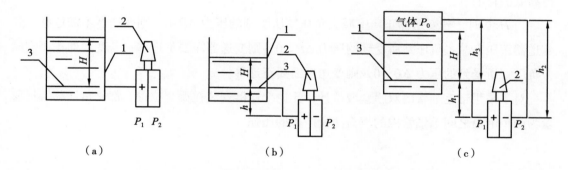

1. 容器；2. 液位计；3. 取压点液位

图 2-23　差压液位计安装位置示意图

（a）无迁移；（b）正迁移；（c）负迁移。

（2）正迁移（图 2-23，图 2-24）：当差压变送器正压室安装位置低于容器的底部取压点，距离为 $h$，此时变送器正、负压室受到的压力为：

$$P_+=P_0+\rho_1 gH+\rho_2 gh, \quad P_-=P_0$$
$$\Delta P = P_+ - P_- = \rho_1 gH+\rho_2 gh$$

式中，$\rho_1$ 为储罐溶液的密度，$\rho_2$ 为毛细管填充液的密度，$P_0$ 为大气压力。

当 $H=0$ 时，$\Delta P=\rho_2 gh>0$，差压变送器受到一个附加正差压作用，变送器的输出电流 $I_0>4mA$。当 $H=H_{max}$ 时，变送器的输出电流 $I_0>20mA$。但通过变送器的零点迁移，使变送器的输出电流为 4～20mA。与无迁移相比，正迁移特性曲线只是向正轴平移了一个固定的压差 $\rho_2 gh$，称为正迁移，迁移量为 $\rho_2 gh$。

（3）负迁移（图 2-23，图 2-24）：如果采用带毛细管的双卡盘式差压液位计，毛细管内的填充液密度为 $\rho_2$，被测介质的密度为 $\rho_1$，$h_1$ 为仪表正压室距离下取压点的高度，$h_2$ 是上卡盘到仪表负压室的距离，$h_3$ 是差压液位计两个卡盘之间的距离，那么此时变送器正、负压室受到的压力为：

$$P_+ = P_0 + \rho_1 gH + \rho_2 gh_1$$

$$P_- = \rho_2 gh_2 + P_0$$

$$\Delta P = P_+ - P_- = \rho_1 gH + \rho_2 gh_1 - \rho_2 gh_2 = \rho_1 gH + \rho_2 gh_3$$

当 $H=0$ 时，$\Delta P = \rho_2 g(h_1 - h_2) = -\rho_2 gh_3 < 0$，差压变送器受到一个附加的负差压作用，使差压变送器的输出值 $I < 4\text{mA}$；当 $H = H_{max}$ 时，变送器的输出值 $I < 20\text{mA}$，但可通过变送器的零点迁移，使变送器的输出为 $4 \sim 20\text{mA}$。与无迁移相比，负迁移特性曲线只是向负轴平移了一个固定的压差 $\rho_2 gh_3$，称为负迁移，迁移量为 $-\rho_2 gh_3$。

由以上分析可知，通过在变送器内进行零点迁移，只是改变了量程的上限和下限，而不改变量程的大小。在变送器内部通过迁移，达到了使液位变送器的输出正确反映被测液位高低的目的。

当 $H=0$ 时，若变送器正压室减去负压室所受到的压力 $\Delta P = 0$，则变送器不需迁移；若变送器正压室减去负压室所受到的压力 $\Delta P < 0$，则变送器需要负迁移；若变送器正压室减去负压室所受到的压力 $\Delta P > 0$，则变送器需要正迁移。

对于采用带毛细管的双膜盒液位计，无论变送器安装在哪个位置，都是负迁移，迁移量为两个卡盘之间毛细管内的填充液所产生的压强。

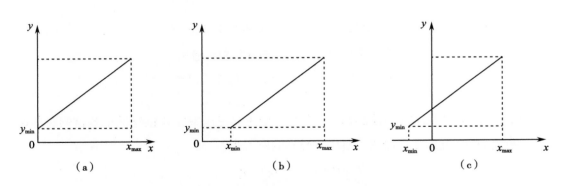

图 2-24　差压变送器零点迁移示意图

（a）无迁移；（b）正迁移；（c）负迁移。

由于差压液位计采用了双膜盒和导压毛细管，毛细管和双膜盒内都有填充液，填充液的作用一是与产品进行隔离，二是把实际测量的压力传导到测量元件。为使膜盒或毛细管意外破裂时不造成对产品的污染，通常填充液都是经过卫生级认证的，如甘油、食用油等。

**2．卫生要求**　差压液位计用于有卫生要求的测量环境时，还应满足以下要求：

1）传感器的设计应确保发生故障时不会对工艺和环境造成污染。

2）测量设备中的充液元件不得含有对产品质量产生潜在影响的物料和材料。

3）应尽量减少充液元件的内部体积。

4）仪表应有完整的卫生级配件，不接受采用带螺纹的平接头将一般仪表转换为卫生级仪表，工艺连接应按相关要求进行卫生级设计，以确保系统的可清洁性。

### （三）音叉液位开关

**1．工作原理**　通过安装在音叉基座上的一对压电晶体使音叉在一定共振频率下振动。当音叉液位开关的音叉与被测介质相接触时，音叉的频率和振幅将改变，音叉液位开关的这些变化由智能电路来进行检测处理并将之转换为一个开关量信号。配合相应的控制电路，此开关液位计能够提供工程中常用的几种开关输出信号类型，如继电器驱动的干节点信号、PNP 型信号和 NAMUR 信号等。

**2．用途**　音叉液位开关通常用来检测液位的高低并给出报警信号。如图 2-25 所示，1 号音叉是溢出保护或液位上限检测的报警，3 号音叉是液位下限检测的报警。为了防止泵在没有物料的情况下空转运行，在一些工艺系统中还使用泵的停机连锁保护（如图 2-25 中的 2 号音叉液位开关），此时音叉液位开关可安装在泵入口前的管线上，作为泵的连锁保护时，由于管道内部流体的工况偶尔会出现漩涡或气泡，触发音叉液位开关报警而导致泵停止运转，这时可适当延长音叉液位开关的报警输出阻尼延迟时间，以此来消除误报。

**3．安装与确认**　在罐体上安装的音叉液位开关（图 2-26），叉体的开口方向一般应朝向下方，这样当液位下降并脱离叉体时，叉体上的物料会依靠重力自由向下滴落，以防物料在叉体上长时间积存，具有一定的自净功能，对于比较黏稠的物料，还可以避免出现误报警的情况。

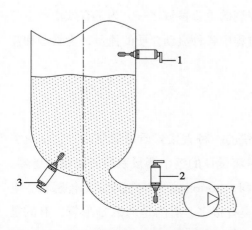

图 2-25　音叉液位开关安装位置示意图

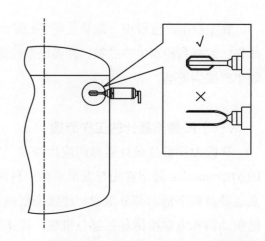

图 2-26　罐体上安装音叉液位开关示意图

在管道上安装的音叉液位开关（图2-27），应确保叉体的开口方向与流体方向一致，如果开口方向与流向垂直，叉体内会有少量介质处于不流动的状态，会使管道中音叉处形成漩涡和增大管道局部阻力。

与产品接触的音叉液位开关，要能满足 CIP/SIP 清洗要求及高温消毒、灭菌的工况要求，工艺接口型式和安装组件及密封件满足相关的卫生标准。

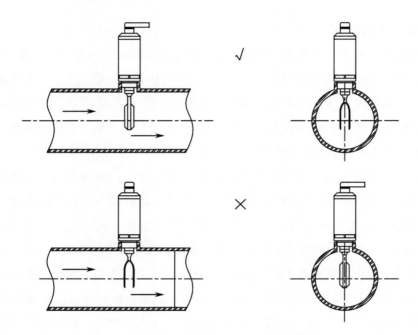

图 2-27　管道上安装音叉液位开关示意图

## 六、生物工程设备上使用的流量检测仪表

在工业生产过程中，流量是需要经常测量和控制的重要参数之一，为了有效指导生产操作、监视和控制生产过程，需要经常检测生产过程中各种流动介质的流量，为管理和控制生产提供依据。

### （一）质量流量计的工作原理

科氏力质量流量计是目前应用较多、发展较快的一种直接式质量流量计，它是由美国 Micromotion 公司首先开发出来的。科氏力质量流量计的整个测量系统一般由传感器、变送器及数字指示部分组成。传感器根据科里奥利（Coriolis）效应制成，由传感管、电磁驱动器和电磁检测器三部分组成。传感管的种类有很多，有的是两根 U 形管，有的是两根 Ω 形管，有的是两根直管，也有单直管的。电磁驱动器使传感管以固有频率振动，当介质以一定的流速经过传感管时，振动的传感管会受科氏力的影响而产生变形，从而导致测量管两端产生相位移。当流速为 0 即静止不动时，测量管 A 点和 B 点同相振动，无相位差。当流体以一定的流速流经测量管时，传感管在科氏力的作用下产生扭曲，在它的左右两侧产生相位差。根据科里奥利效应，该相位差与质量流量成正比。电磁检测器把该相位差转变为相应的电信号送入变送器，并由变送器转换成 4～20mA 模拟信号后输出。

科氏力的大小取决于运动物体的质量 $\Delta m$ 和其径向速度 $V$，即取决于物体的质量流量，质量流量计使用测量管的振动替代旋转的径向速度。

$$F_c=2 \times \Delta m\,(V \times W) \qquad\qquad 式（2-8）$$

式中，$F_c$ 为科氏力，$\Delta m$ 为运动物体的质量，$W$ 为旋转系统的角速度，$V$ 为旋转或振动系统中物体的径向速度。

单直管、单弯管质量流量计（图 2-28）与传统的双管型流量计相比具有很大的优势，如流通能力大、压损小、利于清洗、具有很好的排放能力，配合卫生级的工艺接口设计及内部流量管的表面处理技术，单直管质量流量计已越来越多地在制药工程领域中应用。

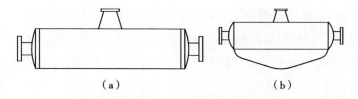

（a） （b）

图 2-28　科氏力质量流量计型式

（a）单直管质量流量计；（b）单弯管质量流量计。

科氏力质量流量计的优点有：

1）对流体的流速分布不敏感，不受层流和紊流工况的影响，安装时仪表前后不需要直管段。

2）测量管的振幅小，可视作非活动件，测量管道内无阻碍件和活动部件，容易实现洁净型设计。

3）直接测量质量流量，有很高的测量精度，可用于实现精确给料控制。

4）测量值对流体黏度不敏感，流体密度变化对测量值无影响。

5）可做多参数测量，如同期测量密度，并由此测量溶液中溶质所含有的浓度。

6）可测量流体范围广泛，除了测量一般介质外，还可测量高黏度液体、含有颗粒物的浆液，并可测量气体等。

### （二）质量流量计的安装及检验要求

1. 质量流量计安装时应该确保管道中流体的流向和铭牌上标示的方向一致。

2. 在管道的高点和垂直向下的管道上不宜安装质量流量计，因为容易形成积气或气液两相的工况，这会导致仪表测量不准，以及仪表读数的频繁波动（图2-29）。

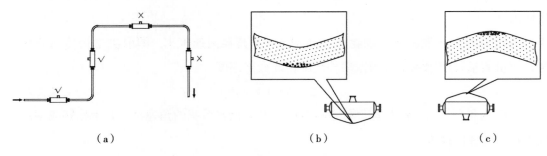

（a）　　　　　　　　　　　（b）　　　　　　　　　　　（c）

图2-29　质量流量计安装要求

（a）质量流量计安装要求；（b）气体管道中错误的安装方法；（c）液体管道中错误的安装方法。

3. 弯管型流量计水平安装时，如果测量的是气体，应该外壳朝上，以免测量管积聚冷凝液，如果测量的是液体，则应该外壳朝下，以免测量管内积聚气体（图2-29）。

4. 当在仪表或可编程逻辑控制器（PLC）内置流量累积功能时，可进入仪表菜单打开小流量信号切除功能，这样可以消除因空管导致的仪表读数波动而带来的累计误差。

5. 建议流量计垂直安装且使工艺介质自下而上流经流量计，这样当液体不流动时利于流量管内的介质排尽。

6. 质量流量计的流量管可以是单管结构，也可以是双管结构，可以是直管也可以是弯管，当需要考虑排尽性时，必须考虑流量管的几何结构。

7. 质量流量计的工艺接口、密封材质等需满足卫生级要求。

## 七、生物工程设备上使用的分析仪表

在线分析仪表（on-line analyzer）又称过程分析仪表，是直接安装在工业生产流程或其他源流体现场，对被测介质的组成成分或物性参数进行自动连续测量的一类仪表。

### （一）pH分析仪表

1. **概述**　pH是生物反应过程中十分重要的控制参数，它综合表征了微生物的代谢进程。在线pH测量不仅要求精准快速，同时要求传感器对应的安装支架和接液部件要完全符合卫生级要求，不会引入杂菌和干扰微生物，以免引起对生物培养繁殖的污染。

**2．pH 传感器的构成**　常用的 pH 传感器有 4 个主要部件：敏感膜（测量电极）、参比电极、温度补偿器和液络部（图 2-30）。目前在线 pH 传感器大都将这 4 个部件组合成为一个整体，因此也称为组合式 pH 传感器或三合一电极（测量电极、参比电极和测温电极）。其中测量电极也叫 pH 玻璃膜，玻璃膜为特质敏感玻璃，当玻璃膜的两边都有水溶液存在时，其外部会形成一层凝胶层，这时溶胶层内和周围的氢离子会根据被测溶液的氢离子浓度渗入或渗出凝胶层。如果溶液是酸性的，$H^+$ 渗入凝胶层，则膜外带正电；如果溶液是碱性的，$H^+$ 渗出凝胶层，则膜外带负电。这样在玻璃膜和

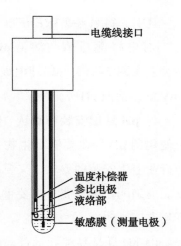

电缆线接口

温度补偿器
参比电极
液络部
敏感膜（测量电极）

图 2-30　pH 传感器结构示意图

溶液之间就形成了电极电位，玻璃薄膜分别与内溶液和外溶液建立了两个电极电位。参比电极为测量 pH 玻璃电极提供一个稳定的参比电位。温度补偿器用于补偿温度对电极和被测溶液的影响。液络部是参比填充液和被测液之间的结合面。参比电极、参比液和液络部构成了参比系统。

构成完整的传感器的其他组件还包括弹性密封件和垫圈、聚合物和 / 或金属组件、安装支架及卡箍连接件等，凡是与产品接触的接液部件都应该满足制药和生物技术行业的卫生级要求。

**3．pH 计的测量原理**　酸、碱、盐水的酸碱度统一用氢离子浓度来表示。由于氢离子浓度的绝对值很小，为了表示方便，通常以 pH 来表示氢离子的浓度（注：溶液中的 $H^+$ 通常以水和氢离子 $H_3O^+$ 的形态存在），其计算公式为：

$$pH = -\log[H_3O^+] \qquad\qquad 式（2-9）$$

氢离子的浓度越大，pH 越小，溶液呈酸性；氢离子浓度越小，pH 越大，溶液呈碱性。pH 的测量通常采用电位法，用一个恒定电位的参比电极和测量电极组成一个原电池，原电池电动势的大小取决于氢离子的浓度，也取决于溶液的酸碱度。测量电极上有特殊的对 pH 反应灵敏的玻璃探头，它由能导电、能渗透氢离子的特殊玻璃制成。当玻璃探头和氢离子接触时，就产生了电势，电势大小与氢离子的活度有关，其计算公式为：

$$E = E_0 + 2.3RT/nF \times \log[H_3O^+] \qquad\qquad 式（2-10）$$

式中，$E$ 为测量电位，$E_0$ 为常数，$R$ 为气体常数，$T$ 为热力学温度，$n$ 为离子电荷，$F$ 为法拉第常数。

结合式 $pH = -\log(H_3O^+)$，可求得：

$$E = E_0 + 2.3RT/nF \times \log[H_3O^+]$$

$$= E_0 - 2.3RT/nF \times pH$$

其中，斜率 $=-2.3RT/nF$

pH 电极测量值与溶液 pH 值呈线性关系（图 2-31），pH 计电极测量值 = 0mV 时，溶液 pH=7。

**4. pH 计的安装与确认**    制药设备上使用的 pH 计既要满足生物技术及制药行业卫生安装的要求，又要确保满足仪表准确测量的需要，需要重点关注以下几点：

1）pH 计是易损耗部件，且需要周期性更换和校验，因此在安装过程中应考虑易于拆装、维护，并预留出足够的维护空间。

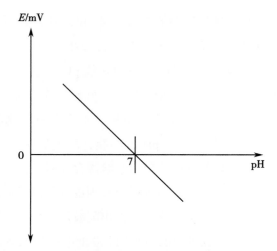

图 2-31    pH 计电极测量值与溶液 pH 值关系图

2）pH 计的安装属于插入式安装，要确保其敏感膜和液络部充分插入被测液体中。图 2-32 中提供了可接受的几种安装型式。

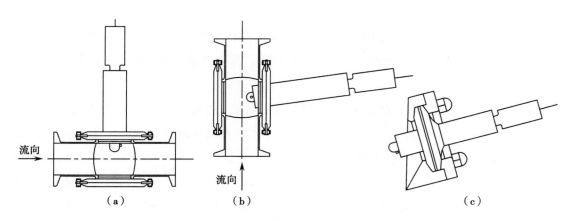

图 2-32    pH 传感器的安装型式

（资料来源：ASME BPE—2019）

（a）安装在水平管道；（b）安装在垂直管道；（c）安装在容器上。

3）测量点应该有良好的代表性，pH 传感器的安装位置应该避开工艺装置的酸碱物料加入口并保持一定的距离，物料的充分混合和反应时间是确定两者安装距离所要考虑的因素。

4）避免将传感器安装在容易产生气泡或产生虹吸效应的位置，要确保传感器与被测介质完全接触。

5）pH 计一般不允许倒立安装，当在水平管道或容器上安装时其倾斜角度至少为 15°

（图 2-33），当安装倾斜角度过小时会导致玻璃膜中形成气泡，从而导致 pH 玻璃膜不能完全浸润在参比电解液中。但有些供应商的产品可以低于 15° 或完全倒立安装，通常这类产品的内置参比端采用的是固态凝胶，倒立时不会形成气泡。针对不同的产品，应查阅供应商的安装手册来确定安装方位。

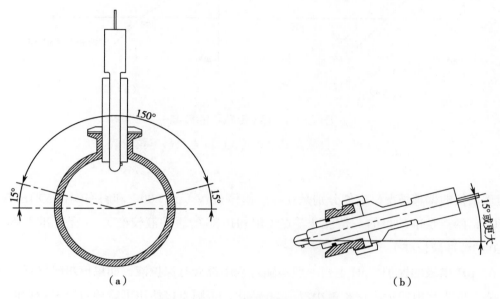

图 2-33　pH 传感器的安装要求

（资料来源：ASME BPE—2019）

（a）在水平管道上时；（b）向上流动或安装在容器上时。

6）pH 计适用于 CIP/SIP 和高温灭菌时工况的需求，内部参比溶胶（参比液）要满足生物兼容性的要求（有些厂家的电极耐受温度可达到 140℃，可适用于蒸汽场合，在频繁的 CIP/SIP 下拥有最佳的零点和斜率的稳定性及使用寿命）。

7）pH 电极是易破碎部件，玻璃电极必须有相应的保护措施以防无意间碰触后破裂，pH 电极要与相应的配套支架一起安装。安装支架应该完全满足卫生级要求，确保不引入杂菌和干扰微生物反应的物质。

**5．pH 计的校准**　pH 电极要定期进行校准检定，每次校准之前首先要清洗电极，pH 计通常采用两点校准，所用校准液有 pH6.86 和 pH4.0 两种（校准前要确认标准缓冲液是否过期）。将电极浸入 pH6.86 的缓冲液中，等待大概 1min 使读数稳定，然后进入仪表校准菜单；第一点校准通过后，用蒸馏水冲洗电极，然后再将电极放入 pH4.0 的第二种缓冲液中校准第二点。两点校准完成后，仪表显示是否通过校准或是否合格。如果通过，用蒸馏水冲洗电极并重新安装电极，使仪表投入运行；如果仪表校准失败，再重复上述过程校准一遍，如果依旧不能通过，则需更换电极。图 2-34 中实线为理想情况，虚线为实际情

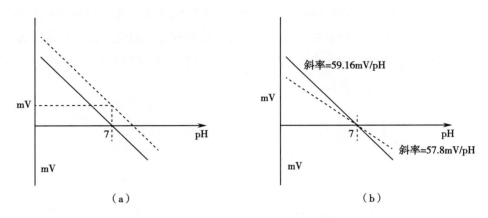

图 2-34　pH 传感器的校准

（a）pH 电极零点校准；（b）pH 电极斜率校准。

况与理论值的偏移情况。它们分别是在零点偏移 0mV（pH7.00）和斜率偏移 59.16mV/pH（25℃），两点校准的目的一是校准零点（用 pH6.86 的缓冲液校准），一是校准斜率（用 pH4.0 的缓冲液校准）。

**6．pH 电极的保护**　pH 电极一般运输过程中都会有保护液，如果拆封时发现保护液已干燥，应先将电极放入保护液中浸泡 2h 活化，否则直接使用可能导致测量数据波动较大。pH 电极短期不用时应将电极浸泡在相应的电解液中（如：3mol/L KCl）或 pH=4 或 7 的缓冲液容器中，切勿干燥存放，也不要放在蒸馏水中，因为这样会影响 pH 玻璃敏感膜，导致电极寿命减短。电极长期存放，需要套上装有与电极内同样电解液的保湿帽，确认填充口封闭，减少电解液蒸发、损耗，以避免在电极和液络部位形成结晶。

### （二）电导率分析仪

**1．电导率仪在制药企业水系统中的应用**　电导率通常用于衡量水介质中离子的水平，在卫生级系统中，电导率分析仪常用于在线监视工艺和水系统的离子水平。在药典用水中，测量注射用水（WFI）、纯化水（PW）和高纯水（HPW）的电导率是系统验证的一部分。

在制药过程中，水是最常用的原料，被用作溶剂、辅料、试剂或用于清洁和试验，不同国家的药典对纯水和注射用水等提出了多项质量要求，制药企业必须严格遵守。电导率是判断水质的一项重要指标。不同国家药典对水质的规范略有不同，表 2-20 是美国药典（USP）、欧洲药典（EP）、日本药典（JP）、中国药典（ChP）和印度药典（IP）收载的两种不同水质的电导率标准。

表 2-20　不同国家和地区药典的水质要求

| 分类 | 电导率（25℃）/（μS·cm⁻¹） | | | | |
|------|---------------------|---|---|---|---|
|  | 美国药典<br>（USP） | 欧洲药典<br>（EP） | 日本药典<br>（JP） | 中国药典<br>（ChP） | 印度药典<br>（IP） |
| 纯化水 | 1.3（3个阶段）<br>离线：2.1 | 5.1（1个阶段） | 在线：1.3<br>离线：2.1 | 5.1（1个阶段） | 1.3（3个阶段） |
| 注射<br>用水 | 1.3（3个阶段）<br>离线：2.1 | 1.3（3个阶段）<br>离线：2.1 | 在线：1.3<br>离线：2.1 | 1.3（3个阶段） | 1.3（3个阶段） |

**2．电导率分析仪的基本工作原理及电极常数的确定**　导电性是物质传导电流的能力。为了使电流流过物质，就需要有带电荷的粒子存在。根据此特性，可将导体分为两类：第一类导体为金属导体，它是由带有电子层的原子晶格组成，其中的电子可自由地与其原子分离并可通过晶格传输电流；第二类导体为电解质溶液，在电解质溶液中存在着正、负粒子，当在电解质溶液中插入一对电极并通以电流时，电解质溶液是可以导

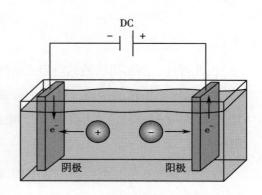

图 2-35　电导率测量池结构图

电的。其导电的机制是溶液中离子在外电场作用下分别向两个电极移动，完成电荷的传递，所以电解质溶液又称为液体导体（图 2-35）。电解质溶液与金属导体一样遵循欧姆定律，溶液的电阻也可以用式（2-11）计算：

$$R = \rho \frac{L}{A} \qquad\qquad 式（2-11）$$

式中，$R$ 为溶液的电阻，单位为 Ω；$L$ 为导体的长度，即电极间的距离，单位为 m；$\rho$ 为溶液的电阻率，单位为 Ω·m；$A$ 为导体的横截面积，即电极的面积，单位为 m²。

显然，电解质溶液导电能力的强弱由离子数决定，即主要取决于溶液的浓度，表现为不同的电阻值。在液体中常常引用电导和电导率概念，而很少用电阻和电阻率。这是因为对于金属导体，其电阻温度系数是正值，而液体的电阻温度系数是负值，为了运算方便和一致，液体的导电特性用电导和电导率表示。溶液的电导计算公式为：

$$G = \frac{1}{R} = \frac{1}{\rho} \times \frac{A}{L} = \sigma \frac{A}{L} \qquad\qquad 式（2-12）$$

式中，$G$ 为溶液的电导，单位为 S；$\sigma$ 为溶液的电导率，单位为 S/m。

由式可知，当 $L=1\text{m}$，$A=1\text{m}^2$ 时，$G=\sigma$。因此，电导率的物理意义是 1m³ 溶液所具有的电导，若用电导表示，则

$$\sigma = G\frac{L}{A} \qquad\qquad 式（2-13）$$

令 $K = \frac{L}{A}$，$K$ 称为电极常数，它与电极的几何尺寸和距离有关，对于一对已定的电极来说，它是一个常数。

则式（2-13）可表示为：

$$R = \rho K = \frac{K}{\sigma} \qquad\qquad 式（2-14）$$

$$G = \frac{\sigma}{K} \qquad\qquad 式（2-15）$$

由此可知，当测得溶液的电阻或电导时，可相应地求出溶液的电导率值。

**3．电导率单位的换算**  从以上公式的推导过程中，我们知道电阻的国际单位是 $\Omega$（欧姆），电导的单位为 S（西门子），电极板的面积为 $m^2$，电极间的距离为 m，以上均采用国际单位。

由公式 $\sigma = G\frac{L}{A}$，可得出电导率的国际单位为 S/m，由此又可导出工程中经常使用的 3 个电导率单位 mS/cm，μS/cm，$n$S/cm。它们之间的换算关系是：1mS/cm=1 000μS/cm= 1 000 000nS/cm。

例如：如果有一台电导率测量仪，电极常数为 $0.1cm^{-1}$，变送器部分的显示分辨率为 0.1μS/cm，对它的变送器部分回路进行校准，当把一个 50kΩ 的电阻加入测量回路时，变送器屏幕上显示的电导率值应该是多少？

我们可先把单位统一成国际单位进行计算。

已知电极常数为 $0.1cm^{-1}$，可得：

$$K = \frac{L}{A} = \frac{0.1}{cm} = \frac{10}{m}$$

电导值为：

$$G = \frac{1}{R} = \frac{1}{50k\Omega} = 0.2 \times 10^{-4} S$$

根据电导率公式：

$$\sigma = G\frac{L}{A} = 0.2 \times 10^{-4} S \times \frac{10}{m} = 2 \times \frac{10^{-4}S}{100cm} = 2 \times \frac{10^{-6}S}{cm} = 2\mu S/cm$$

由于变送器的分辨率为 0.1μS/cm，所以电导率的显示范围为（2.0 ± 0.1）μS/cm。

以上方法，通过回路中接入电阻值来验证变送器的输出是否满足要求，在美国药典 USP40-NF35 ＜645＞中认可此校准方法。

**4．电导率与溶液浓度的关系**　电导率的大小既取决于溶液的性质，又取决于溶液的浓度。对同一种溶液，浓度不同时，其导电性能也不相同。图 2-36 为电解质溶液在 25℃时的电导率 $\sigma$ 与浓度的关系曲线。以 $H_2SO_4$ 溶液为例，随着溶液浓度的升高，电导率值先增加后减少，在低浓度区和高浓度区某一小段范围内近似呈线性关系（只不过在高浓度区斜率为负值），因此利用电导法测量溶液的浓度是受一定限制的。应用电导法只能测量低浓度或高浓度的溶液。中等浓度区域的溶液，因为电导率与浓度不呈线性关系，因此不能用电导法测量。在高浓度区，溶液浓度越高，随着溶液内离子数量的增多，导致它们之间的相互作用加大，阻碍了溶液中离子的运动，使电导率反而下降。当电导率分析仪用于监视 CIP 过程时，低溶液浓度用电导率仪用于判断清洗效果，而高溶液浓度用电导率仪用于判断清洗剂的浓度是否达到工艺要求的浓度。

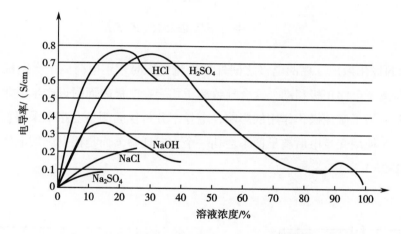

图 2-36　25℃条件下不同电解液的电导率与溶液浓度曲线

**5．电导率与溶液温度的关系**　电解质溶液与金属导体不同，它具有很大的负电阻温度系数，电导率的温度系数是正值。根据图 2-37 曲线和电导率与温度的关系式，可知电导率随温度的升高而有显著增加，可以理解为当温度较高时，离子的运动会加剧，从而增加离子的运动性和导电性。在纯水中，由于温度会对水的电离产生影响，因此离子浓度也会增加，这也进一步说明了随着温度的升高，溶液电导率会增加。因此对一个测定的电导率结果可以进行温度补偿，通常补偿到标准温度 25℃。例如，在 20℃的条件下，电导率与温度的关系可近似地以式（2-16）表示：

$$\sigma_t = \sigma_{25℃} \left[ 1 + \beta (t - t_0) \right] \qquad 式（2-16）$$

式中，$\sigma_t$ 为 $t$℃时的电导率，$\sigma_{25℃}$ 为 25℃时的电导率，$\beta$ 为电导率的温度系数。

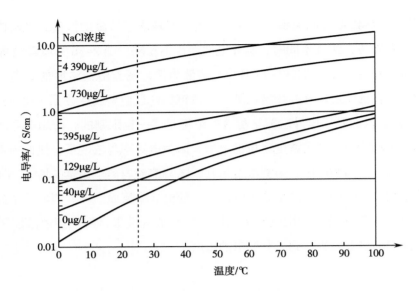

图 2-37　电导率与溶液温度的关系

**6. 电极的极化效应**　在两电极之间外加直流电压时，正电荷离子会向极板的阴极移动，而负电荷离子会向正极移动，这会导致离子积聚在电极表面附近产生极化现象，从而产生测量误差。为了避免极化作用的影响，电导率分析仪的测量电路不采用直流供电，而采用交流供电，使用交流电后离子便不会朝一个方向迁移，而是根据施加电压频率在其附近振荡（图 2-38）。

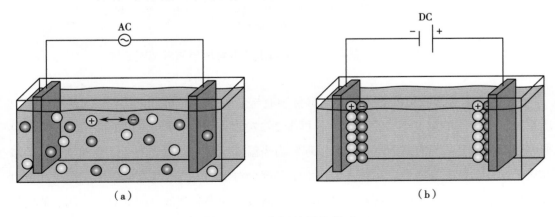

图 2-38　电极的极化效应

（a）测量池施加交流电时，离子迁移方式；（b）测量池施加直流电时，离子迁移方式。

　　即便是使用了交流供电，也无法完全避免离子积聚。通电流时会形成双离子层，这些离子会妨碍电极表面附近离子的移动性，产生额外电阻。极化效应会对中高浓度电解液的测量结果产生影响，降低量程上限的线性（图 2-39）。可以通过以下方式减少甚至是避免极化效应：

1）调整极板的供电频率，频率越高，离子在电极表面积聚和形成双离子层的时间越短。使用高频率可最大限度地减少极化效应。

2）加大电极的表面积以减少电流密度。

3）采用四极电导率分析仪，这种电导率分析仪测量极板受到极化效应的影响较小。

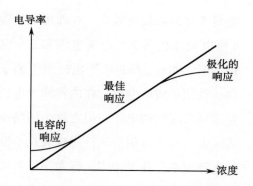

图2-39　极化与电容效应对电导率读数的不利影响

**7. 电容效应**　在考虑溶液浓度和电导率的关系时，只将电导池作为一个纯阻性的元件考虑；而电导池采用交流电源时，电极间就会表现出电容性阻抗的性质。电容效应会影响低浓度溶液在低量程范围内下限量程的线性。在一个非导电的溶液环境中，两个电极类似于电容的极板，在直流状况下，电容性阻抗为无穷大则没有电流形成，故电导率为零。当对电极施加交流电压时，电容性阻抗下降，则电导率相应升高，然而溶液本身离子浓度并无变化，所以在溶液的低浓度区，测量值会向上偏移理论值（图2-39）。此外，传感器通过电缆连接测量仪器，电缆增加的电容也会引起测量误差。可以通过以下方法避免电容效应产生的影响：

1）针对不同的溶液浓度设定合适的测量频率。测量低浓度的液体，由于溶液电阻大，单位面积上流过的电流比较小，所以频率不必太高，一般用工业50Hz就可以得到满意的测量结果。如对于浓度高、电阻小的溶液，则必须采用高频电源，一般为1~4kHz。

2）针对电缆电容的影响，通常采用的电极引线不能过长而且分布电容要尽可能地小。可采用绝缘性良好的聚乙烯屏蔽电缆，如果要想增加引线长度，则需要采取适当的措施来减少线间的分布电容。电导分析仪厂家都会配有专用电缆，所以在施工过程中不能任意更改专用电缆的长度或采用型号不匹配的电缆连接。

3）使用电容较小的电导率测量池。为了减少电容，根据电容求值公式（2-17），可以采用增大极板间的距离 $d$ 或减少极板面积 $S$ 的方法来实现。但这并非一种可行的方案，原因是对于在低电导率范围内的测量，需要使用电极常数小的测量池以确保可靠的测量结果。由前面我们已知电极常数公式 $K=L/A$（$L$ 为两极板间的距离，$A$ 为极板的面积），如果要使电极常数变小，可以采用减少极板间的距离 $L$ 或增大极板面积 $A$ 的方法。由此可知这两种方案是互斥的。

$$C=\varepsilon S/4\pi Kd \qquad\qquad 式（2-17）$$

式中，$\varepsilon$ 为介质介电常数（相对介电常数），$S$ 为两极板正对面积，$d$ 为两极板间的垂直距离，$\pi$ 为圆周率，$K$ 为静电力常量。

**8. 四极电导率分析仪**　两极电导传感器的极板容易产生极化，但四极电导传感器就能显著地消除极化效应。在四极电导池中有4个电极,包括2个电流电极和2个电压电极(图2-40),外侧两个电极测量离子的迁移运动而形成的电流。在内侧两个电极间需要测量溶液间的电压,但在这个回路中电压测量表是一个高阻抗表,意味着这个回路中的电流很小,几乎为零。仪表根据测得的电流和电压参数,并根据相应的仪表常数(由两对电极的电极常数决定)求出电导率。四极电导率分析仪的优点是外侧两个电极处的极化效应不会影响测量结果,因为电压是在两个几乎无电流的内电极上测出的。

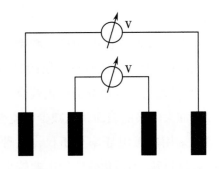

图 2-40　四极电导率分析仪原理

### 9. 卫生级电感式电导率分析仪原理

如图2-41所示,发生器在初级线圈处生成交变的电磁场,在介质中产生感应电流,电流强度取决于电导率,即介质中的离子浓度,感应电流在次级感应线圈处生成另一个电磁场,接收器测量线圈上的感应电流,由此确定介质的电导率。其电极常数由孔径等因素决定。

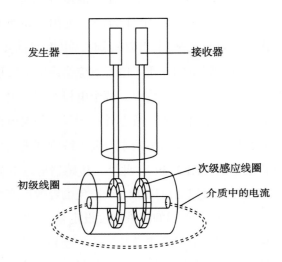

图 2-41　卫生级电感式电导率分析仪原理

电感式电导率分析仪有以下特点:

1)没有电极,没有金属材质和液体接触,因而不会产生极化效应或结垢。

2)由于感应线圈不与被测介质接触,不会被污染,也不会污染被测介质,因此特别适用于医药和食品卫生行业,覆盖PEEK材质的传感器具有优良的耐化学腐蚀、抗机械变形和耐热能力,无接头、无缝隙,结构满足卫生安全需求。

3)感应线圈包覆材料为耐腐蚀性材料(如PEEK或PFA聚合物等),可用于强酸、强碱等腐蚀性介质的电导率测量。

4)耐温、耐压,特别适用于食品和医药行业要求高温消毒的场合和其他高温、高压的场合。由于电磁感应对溶液的电导率有一定要求,不能太低,所以也适用于高电导率介质的测量,测量范围在100~2 000mS/cm。所以在注射用水(WFI)、纯化水(PW)的监视系统中一般不采用电感式传感器,而采用电导式传感器。

5)当管道或其他障碍物进入测量的磁场时,需要进行原位校准调整受影响的电极常数。

鉴于应用的多样性，没有任何一种电导率分析仪适用于所有工艺状况。关于电导率分析仪的选型问题，在 ASME BPE 的最新指南中给出了指导意见。

1）应基于工艺过程中预期电导率的变化范围来选择传感器类型。

2）两极传感器适用于 WFI 系统、PW 系统或其他电导率范围较低的工艺液体。这些传感器适用于 0.02 ~ 10 000μS/cm 的系统。

3）四极传感器适用于具有中度至高度电导率的工艺液体，例如原位清洗（CIP）或色谱分析法处理的工艺液体。这些传感器适用于 0.01 ~ 800μS/cm 的系统。

4）无电极（感应或环形）传感器适用于具有高电导率的工艺液体。这些传感器适用于 0.1 ~ 2 000mS/cm 的系统。

表 2–21 对 E+H 的 CLS54 型电感式电导率分析仪和 CLS16 型电导式电导率分析仪电导参数进行了对比。

表 2–21　CLS54 型电感式电导率分析仪和 CLS16 型电导式电导率分析仪参数对比

| 电极类型 | 测量范围 | 过程温度过程压力 | 电极常数 | 温度补偿 | 适用范围 | 卫生级连接与认证 |
|---|---|---|---|---|---|---|
| 电导式（CLS16型） | 水25℃ 0.04 ~ 500μS/cm | 正常操作：5 ~ 120℃ 灭菌：Max 150℃/0.5MPa（Max 45min） | $K=$ 0.1cm$^{-1}$ | Pt100 Pt1000（可选） | 在纯水和超纯水中测量，如制药行业中的 WFI，离子交换检测，反渗透，蒸馏，电除盐 | 卫生级过程连接；电抛光表面，易清洗 Ra≤0.8μm，Ra≤0.35μm（可选），通过EHEDG认证，通过USP Class Ⅵ认证（生物兼容性测试） |
| 电感式（CLS54型） | 100 ~ 2 000mS/cm（未补偿） | 正常操作：-10 ~ 125℃ 灭菌：150℃/0.5MPa（Max 45min） | $K=$ 6.3cm$^{-1}$ | Pt1000 | CIP清洗液浓度控制，回流管道中CIP过程控制 | 卫生级过程连接 所有接液部件材料均为FDA认可的材料，3-A认证，EHEDG清洁能力认证，通过USP Class Ⅵ认证（生物兼容性测试） |

**10．卫生级电导率分析仪的安装检查及维护要求**　电导率分析仪的安装好坏将严重影响仪表的使用。如果安装不符合要求，不但会造成不能正确测量相关工艺参数，还可能影响到仪表的使用寿命，甚至会对制药产品造成污染。因此对于制药装备中使用的与产品接触的检测仪表安装时，在满足准确测量要求的同时，还需满足卫生级安装的基本需求。

卫生级电导率分析仪安装和检查要求如下：

1）为了实现正确的测量功能，所有电导率传感器都要求其测量电极或线圈充分浸入到工艺流体中。

2）电导率的检测部分一般都要求充满工艺液体，不得形成气穴。电导率传感器为插入式安装，如果有气泡积聚在电极周围，会直接导致液体电阻偏大，导电能力下降，测得的电导率值偏小。

3）电导率分析仪的安装应满足可排放的要求。

4）电导率分析仪的安装应满足可清洁的要求。

5）为了避免形成干扰测量值的气穴或气泡，水平安装时不得为顶部插入式，这时可采用底部斜向下安装（图2-42）。

6）介质在管道中流动，遇到弯头改变方向时，介质中会出现扰动，传感器应安装在距离管道弯头至少1m的下游管道中（图2-43）。

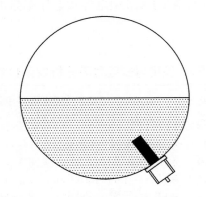

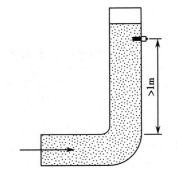

图2-42　卫生型电导率分析仪传感器
水平安装位置

图2-43　弯头附近卫生级电导式传感
器安装要求

7）所有过程连接应采用经过卫生认证的连接件。

8）电导率传感器安装方向允许工艺液体流入，而不能为流出方向，同时要能实现排尽的功能。图2-44所示两极和四极电导式传感器的安装方式都是可以接受的。

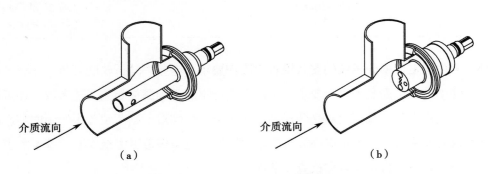

图2-44　卫生型电导式传感器的安装要求

（资料来源：ASME BPE—2019）

（a）二极电导式传感器；（b）四极电导式传感器。

对于电感式传感器，应确保介质流过传感器的开孔，即确保工艺液体持续流经线圈或传感器电极周围，从而最大限度地提高测量精度。传感器线圈的开口朝向流体，还能减少管道的局部阻力。图 2-45 展示了电感式传感器可接受的安装方法。如果传感器电极安装位置太靠近管壁或容器内壁时，可能造成电磁场变形，从而影响测量值。

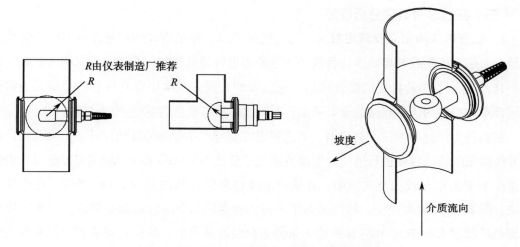

图 2-45　卫生级电感式传感器安装要求

（资料来源：ASME BPE—2019）

安装使用前，用户需咨询制造商有关探头安装距离 $R$ 的要求和建议。在有些供应商的产品中，针对两种类型的安装管道（导电性管道和电绝缘性管道）可通过安装系数对此进行补偿。以 E+H 的 CLS54 型电感式传感器为例，测量时可以在变送器中输入安装系数或乘以安装系数对电极常数进行适当修正（图 2-46）。安装系数大小取决于管径、管道导

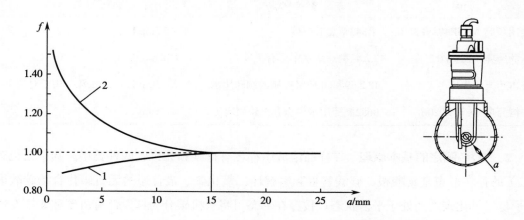

1. 导电性管道；2. 电绝缘性管道；$a$. 底部距离管壁的距离

图 2-46　CLS54 型电感式传感器系数 $f$ 和传感器与管壁间距离 $a$ 的变化曲线

电性以及传感器与管壁间的距离，当传感器与管壁之间的距离 $a$ 足够大时，无须考虑安装系数，即 $f=1.00$［$a>15mm$，安装系数（DN）$>65$］；当传感器与管壁间的距离 $a$ 较小时，电绝缘管道的安装系数将增大，即 $f>1$，导电性管道的安装系数将变小，即 $f<1$，使用标定液可以测量安装系数或基于图 2-46 曲线预估安装系数。

### （三）在线总有机碳分析仪表

**1. 总有机碳的定义及测定意义**　总有机碳是指水体中溶解性和悬浮性有机物含碳的总量。水中有机物的种类很多，目前还不能全部进行分离鉴定，常以总有机碳（TOC）表示。TOC 是一个快速检定的综合指标，它以碳的数量表示水中含有机物的总量，通常作为评价水体有机物污染程度的重要依据，是对水体中有机物含量的一种估量。

在制药生产过程中，工艺容器、工艺管道以及与产品接触的其他设备必须采用用户规定并经验证的清洁程序进行清洗。彻底清洁用于防止不同产品批次之间或容器壁以及设备上微生物聚集而导致的交叉污染，常见的清洗过程包括 WFI 清洗、PW 清洗、化学原位清洗并结合 WFI 多次冲洗。如何确保用于清洁容器的化学品已被彻底清除，可通过连续监测最后漂洗水的 TOC 和电导率的测量值来判断清洗效果，从而实现节省时间和节约用水的目的。

在注射用水分配系统中，通常会在回水管路末端、进水储罐前设置 TOC 和电导率来监测水质，从而对水质污染事件做出及时响应。TOC 在各个国家和地区药典中均是很重要的水质指标，如在美国药典（USP）、欧洲药典（EP）、日本药典（JP）和中国药典（ChP）中对注射用水的 TOC 限度值作了明确规定（表 2-22）。

表 2-22　各国药典对制药用水中 TOC 的要求

| 药典 | 参考文献 | TOC标准 |
| --- | --- | --- |
| 美国药典（USP40-NF35） | 第643章总有机碳 | ≤0.5mg/L |
| 欧洲药典（EP10.0） | 2.2.44制药用水中总有机碳 | ≤0.5mg/L |
| 日本药典（JP18） | JP 2.59和G8质量控制的制药用水 | ≤0.5mg/L（0.3mg/L，用于对照） |
| 中国药典（ChP2020） | 0682制药用水中总有机碳测定法 | ≤0.5mg/L |

**2. TOC 测定的基本原理**　在样品溶液中存在有机碳和无机碳两种类型。其中无机碳（IC）的存在形态是碳酸根、碳酸氢根和溶解性二氧化碳，最普通的无机碳化合物碳酸根离子与二氧化碳之间处于平衡状态。按存在形态可将有机碳分为挥发性有机碳和非挥发性有机碳，溶解性有机碳和悬浮状有机碳，可吹除有机碳和不可吹除有机碳。无论以何种形式存在，样品中所有的有机碳和无机碳的总和称为总碳（TC）。总碳中减去无机碳的含量

就是总有机碳（TOC）的含量，即：TOC=TC−IC。

根据 TOC 测定仪对样品的不同氧化方法，可分为催化燃烧法、紫外氧化法（电导法）、过硫酸盐法和 UV-过硫酸盐法。

**3. 紫外氧化法（电导法）测定 TOC 的原理**　样品在紫外线（185nm）照射下与水反应生成激发态羟基自由基 OH⁻。

$$4H_2O \xrightarrow{\text{UV}} 3H_2 + O_2 + 2OH^-$$

激发态羟基自由基 OH⁻ 和样品中的非离子有机物发生反应，氧化生成二氧化碳和水。二氧化碳溶解于水形成碳酸，碳酸又可离解为导电性离子。

$$C_xH_y(4x+y)OH^- \longrightarrow xCO_2 + (2x+y)H_2O$$

如图 2-47 所示，采用电导法测量二氧化碳溶解在水中而形成的碳酸根离子浓度。有机物转化前后都需要测量电导率，其中第 1 块电导率分析仪测量的是无机碳酸根离子的浓度，第 2 块电导率分析仪测量的是总的碳酸根离子的浓度。通过电导率的差值即可算出增加的碳酸根离子含量，从而可以推算出水中的 TOC。对于复杂及高分子量的碳化合物（如颗粒状有机物、药物及蛋白），采用紫外氧化法，其二氧化碳的转化率比较低，测量误差就比较大。因此，紫外氧化法不适用于 TOC 含量高的样品，也不

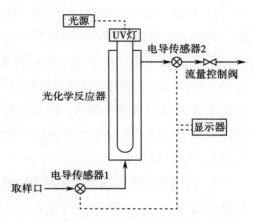

图 2-47　紫外氧化法（电导法）测定
TOC 原理

适用于清洗有效性的检测，而适用于纯水、超纯水及注射用水的检测。

通常，TOC 的测定方法可分为差减测定法和直接测定法。

（1）差减测定法（以催化燃烧法为例）：样品分别被注入高温燃烧管（900℃）和低温反应管（150℃）中。高温燃烧管的样品受高温催化氧化，使有机化合物和无极碳酸盐均转化成二氧化碳。低温反应管的样品受酸化而使无机碳酸盐分解成二氧化碳，将二氧化碳导入非分散红外检测器，分别测得水中的总碳（TC）和无机碳（IC）。总碳与无机碳之差，即为总有机碳（TOC）。

（2）直接测定法：将水样酸化后曝气，使各种碳酸盐分解生成二氧化碳并将之去除后再注入高温燃烧管中，直接测定总有机碳。由于在曝气过程中会造成水样中挥发性有机物的损失而产生测定误差，因此其测定结果只是不可吹出的有机碳的值。

目前用于 TOC 分析的技术方法有很多，例如上面提到的催化燃烧法、紫外氧化法、过硫酸盐法、UV-过硫酸盐法等。在美国、欧洲、日本和中国的药典中并没有指定或限制采用某一种检测方法，但对 TOC 仪表的检测标准做出了规定：

1）TOC 的最低检测极限值须为 0.05mg/L。

2）在必须区分 $CO_2$、$H_2CO_3$ 等无机碳和有机分子氧化生成的 $CO_2$ 时，只接受采用差减测定法来测定的 TOC 含量，而不接受直接测定法测定的 TOC 含量。

3）必须定期通过系统适应性测试（SST）。系统适应性测试指通过两种标准溶液（500μg/L 蔗糖和 500μg/L 对 – 苯醌）对 TOC 进行检测，目的是检验仪表设备对苯醌溶液的断键氧化能力。

4）仪表要根据制造商的建议定期进行校准。

### （四）溶解氧分析仪

**1．概述**　溶解在水中的分子态氧称为溶解氧（DO），是表征水溶液中氧的浓度的参数。溶解氧在生物发酵过程中是需氧微生物所必需的。在发酵过程中有多方面的限制因素，而溶解氧往往是检测和控制的重要因素。安装在发酵罐 / 生物反应器中的溶解氧传感器，会向氧气控制系统传送测量值，控制系统根据测量结果提高、降低或保持空气或氧气的注入，这些控制方式通常有改变空气流量、改变搅拌速度、改变容器内压力（氧分压）等。

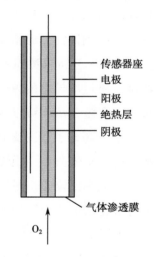

图 2-48　极谱型 DO 传感器测量原理图

**2．极谱型 DO 传感器的组成及工作原理**　根据测量原理，溶解氧传感器可分为极谱型和光谱型两种。极谱型传感器由阴极、阳极、电解液、绝缘体和覆膜组成（图 2-48）。其电极可为银 – 铂电极，铂为阴极，银为阳极；电解液为氯化钾溶液；绝缘体可采用玻璃绝缘体。在传感器底部有一层覆膜，这种覆膜只能透过氧气或其他气体，水则不能透过覆膜。有的覆膜内部和外部都涂有聚四氟乙烯（PTFE），这增强了 CIP/SIP 过程中抗腐蚀的能力，还有的在覆膜内增加不锈钢网，增强了机械的稳定性。由于覆膜的存在使电极不会与被测水样直接接触，但水中的溶解氧可以通过渗透方式进入到测量电极，被测水样中的氧分压越高，氧气渗入得越多，氧浓度越高。

氧分子通过传感器底部的覆膜扩散到电极表面并发生电极反应，在阴极上被还原成 $OH^-$；在阳极上，银被氧化成 $Ag^+$，此时阴极释放电子，阳极接收电子，形成回路电流（图 2-49）。

其中，银阳极发生的反应方程式为：

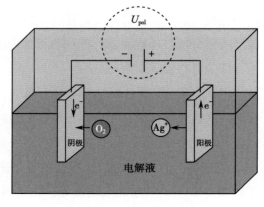

图 2-49　极谱型 DO 传感器测量原理

$$4Ag+4Cl^-=4AgCl+4e^-（电解液中存在的 Cl^- 会发生氧化反应）$$

铂阴极发生的反应方程式为：

$$O_2+2H_2O+4e^-=4OH^-（氧分子减少并还原成 OH^-）$$

在没有外加电压的情况下，以上反应不会自然发生，因此需要在阴极和阳极之间加一定的电压，称为极化电压（$U_{pol}$），极化电压由溶解氧变送器供给。当产生的电流与溶液中氧含量成正比时，此时的电极电流为饱和电流，此时的电压为极谱电压。当电极的参数一定时，在一定的温度条件下，被测的溶解氧浓度与稳定后的扩散电流成正比。

$$I = \frac{NFAP}{b} \times C \qquad 式（2-18）$$

式中，$I$ 为传感器的电流，$N$ 为电极反应时的电子传递数，$F$ 为法拉第常数，$A$ 为阴极表面面积，$P$ 为隔膜透过系数，$b$ 为隔膜厚度，$C$ 为水样中氧的浓度。

通常水中溶解氧的含量同空气中氧分压 $p（O_2）$、大气压力、水温、水中的含盐量有密切的关系。混合气体的全部压力等于各种成分的气体分压之和，在混合气体中，某单个气体组分占全部气体的比例称为分压，例如，在干燥空气中含有 20.95% 的氧，那么氧的分压随大气压力而变化，其分压值为：

$$p（O_2）=X（O_2）\times 100kPa=0.209\ 5 \times 100kPa =20.95kPa$$

式中，$X（O_2）$ 为大气中氧的百分数 $[X（O_2）=20.95\%]$，100kPa 为绝对大气压力。

水蒸气也是气体，而水蒸气会减少氧分压：

$$p（O_2）=X（O_2）\times（P_A-P_W） \qquad 式（2-19）$$

式中，$p（O_2）$ 为氧气分压，单位为 kPa；$X（O_2）$ 为氧的百分数 $[X（O_2）=20.95\%]$；$P_A$ 为大气压力，单位为 kPa；$P_W$ 为水蒸气压力，单位为 kPa。

例：在 101.3kPa，30℃时，相对湿度 80%，水蒸气的压力 $P_W$=3.36kPa，求此时的氧气分压。

根据上式可知：$p（O_2）=0.209\ 5 \times（101.3kPa-3.36kPa）= 20.5kPa$。

液体中的氧气溶解度是基于盐度的函数。水中饱和溶解氧的浓度随水中含盐量的不同而不同，增加液体中的盐度，氧气溶解度会随之减少（表 2-23）。

表 2-23　不同盐度、不同温度对溶解氧的影响

| 温度/℃ | O₂溶解度/（mg·L⁻¹） | | | | | |
| --- | --- | --- | --- | --- | --- | --- |
| | 盐度/（g·kg⁻¹） | | | | | |
| | 5 | 10 | 15 | 20 | 25 | 30 |
| 0 | 14.04 | 13.57 | 13.12 | 12.68 | 12.25 | 11.84 |
| 5 | 12.22 | 11.82 | 11.43 | 11.07 | 10.71 | 10.37 |

续表

| 温度/℃ | O₂溶解度/（mg·L⁻¹） | | | | | |
|---|---|---|---|---|---|---|
| | 盐度/（g·kg⁻¹） | | | | | |
| | 5 | 10 | 15 | 20 | 25 | 30 |
| 10 | 10.78 | 10.44 | 10.12 | 9.80 | 9.50 | 9.20 |
| 15 | 9.95 | 9.30 | 9.02 | 8.75 | 8.49 | 8.23 |
| 20 | 8.60 | 8.35 | 8.10 | 7.87 | 7.64 | 7.42 |
| 25 | 7.80 | 7.53 | 7.32 | 7.11 | 6.91 | 6.72 |
| 30 | 7.02 | 6.82 | 6.64 | 6.46 | 6.29 | 6.16 |
| 35 | 6.34 | 6.18 | 6.01 | 5.86 | 5.70 | 5.55 |
| 40 | 5.78 | 5.46 | 5.49 | 5.36 | 5.22 | 5.09 |

氧气在液体中的溶解度随温度的变化而变化，温度越高，溶解度越低。因此，溶解氧分析仪均带有热敏电阻等测温装置，能自动进行温度补偿（图2-50）。

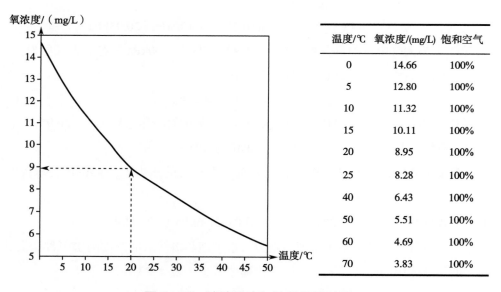

图2-50 溶液温度与溶解氧的关系

例如：在20℃，大气压101.5kPa时，水中氧气的饱和浓度：DO=8.95mg/L。

在0℃，大气压101.5kPa时，水中氧气的饱和浓度：DO=14.66mg/L。

**3. 光谱型DO传感器工作原理** 光学传感器测量氧的方法是基于荧光以及荧光猝灭的原理。当物质的分子或原子吸收能量，电子由基态进入激发态，当再由激发态返回到基态时会发射出波长相同或比吸收波长更长的光，这种光称为荧光。当荧光物质与溶剂分子或溶质分子相互作用，引起荧光强度降低的现象称为荧光猝灭，能引起荧光猝灭的物质称为荧光猝灭剂，要测的氧分子就是荧光猝灭剂的一种。根据荧光猝灭时间计算出溶解氧量，荧光猝灭时间长表示氧含量低，猝灭时间短表示氧含量高。荧光的衰变时间与氧浓度有相关性，但并不呈线性关系（图 2-51）。

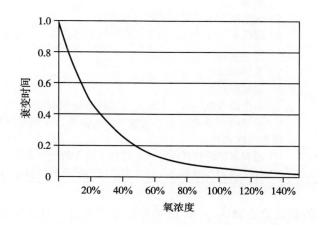

图 2-51　光谱型 DO 传感器荧光的衰变时间与氧浓度的关系曲线

光谱型 DO 传感器的测量原理如图 2-52 所示。LED 光源发出激发光束，激发光束射到传感器顶端的荧光物质层，荧光物质层吸收了 LED 光源的能量，以荧光的形式发射出来。当有氧气存在时，荧光团会将某些吸收的能量传递给氧分子致使荧光的强度降低。这种在荧光团中能量减少的现象，会改变荧光的时间和寿命。整体荧光强度及寿命与氧气的浓度直接相关。

极谱型和光谱型 DO 传感器在生物技术和制药行业已有多年的成功使用经验，两种传感器都能耐受 CIP/SIP 及高

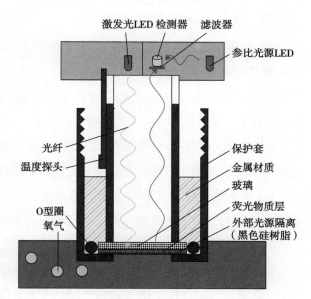

图 2-52　光谱型 DO 传感器测量原理

温度消毒过程，工艺接口、材质、传感器表面处理达到 Ra＜0.4μm，均能满足生物安全需求。但光谱型 DO 传感器以高性能、维护简单、测量准确、响应速度快等优点，目前在生物工程领域中应用比较多。表 2-24 列出了两种溶解氧传感器的比较情况。

表 2-24　极谱型和光谱型两种 DO 传感器对比

| 传感器类型 | 特点 |
|---|---|
| 极谱型DO传感器 | 1）可提供准确的测量值，但极化过程较长，最长需要6h或更长时间（更换电解液、更换覆膜、与变送器断开时均需要重新极化）<br>2）要定期补充电解液<br>3）消耗阳极<br>4）响应时间慢<br>5）测量结果不稳定，数据容易漂移<br>6）覆膜要经常清洗，否则影响氧气的渗透性，从而影响测量精度 |
| 光谱型DO传感器 | 1）漂移量低<br>2）维护频率低<br>3）响应时间快<br>4）由于没有电解液，因此无须进行极化<br>5）系统可用性高，不需要频繁清洗探头，定期擦拭荧光帽即可，减少了维护时间和费用<br>6）没有易碎的膜和内电极，避免了潜在的操作失误<br>7）探头内的光敏感部件要根据供应商推荐的周期定期更换 |

**4．DO 传感器的安装检查确认**　DO 传感器的安装质量对测量准确性非常重要，其安装及检查的主要内容为：

1）可在发酵设备或生物反应器的容器或管道上安装溶解氧探头。

2）测量点的选择应便于维护。

3）选用的 DO 传感器要耐受 CIP/SIP 及消毒工艺过程。过程连接型式、密封件和安装支架等应符合卫生级认证。

4）测量点既可以选在水平管段上，也可以选在垂直管段上，其管道直径要求为80mm 以上。

5）在探头前方 10 倍管径长度、探头后方 5 倍管径长度范围内没有安装影响流体流态变化的设备，如阀门、弯头等，测量点应尽量选择在流体流动平稳的管段上。

6）在水平管段上安装时，应该确认该管段正常工作时为满管；若选择垂直管段，应该选择流体自下而上的管段，探头应迎着流体并与流动方向呈 75° 夹角（图 2-53）。

7）在搅拌的容器上安装时，探头与水平面的夹角应大于 15°（图 2-54）。

8）持续可靠的 DO 测量是发酵或细胞培养过程中的关键因素，但是极谱型和光谱型DO 传感器都可能存在干扰，对氧气控制产生负面影响。其主要原因是由传感器探头处聚集的空气 / 氧气泡造成的气泡中的氧分压比培养基中的溶解氧水平高，因此测量值会偏高。这些积聚经过传感器探头处的气泡所产生的动作会形成信号噪声，导致无法得出正确的测量结果，也就无法进行有效控制。防气泡光学探头可有效防止在传感器探头处聚集气泡和防止气泡附着在探头上，可以保证测量信号的高稳定性。传感器安装时越接近底部的搅拌叶轮，液流对传感器探头的清洗效果越好（图 2-54）。

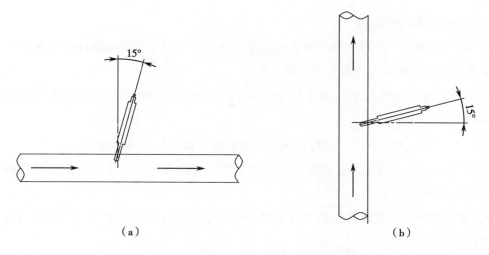

图 2-53　DO 传感器在管道上的安装要求

（a）DO 传感器在水平管道上的安装；（b）DO 传感器在垂直管道上的安装。

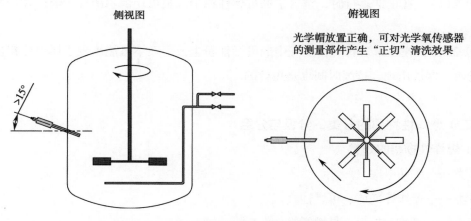

图 2-54　DO 传感器在容器上的安装要求

## 八、仪表的防爆与防护

　　在制药企业的某些生产工艺环节如缓冲液配制过程中，会使用多种易燃、易爆、易挥发的有机溶媒，这类物质如果处理不当很容易发生危险，引发爆炸。可燃性物料在储存过程中由于处理不当，也会发生自燃引起爆炸，或某些生产过程中产生大量粉尘，经过一段时间的积累，粉尘达到临爆点，遇到合适的点火源时也会产生爆炸。安装在这种危险场所的电气设备、各种控制系统或现场仪表如果产生火花或高温表面，就容易发生燃烧或爆炸事故。因此，在危险场所使用的设备应该具有防爆性能，要严格按电气设备防爆规程进行管理，同时做好制药设备的防爆设计、施工与维护。

## （一）危险场所的划分

**1．第一种场所**　指爆炸性气体或可燃性蒸汽与空气混合形成爆炸性气体混合物的场所，按其危险程度的大小分为 3 个区域等级。

1）0 区：在正常情况下，爆炸性气体混合物连续地、短时间频繁地出现或长时间存在的场所。

2）1 区：在正常情况下，爆炸性气体混合物有可能偶尔出现的场所。

3）2 区：在正常情况下，爆炸性气体混合物不可能出现，仅在不正常情况下偶尔短时间出现的场所。

**2．第二种场所**　指爆炸性粉尘或易燃纤维与空气混合形成爆炸性混合物的场所，按其危险程度的大小分为：

1）20 区：在正常运行时，空气中的可燃性粉尘云持续地、或长期地、或频繁地出现于爆炸性环境中的场所。

2）21 区：在正常运行时，空气中的可燃性粉尘云很可能偶尔出现于爆炸性环境中的场所。

3）22 区：在正常运行时，空气中的可燃性粉尘云一般不可能出现于爆炸性粉尘环境中的场所，即使出现，持续时间也是短暂的。

## （二）爆炸性物质的分类、分级与分组

**1．爆炸性物质的分类**

Ⅰ类——矿井甲烷。

Ⅱ类——爆炸性气体、可燃性蒸汽。

Ⅲ类——爆炸性粉尘、易燃纤维。

**2．爆炸性物质的分级与分组**　爆炸性混合物的危险性是由它的爆炸极限、传爆能力、引燃温度和最小点燃电流决定的。各种爆炸性混合物可分别按最小点燃电流分级、最大试验安全间隙和引燃温度分级，主要是为了配置相应的防爆设备。

（1）按最小点燃电流（MIC）分级：最小点燃电流指在规定的试验条件下，能点燃最易点燃混合物的最小电流。最易点燃混合物指在常温条件下需要最小引燃能量的混合物。爆炸性气体混合物按照最小点燃电流的大小可分为Ⅱ A、Ⅱ B 和Ⅱ C 三个等级（表 2-25），最小点燃电流能量越小，危险性就越大。

表 2-25　爆炸物质分级（MIC）

| 工况类别 | 气体分类 | 代表性气体 | 最小引爆火花能量/mJ |
|---|---|---|---|
| 矿井下 | I | 甲烷 | 0.280 |
| 工厂 | II A | 丙烷 | 0.180 |
| | II B | 乙烯 | 0.060 |
| | II C | 氢气 | 0.019 |

（2）按最大试验安全间隙（MESG）分级：最大试验安全间隙指在标准试验条件下，壳内所有浓度的被试验气体或蒸汽与空气的混合物点燃后，通过 25mm 长的防爆接合面均不能点燃壳外爆炸性气体混合物的外壳空腔两部分之间的最大间隙。安全间隙的大小反映了爆炸性气体混合物的传爆能力，间隙越小，其传爆能力就越强，危险性就越大；反之，间隙越大，其传爆能力就越弱，危险性也越小。爆炸性气体混合物，按最大试验安全间隙的大小分为 II A、II B 和 II C 三个等级（表 2-26）。II A 级的最大安全间隙较大，危险性较小；II C 级的最大安全间隙较小，危险性较大。

表 2-26　爆炸物质分级（MESG）

| 类、级别 | MESG/mm | MICR |
|---|---|---|
| II A | MESG≥0.9 | MICR>0.8 |
| II B | 0.5≤MESG≤0.9 | 0.45≤MICR≤0.8 |
| II C | MESG<0.5 | MICR<0.45 |

注：1. 最大试验安全间隙（MESG）系在 20℃下测定或者修订到 20℃的值。
　　2. MICR 为最小点燃电流比，即爆炸性混合物最小点燃电流与甲烷爆炸性混合物最小点燃电流之比。

（3）按引燃温度分组：爆炸性混合物，除了与火花明火接触被引爆之外，爆炸性气体与高温物体表面接触也可能产生燃烧爆炸。为了防止此类危险，将各种气体混合物按允许的最高温度分为 T1～T6 组（表 2-27）。其中 T6 组允许表面温度最低，最容易点燃，T1 组最难点燃。例如，某可燃气体或蒸汽的温度组别为 T5，则该气体可能被点燃的温度为 100～135℃。

表 2-27　可燃气体或蒸汽温度分组

| 温度组别 | 可燃物质的点燃温度/℃ | 温度组别 | 可燃物质的点燃温度/℃ |
|---|---|---|---|
| T1 | $T>450$ | T4 | $135<T\leq200$ |
| T2 | $300<T\leq450$ | T5 | $100<T\leq135$ |
| T3 | $200<T\leq300$ | T6 | $85<T\leq100$ |

### （三）防爆仪表的分类、分级和分组

自动化仪表设备的分类、分级和分组与爆炸性物质的分类、分级和分组相对应，其等级及符号亦相同，温度等级按最高表面温度确定（表2-28）。例如，某防爆设备的温度组别是T5，则表明该设备正常运行时的最大表面温度不会超过100℃。

表2-28　防爆仪表温度分组

| 温度组别 | 设备最高表面温度/℃ | 温度组别 | 设备最高表面温度/℃ |
|---|---|---|---|
| T1 | 450 | T4 | 135 |
| T2 | 300 | T5 | 100 |
| T3 | 200 | T6 | 85 |

### （四）防爆原理

**1. 隔爆型仪表的工作原理**　将电气设备的带电部件放在特制的外壳内，外壳具有将壳内电气部件产生的火花或电弧与外壳爆炸性混合物隔离开的作用，并能承受进入壳内的爆炸性混合物被壳内电气设备的火花、电弧引爆时所产生的爆炸力，而外壳不被破坏；同时能防止壳内爆炸生成物向壳外爆炸性混合物传播，且不会引起壳外爆炸性混合物燃烧和爆炸。此类型的防爆设备有3个特点：

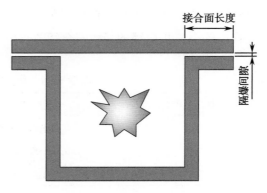

图2-55　防爆结合面原理图

一是外壳有一定的机械强度，采用（8～10）×$10^2$kPa以上的壳体。二是内部元器件不考虑防爆，但要考虑表壳的外部温升使其不得超过由气体或蒸汽的自燃温度所规定的数值。三是具有合适的防爆接合面（图2-55）。防爆接合面通常有两个作用：阻火和降温。如果爆炸发生在壳体内部，火焰在沿着接合面向外传播的过程中会受到接合面的阻火和降温作用，传到外部的能量已不足以点燃外部爆炸性混合物。接合面越长，隔爆间隙越小，其阻火、降温的效果越好。

**2. 本安型仪表的防爆原理**　通过限制电气设备电路的各种参数，或采取适当的保护措施来限制电路的火花能量和热能，使其在正常工作和规定的故障条件下产生的电火花与热效应均不能点燃周围环境的爆炸性混合物，从而实现电气防爆。由于这种电气设备的电路本身就具有防爆性能，也就是说从本质上就是安全的，故称为本安型。本安回路中涉及的关键部件有本安型仪表、本安关联设备（安全栅）和本安电缆。它们之间的参数匹配需要满足的要求见表2-29。

表 2-29  本安回路参数匹配表

| 本安型仪表参数+电缆参数 | 安全参数匹配条件 | 安全栅参数 |
|---|---|---|
| $U_i$ | ≥ | $U_0$ |
| $I_i$ | ≥ | $I_0$ |
| $P_i$ | ≥ | $P_0$ |
| $C_i + C_c$ | ≥ | $C_0$ |
| $L_i + L_c$ | ≥ | $L_0$ |

注：1. $C_c$ 和 $L_c$ 为电缆分布电容和电感。

2. 本安型仪表的主要安全参数：$U_i$ 为允许输入的最大故障电压；$I_i$ 为允许输入的最大故障电流；$P_i$ 为允许输入的最大功率；$C_i$ 为仪表的等效电容；$L_i$ 为仪表的等效电感。

3. 安全栅的主要安全参数：$U_0$ 为可能输出的最大电压，即安全限压值；$I_0$ 为可能输出的最大电流，即安全限流值；$P_0$ 为可能输出的最大功率；$C_0$ 为允许的最大回路电容；$L_0$ 为允许的最大回路电感。

本安型仪表分 ia、ib 两个等级。ia 等级是指在正常工作状态下，以及电路中存在 1 个或 2 个故障时，均不能点燃爆炸性气体混合物；在 ia 等级电路中，工作电流被限制在 100mA 以下。ib 等级是指在正常工作条件下，以及电路中存在 1 个故障时，不能点燃爆炸性气体混合物；在 ib 电路中，工作电流被限制在 150mA 以下。

**3. 增安型仪表的防爆原理**  在正常运行条件和规定的过载条件下，不产生火花或危险高温的电气设备采用一些附加措施来提高设备的安全可靠性。其采用的技术措施有限制壳体的温升，采用防爆认证的零部件、电气间隙和爬电距离、IP 等级和接线端子的防松动措施等。

电气仪表的防爆类型及方法很多，表 2-30 中列出了常用的几种防爆型式和适用的危险场所。

表 2-30  常用防爆型式和适用场所

| 序号 | 防爆型式 | 代号 | 国家标准 | 防爆措施 | 适用区域 |
|---|---|---|---|---|---|
| 1 | 隔爆型 | Ex d | GB 3836.2 | 隔离存在的点火源 | zone1，zone2 |
| 2 | 本安型 | Ex ia | GB 3836.4 | 限制点火源能量 | zone0，zone1，zone2 |
|  |  | Ex ib | GB 3836.4 | 限制点火源能量 | zone1，zone2 |
| 3 | 增安型 | Ex e | GB 3836.3 | 设法防止产生点火源 | zone1，zone2 |
| 4 | 正压型 | Ex P | GB 3836.5 | 危险物质与点火源隔离 | zone1，zone2 |
| 5 | 无火花型 | Ex n | GB 3836.8 | 设法防止产生点火源 | zone2 |

**（五）本安型、隔爆型设备的检验确认**

用于制药装置上的防爆电气及仪表，从设计选型、施工安装、运行维护等方面要严格按防爆规程进行管理，确保使其防爆性能处于完好状态。结合《爆炸性环境 第 16 部分：

电气装置的检查和维护》（GB 3836.16—2017）、《爆炸危险场所电气安全规程》等相关标准，表2-31列出了本安型设备与隔爆型设备的安装、维护和检查的相关要点。

表2-31　本安型、隔爆型设备的检查要点

| 防爆仪表类型 | 检查内容 |
|---|---|
| 本安型仪表 | （1）本安型仪表及关联设备，必须具有防爆证书 |
| | （2）本安电路和非本安电路不应共用一根电缆或穿同一根保护管 |
| | （3）本安电路与非本安电路在同一电缆槽内敷设时，应采用接地金属板或具有足够耐压强度的绝缘板隔离，或分开排列敷设，其间距应大于50mm，并分别固定牢固 |
| | （4）本安电路及其附件，应有蓝色标识 |
| | （5）本安电路不应受到其他线路的强电磁感应和强静电感应，线路的长度、线径大小、敷设方式应符合设计文件的规定 |
| | （6）在盘柜、仪表盘和箱体内的本安电路与关联电路或其他电路接线端子之间的间距不应小于50mm；当间距不能满足要求时，应采用高于端子的绝缘板隔离 |
| | （7）本安电路的长度应使其分布电容和分布电感不超过仪表制造厂规定的最大允许值 |
| 隔爆型仪表 | （1）产品防爆证书与实物相符 |
| | （2）电气设备适合于危险场所类别 |
| | （3）电气设备类别正确 |
| | （4）电气设备温度组别正确 |
| | （5）防爆接合面无锈蚀、无机械损伤，施工过程中注意防爆接合面的保护 |
| | （6）导线入口应该采用相匹配的Exd型认证格兰 |
| | （7）导线入口格兰螺纹咬合至少为5个丝扣，且旋入深度应满足：当腔体的体积＞100cm³时至少为8mm，当腔体的体积≤100cm³时至少为5mm |
| | （8）电缆外径应与格兰尺寸相匹配，确保格兰能够夹紧电缆外护套 |
| | （9）壳体的格兰孔、备用孔与要连接的部件相连时，不能采用补芯进行变径转接 |
| | （10）隔爆箱体的备用孔应采用防爆认证的Exd型堵头封堵并拧紧 |
| | （11）防爆箱体无擅自改动或盘面开孔，外面无添加相关器件 |
| | （12）隔爆型设备的壳、盖在使用时应拧紧，对于用螺栓紧固的盖子，应确保螺栓拧到合适的力矩，并检查螺栓数量不能缺失 |
| | （13）壳体、箱体的密封圈完好 |
| | （14）对于需要接地的隔爆型仪表，应确保接地完好 |
| | （15）严禁在带电期间开盖进行设备维护 |

### （六）仪表的防护等级

由于仪表的安装使用场所不同，其环境条件也不一样。工业仪表为了能适用不同的使用场所，就必须具备一定的环境防护能力，这种防护能力是通过仪表的外壳来实现的。同一种仪表，封装在不同的外壳中就具有了不同的防护能力。制药装备上使用的仪表要考虑到设备冲洗、意外喷溅时对防护等级的需求。

在我国通常采用《外壳防护等级（IP 代码）》（GB/T 4208—2017），使用 IP 代码来表示外壳的防护等级。IP 代码由特征字母 IP、第一位特征数字和第二位特征数字组成。第一位数字表示防尘级别，第二位特征数字表示防水级别，不要求规定特征数字时，该处用字母 X 代替，例如 IP54、IP2X 和 IPX4。

在 IP 代码中，第一位特征数字表示外壳防止固体异物和灰尘侵入的等级，共有 0～6 七个数字，它们对防止固体异物和灰尘进入壳内的含义是：

1）0：无防护。

2）1：防止直径大于 50mm 的固体外物侵入。

3）2：防止直径大于 12.5mm 的固体外物侵入。

4）3：防止直径大于 2.5mm 的固体外物侵入。

5）4：防止直径大于 1.0mm 的固体外物侵入。

6）5：防尘，完全防止外物侵入；或虽不能完全防止灰尘侵入，但灰尘的侵入量不会影响电器的正常运行。

7）6：尘密，完全防止外物及灰尘侵入。

第二位特征数字表示外壳防止由于进水对设备造成有害影响的能力，共有 0～8 九个数字，它们的含义是：

1）0：无防护。

2）1：防止垂直方向滴水浸入。

3）2：倾斜 15° 时，仍可防止滴水浸入。

4）3：防止喷洒的水浸入。

5）4：防止飞溅的水浸入。

6）5：防止喷射的水浸入。

7）6：防止猛烈喷溅的水浸入。

8）7：防止短时间浸泡水浸入。

9）8：防止长时间浸泡水浸入。

# 第三章

# 生物工程设备的
# 确认和验证

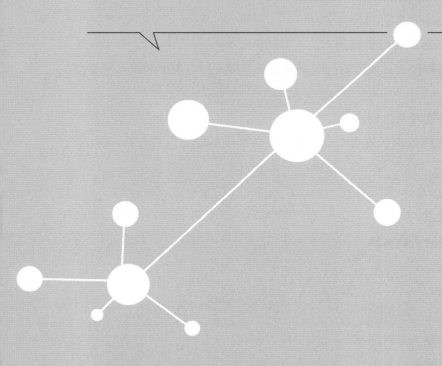

在现行的 GMP 中，无论是中国 GMP、欧盟 GMP、美国 GMP，还是世界卫生组织发布的 GMP 都要求药品生产商在药品的整个生命周期中建立完善的药品生产质量管理体系，充分有效地采用和贯彻执行良好的药品生产质量管理规范，通过质量保证（QA）、质量控制（QC）以及有计划地实施确认和验证活动，有效控制药品生产中影响药品质量的每一个环节，确保药品的生产注册工艺得到有效控制，并可以持续稳定、一致地生产出高质量、疗效好的药品。

在药品生产质量体系中，设施、设备和系统是确保药品生产质量非常重要的方面，只有通过良好的设施、设备和系统的稳定运行，才能保证稳定的生产工艺得以实现。因此在药品生产设施建造或改造期间，按照药品生产的规定和要求，对这些设施、设备和系统进行科学有效的控制是非常必要的。全球各个国家和地区的监管机构也都要求药品的生产设施、设备和系统应按照预期使用目的进行设计、制造和确认。因此，应不断制定和完善相应的法规、标准和指南，用来提供一个统一、可复制的，并可审核的控制体系。GMP 是药品生产必须满足的法规要求，正确理解和实施 GMP 要求，将 GMP 中对设施、设备和系统的要求延伸到设计、制造和确认阶段，是非常有意义的。

我国 GMP 规定，需要在项目建设交付、药品正式生产前，对与药品生产直接相关的设施、设备和系统进行确认。通过实施设计确认、安装确认、运行确认和性能确认活动，确保与药品生产有关的设施、设备能持续稳定地运行，实现预期目的。因此，设备制造商从设计阶段开始，既要充分考虑如何满足技术性能要求，又要考虑如何符合 GMP 要求，并要建立与之相适应的质量保证体系，完善组织结构，配置相应资源，以确保设备质量在项目建造全过程中得到有效控制。

## 第一节　　生物工程设备确认和验证的组织形式

参与确认和验证的相关方通常包括药品生产商、系统供应商（制造商）和第三方服务商。其中，药品生产商负责对各系统的调试、确认和验证活动制订整体计划，制订调试与确认策略，组织确认活动的实施，并对最终结果负责；系统供应商负责协助药品生产商制订计划，负责系统的各项调试活动，协助药品生产商完成相应的确认活动；第三方服务商则代表药品生产商，完成项目期间的各项调试与确认活动。因此，各项调试与确认活动中既包含药品生产商和系统供应商各自负责的活动，也包括需要双方或三方互相协调合作的活动。由于系统供应商拥有多家客户（系统用户）对系统的使用反馈，一般来讲，其较药品生产商更熟悉、更了解系统。因此，系统供应商参与制订计划和实施活动可以显著简化确认和验证活动，大大提高效率。为了确保建立适用于系统整个生命周期的确认方法和控制要求，并使其贯穿于系统的整个生命周期，药品生产商和系统供应商应就各自的职责及双方的合作，于项目早期达成一致。

确认和验证活动需要大量人员共同参与完成，包括组织管理人员、计划制订人员、方案和报告编审人员、测试执行人员等。参与人员通常还包括药品生产商和系统供应商的各位主题专家，典型的主题专家包括：

（1）质量专家：工程师、药剂师或具有药品和工艺专业知识的专家，并具有药品生产质量管理、生产管理及质量风险管理等方面的经验。

（2）确认和验证专家：工程师、药剂师和化学家等，参与计划与实施各项确认和验证活动。

（3）工艺专家：涉及工艺方面的化学家、药剂师和工艺工程师等，具备工艺专业知识、物料筛选、总体设计和风险管理等能力。

（4）技术专家或设备专家：机械工程师、公用系统工程师或暖通空调系统工程师，具备系统设计制造专业知识和风险管理能力。

（5）自动化专家：具有系统自动化和信息化管理经验的专家，具备计算机化系统的网络、数据完整性和配置管理的相关知识和能力。

（6）运营专家：具有生产运营知识的专家，具备规划取样、编写 SOP、培训操作人员等能力。

一般药品生产商的各位主题专家主要负责确认和验证整体规划及执行，而各系统供应商的主题专家则主要承担系统设计、制造及确保系统符合用户需求并保证系统安装正确、运行正常。第三方服务商的主题专家则介于两者之间，能够为药品生产商和系统供应商的活动提供专业服务。因此，在确认和验证活动的前期要做好策划和规划，建立合适的组织结构，明确确认和验证的参与方、参与人员，明确各自的责任和进度，配置足够的资源，确保这些活动按照预定时间和进度、预定的质量要求满意地完成。

项目建造期间，需要参与各方紧密合作，共同完成的活动通常包括用户需求说明（URS）、风险管理（RM）、项目质量计划（PQP）、设计审核和设计确认（DR/DQ）、调试和验收测试（FAT 和 SAT）、安装确认（IQ）、运行确认（OQ）和性能确认（PQ）等。其中：

（1）用户需求说明（URS）：由药品生产商的使用部门发起，由各位主题专家（如工艺专家、质量专家、自动化专家及确认和验证专家等）共同编制而成，反映用户的各方面需求。通常在与供应商交流沟通之后，并在供应商的主题专家（如设计专家、技术专家）协助的基础上，会进一步优化、明确用户的需求，作为后续调试与确认活动的基本依据。

（2）风险管理（RM）：根据国际制药工程协会（ISPE）发布的最新调试和确认指南，在制定各系统的 URS 之前，药品生产商应通过风险评估得出药品的关键信息，包括药品的关键质量属性（CQA）、关键工艺参数（CPP）等。而系统供应商则应根据系统对药品的 CQA 和 CPP 的影响，识别出系统的关键方面（CA），以及进一步评估出关键设计元素（CDE），通过采用有效的设计方案使风险得到控制。对于设计阶段仍不能完全降低的风险，给出后续的控制措施，包括标准程序的制定和确认活动的实施，确保风险控制在可接受水平内。

（3）项目质量计划（PQP）：通常药品生产商和系统供应商会针对各自的质量活动制订单独的质量计划，药品生产商的项目质量计划涵盖各系统供应商提供的项目质量计划。因此，双方需对项目中通用的质量活动达成一致，以便项目顺利进行。

（4）设计审核和设计确认（DR/DQ）：在设计审核中，通常需要由系统供应商的主题专家审核 URS 及相关标准规范中列明的各方面要求是否在设计过程中得到充分的遵循和体现，并形成书面的设计审核文件（如设计审核报告等）。此外还需审核已设计的系统是否便于制造、便于操作与维护等。而设计确认的主体为药品生产商，其主要目的是确认系统设计符合 URS 中的各项需求、符合 GMP 要求，需要编制书面的设计确认方案，并在确认执行后提交设计确认报告，明确系统的设计是否符合需求，以及是否可以放行至下一阶段。

（5）调试和验收测试（FAT 和 SAT）：调试和验收测试一般定义为系统工程活动内容。调试和验收内容包括需要满足 GMP 要求且影响药品质量的关键设备和系统，如生物反应器、隔离器、配液系统和注射用水系统等，也包括其他不在 GMP 管控范围的设备和系统，如工业蒸汽系统等。工厂验收测试（FAT）通常在系统运输之前，在制造商工厂进行，而现场验收测试（SAT）则通常在系统运输到药品生产商厂房，并结合安装、调试活动进行。这可以作为药品生产商和系统供应商共同参与的典型调试活动，需要双方在合同中明确验收的具体要求，特别是文件要求、验收程序及可接受标准等。

（6）安装确认（IQ）：IQ 由药品生产商负责实施，属于 GMP 要求的活动，需要按照规定的质量体系和管理程序要求，事前应编制好 IQ 方案，经批准后再执行该方案并提交最终报告。安装确认一般是对已安装的设备和系统进行静态检查与确认。

（7）运行确认（OQ）：OQ 由药品生产商负责实施，属于 GMP 法规要求的活动，需要按照规定的质量体系和管理程序要求，事前应编制好 OQ 方案，经批准后再执行该方案并提交最终报告。运行确认一般是对已安装的设备和系统进行动态运行测试、检查和确认。

（8）性能确认（PQ）：PQ 由药品生产商负责实施，属于 GMP 要求的活动，需要按照规定的质量体系和管理程序要求，事前应编制好 PQ 方案，经批准后再执行该方案并提交最终报告。性能确认一般是对已安装的设备和系统按照试运行要求进行全面测试、检查和确认。

## 第二节　生物工程设备确认和验证的依据

GMP 是一个为了确保药品生产可以按照统一有效的质量标准持续稳定地生产和控制的体系，全球范围内各个国家和地区都采用 GMP 要求来监管药品生产商的药品生产活动。其中，美国采用食品药品监督管理局（FDA）发布的 cGMP，欧盟采用欧盟委员会根据相关法令发布的 EU-GMP，其他主要经济体也发布了适用的 GMP，而一些国家和地区，尤其是发展中国家则普遍采用世界卫生组织（WHO）发布的 GMP。

我国 GMP 最初也是基于世界卫生组织发布的 GMP。1995 年 7 月 11 日由卫生部发布"关于开展药品 GMP 认证工作的通知"（卫药发〔1995〕第 53 号）。1998 年国家药品监督管理局成立后，建立了国家药品监督管理局药品认证管理中心。自 1998 年 7 月 1 日起，未取得药品 GMP 认证证书的企业，卫生部不予受理生产新药的申请。其后，为了适应制药行业新技术和新方法的引入，更好地监管药品生产商的各项活动，2011 年卫生部发布《药品生产质量管理规范（2010 年修订）》（卫生部令第 79 号），即中国 GMP，自 2011 年 3 月 1 日起施行。

所有 GMP 都共同遵循一些基本的原则：

1）生产设施必须保持一个洁净和卫生的生产环境。

2）必须通过控制生产环境等措施避免由于交叉污染带来的患者用药不安全。

3）药品的生产及分装应尽可能降低对药品质量产生的风险。

4）生产工艺必须得到控制，如果工艺发生变化必须进行验证。

5）所有生产指引和操作程序必须清楚地表述，不能产生歧义，相关操作人员需要接受培训。

6）药品生产过程中产生的用于证明各生产工序的记录以及检验记录，无论是手写的还是仪器输出的电子记录，都应如实记录，如发现偏差，必须进行调查和纠偏。

为了符合 GMP 的相关要求，各个国家和地区的监管机构也发布了 GMP 指南，用于指导各药品生产商如何实现 GMP 要求。例如，我国 GMP 附录 11 "确认与验证"规定了在药品生产质量管理过程中涉及的所有确认与验证活动，包括验证总计划、设计确认、安装确认、运行确认、性能确认、工艺验证、运输确认、清洁验证、再确认和再验证等活动。欧盟 GMP 附录 15 "确认与验证"中明确说明"GMP 要求药品生产商在药品的整个生命周期中通过确认和验证的方法控制药品生产工艺的每一个步骤的关键方面"，同时，附录 15 还强调"应采用一种质量风险管理的方法，并贯穿于药品的整个生命周期，作为质量风险管理体系的一部分。厂房设施、设备、公用系统的确认和验证范围与深度应基于一个可被证明的风险评估来决定，并形成文件"。因此，药品生产商应做到：

1）应确保按照各系统的预期使用目的来设计、制造、安装、操作及维护药品生产的各类设施、设备和系统。

2）应确认和验证系统的整体性能，特别是可能影响药品质量的由多个子系统组成的复杂系统，如暖通空调系统、水系统、工艺气体系统等。

3）为了确保药品生产不同批次之间的持续稳定性，必须确认各系统，包括工艺设备和公用系统的性能稳定性。

因此，确认和验证活动，既是 GMP 的要求，也是药品生产商保证正常生产、保证药品质量的要求。药品生产商必须严格遵循这些要求，并根据药品生产和持续改进情况，不断丰富与完善确认和验证的实践，积累和提高药品生产质量的控制水平。当药品生产商需要药品在不同国家和地区销售时，还应同时满足各销售目的地的药品 GMP 及注册法规要求。

为了促进实现 GMP 要求，各有关机构和组织总结了各自领域的实践经验，形成了大量指南、技术报告等文献，这些都可以用来作为确认和验证的参考依据。在生物工程领域，读者可以关注 ISPE 的指南文件，如良好实践指南（Good Practice Guides，GPGs）、基准指南（Baseline Guides）、指南（Guides）等，特别是表 3-1 所列的主要基准指南，可以为设备与系统的确认和验证活动提供良好的指导。

表 3-1  ISPE 主要基准指南

| 序号 | 编号 | 名称 | 版次 |
|------|------|------|------|
| 1 | 第一卷 | 原料药 | 第二版 |
| 2 | 第二卷 | 口服制剂 | 第三版 |
| 3 | 第三卷 | 无菌产品生产设施 | 第三版 |
| 4 | 第四卷 | 水和蒸汽系统 | 第三版 |
| 5 | 第五卷 | 调试和确认 | 第二版 |
| 6 | 第六卷 | 生物制品生产设施 | 第二版 |
| 7 | 第七卷 | 基于风险的药品生产 | 第二版 |

## 第三节　生物工程设备确认和验证的文件规范要求

制药行业引入并实施良好的文件管理规范（Good Documentation Practice，GDP）是为了创建清晰、简洁的文档，从而使相关人员可以毫无疑问地审核这些文档。同时，GDP也是数据可靠性的重要基础。

欧盟 GMP 附录 15 中强调 GDP 对于支持药品生命周期中的知识管理重要性。

文档管理中重要的一个环节则为良好的记录，没有良好的数据记录就不会有良好的文档管理。各个国家和地区的监管机构发现越来越多的数据可靠性问题，其已成为制药行业内的一个突出问题。英国药品和健康产品管理局（MHRA）于 2015 年 1 月发布了全球首个数据可靠性方面的指南，即《GMP 数据可靠性定义和行业指南》，指南中定义了数据可靠性，并明确了数据生命周期包括数据产生、储存、处理、使用、备份、恢复、存档以及销毁等各阶段。此外，该指南中也提出了后来被广泛引用的"ALCOA"原则，即数据应"Attributable（归属至人）""Legible（清晰可溯）""Contemporaneous（同步记录）""Original（原始一致）""Accurate（准确真实）"。

紧随其后，FDA、WHO 和 PIC/S 等纷纷发布了各自的数据完整性相关指南。其中，WHO 于 2016 年发布的《数据完整性指南：良好的数据和记录规范》中，进一步在 ALCOA 原则的基础之上提出了 GxP 数据记录应该是"Complete（完整的）""Consistent（一致的）""Enduring（持久的）"和"Available（有效的）"，形成了现行普遍采用的"ALCOA+"原则。

同一时期，中国于 2020 年由国家药品监督管理局发布了《药品记录与数据管理要求（试行）》。在这份规范中采用了与 MHRA 等监管机构一致的数据管理要求，定义了数据记录的"ALCOA+"原则，并强调数据可靠性管理要求及基本原则适用于在中国从事药品研发、生产、流通和委托生产及检验等活动的单位和个人。

确认和验证活动作为药品生产商重要的质量活动，其产生的各个文件和数据，包括供应商提供的文件、测试期间产生的数据，以及执行后的数据分析和报告，都应按照 GDP 的要求进行管理。例如，在确认和验证期间，GDP 要求包括但不限于以下项目：

1）使用不消退的墨水笔和记号笔，不允许使用铅笔及其他易被修改的书写工具。为了标示某些正确或不正确的信息，可以用亮色笔进行标示。对于采用了亮色笔进行标示的测试内容，需说明所使用的颜色所代表的含义。禁止使用任何涂改工具（橡皮、修正带、修正液等）。

2）记录填写者必须有完整的手写签名，如采用姓名的首写字母等形式，但首写字母必须在文件中有与其对应的完整签名。签名同时应签署相应日期（必要时，签署具体时间）。

3）日期和时间格式应确保表述清晰明确、不引起疑义，时间采用 24 小时制。

4）数据不应被随意修改、删除、擦除或覆盖。允许修改的原因可包括书写错误、拼写错误、计算错误、数字错误等。任何修改应确保原先信息仍清晰可识别，不允许遮盖数据。对被修改内容，使用单删除横线划出，并在合适位置签名、日期。必要时，标注修改原因。

5）在活动发生的同一时刻及时记录。

6）不可代替他人签署文件。

7）不能回签记录。

8）不能丢失任何原始数据。

9）不能采用草稿纸，活页纸或粘贴的方式记录数据。

10）除非到达了保留期限，不得丢弃或销毁任何 GMP 相关的记录。

对于制药设备制造商，其向药品生产商提交的质量文件主要有两类：一类是必须提交的，即所供设备和系统的竣工文件，包括设备或系统的设计图纸、制造和安装记录与报告、设备和系统操作维护手册等；一类是根据制药设备制造商的能力和合同要求可选择提供的文件，包括设备及系统确认和验证有关的方案、记录和报告等 GMP 文件。由于实施确认和验证时，有些测试条件不一定现实可行、不能完全具备重新测试的条件，或者为了避免不必要的重复测试，往往会引用一部分竣工文件中的记录或报告，作为确认某一项测试符合要求的依据，并作为确认和验证报告的附件。这些竣工文件也需要满足 GDP 要求，因此，制药设备制造商交付的质量文件都应该满足 GDP 要求。作为制药设备制造商，应该以满足文件 GDP 要求作为起点，牢固建立文件需要满足 GDP 要求的意识，提升对药品生产 GMP 的认识、增强编制设备和系统确认方案、执行确认测试活动、提交确认报告等 GMP 文件的能力，不断提高和改进文件质量，提升企业软实力和市场竞争力。

## 第四节　风险评估

在很多商业领域和政府部门，例如财政、保险、职业安全和公共卫生等领域都采用各种风险工具有效地管理各项活动。随着制药行业的不断进步，越来越多的监管机构以及药品生产商认识到质量风险管理是一个有效的质量体系不可或缺的重要组成部分。通过质量风险管理识别影响质量的因素并将质量风险控制在可接受的水平，对促进质量体系的有效实施具有越来越重要的作用。因此，制药行业越来越普遍地通过质量风险管理来开展质量控制活动。2003 年末，国际人用药品注册技术协调会（ICH）成立了相应的专家工作组，开始考虑将风险管理纳入制药质量体系中，并于 2015 年正式发布了 Q9《质量风险管理》。紧接着各国家和地区也发布了基于 ICH Q9 的风险管理法规和指南，此后风险评估进入到药品生产商的各项质量活动中。图 3–1 是风险管理的基本通用流程，阐述了如何进行风险管理。

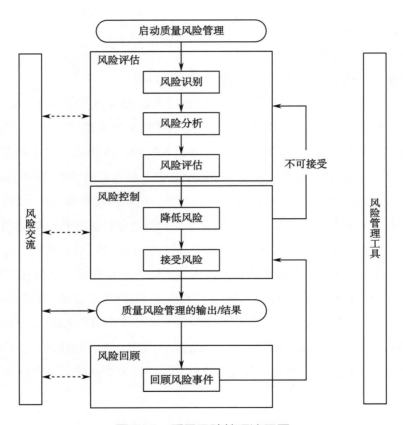

图 3-1　质量风险管理流程图

　　在系统调试和确认活动中，同样引入了风险管理的策略。目前行业内较为常用的方法是 ISPE 发布的《制药工程指南：调试和确认》中的风险管理方法。

　　ISPE 于 2001 年首次发布了《制药工程指南：调试和确认》，提出药品生产商应首先定义及区分系统类型，并给出了系统分类的评估方式。根据其评估方法将系统分类为直接影响系统、间接影响系统和无影响系统。而对于直接影响系统，又进一步给出了系统部件的评估方式，评估得出直接影响系统中的关键部件，再通过一系列 IQ、OQ 和 PQ 活动确认。而对于间接影响系统和无影响系统则仅需进行相应的调试活动，无须进入确认阶段。

通过系统分类和部件分类，定义各系统的调试和确认的深度与范围，使各项确认活动与风险等级相适应。

但随着风险管理的应用越来越成熟，以及制药行业对质量体系认识的提升，ISPE 于 2019 年发布了第 2 版《制药工程指南：调试和确认》，采用了行业内更为先进的验证理念，摒弃了传统的验证模型，而引入了来自美国材料与试验协会（ASTM）E2500 的验证方法。确认的范围或深度将取决于系统对于药品质量的风险高低。目前，制药行业内普遍采用 ISPE 指南中提出的系统分类的理念及方法，将系统定义为直接影响系统和非直接影响系统。直接影响系统需要在确认阶段进行 DQ、IQ、OQ 和 PQ 的确认，而非直接影响系统只需进行相应的调试。

表 3-2 对比了《制药工程指南：调试和确认》第 1 版和第 2 版中系统分类的方式。可以看出，除了优化了分类标准之外，两个版本中的系统分类方法基本上没有变化，只是第 2 版中加入了对 CQA、CPP、CA 和 CDE 的影响判断，并且更详细地阐述了各个问题及适用情况。

表 3-2　ISPE《制药工程指南：调试和确认》系统分类方法比较

| 问题 | 第1版 | 第2版 |
| --- | --- | --- |
| Q1 | 系统是否直接接触药品（例如空气质量） | 系统是否包含关键方面/关键设计元素，或者其功能是为了满足一个或多个工艺需求，如CQA及CPP |
| Q2 | 系统是否提供一种辅料，或制备一种成分或溶剂（例如注射用水） | 系统是否直接接触药品或工艺流程，而且此类接触对成品质量具有潜在的影响，或对患者具有风险 |
| Q3 | 系统是否用于清洁或灭菌（例如纯蒸汽） | 系统是否提供或制造一种可以影响成品质量或对患者具有风险的辅料或溶剂（如注射用水） |
| Q4 | 系统是否保护药品状态（例如氮气） | 系统是否用于清洁、消毒或灭菌，而且系统功能不正常可以导致清洁、消毒或灭菌的不足，并会带给患者风险 |
| Q5 | 系统是否产生用于接受或拒绝药品的数据（例如电子批记录系统，或关键工艺参数的图表记录仪） | 系统是否为工艺建立一种合适的环境（例如当此类参数为产品CPP时，氮气层、封闭过程、暴露的灌装区空气质量、温湿度的保持），而且系统功能不正常会带给患者风险 |
| Q6 | 系统是否为一个可以影响药品质量的工艺控制系统（例如PLC、DCS），而且又无独立的确认该工艺控制系统的性能 | 系统是否依据美国、欧盟或其他监管当局使用、制备、处理或储存用于接受或拒绝产品、各CPP的数据或电子记录 |
| Q7 | 不适用 | 系统是否提供容器闭合或产品保护功能，而此功能的失效会给患者带来风险或降解药品 |
| Q8 | 不适用 | 系统是否在没有独立确认的情况下提供识别药品的信息（如批号、有效期、防伪功能），或者系统是否用于确认这些信息 |

续表

| 问题 | 第1版 | 第2版 |
|---|---|---|
| 分类标准 | （1）如果上述6个问题中，任何一个得到肯定回答的话，那么系统对药品质量有直接影响，归属于"直接影响"系统 | （1）如果上述8个问题中，任何一个得到肯定回答的话，那么系统归属于"直接影响"系统 |
| | （2）如果系统可以关联到一个直接影响系统，那么系统归属于"间接影响"系统 | （2）如果上述8个问题都得到否定回答的话，那么系统归属于"非直接影响"系统。非直接影响系统无须进一步进行质量评估，但需要按照GEP管理 |
| | （3）如果系统既不是直接影响系统，又不是间接影响系统，那么系统归属于"无影响"系统 | （3）如果问题1得到肯定回答的原因是系统边界内包含工艺控制或自动化系统，或者问题6是肯定回答，则需要进一步进行GAMP分类 |

在将系统分类之后，《调试和确认指南》中采用了关键部件评估的方法来识别对产品质量有影响的部件，进一步控制识别出关键部件。但经过多年的实践经验，某些系统的关键部件的识别与药品的关键质量属性（CQA）以及关键工艺参数（CPP）的关联不是很直接、很清晰，尤其是对于如水系统、工艺气体系统等公用系统而言，用户往往不能准确判断关键部件评估问卷中的产品是指药品还是指系统所生产或传输的相应公用介质。因此，《制药工程指南：调试和确认（第2版）》中引入了系统的CA和CDE等概念，进一步从逻辑上推导出CQA、CPP、CA和CDE的关系，为系统的使用方以及供应方都明确了风险的来源及控制方式。与第1版指南相比，第2版通过引入CA和CDE，强调了系统的风险应在早期通过系统设计尽可能降低，而控制措施包括后续的系统调试、系统确认以及日常的标准化程序管理。

此外，美国PDA协会亦发布了采用系统CA和CDE等理念开展相关系统验证的指南。指南中更进一步将如何识别系统关键方面，以及如何识别系统关键方面所涉及的关键设计元素细化，详细阐述了CQA、CPP、CA以及CDE之间的逻辑关系与推导方式，并提供了具体案例供用户参考。其中，指南将系统风险评估分为工艺风险评估（PRA）和系统风险评估（SRA）。工艺风险评估方法更适合药品生产工艺相关的工艺设备，CA的识别将基于用户丰富的药品生产工艺知识、系统理解以及质量风险管理方法，依据工艺流程识别各系统的相关CA；而系统风险评估方法则更适合公用系统等非工艺相关设备的评估。指南中亦给出了如何识别这类系统关键方面的问卷清单，帮助用户判断哪些是关键方面。工艺风险评估和系统风险评估的详细对比见表3-3。

表 3-3　工艺风险评估和系统风险评估比较

| 项目 | 工艺风险评估 | 系统风险评估 |
| --- | --- | --- |
| 最适用于 | 工艺设备（例如生物反应器、纯化系统、灌装系统、压片机、充填机等）或与药品CQA有直接关系的设备和系统 | 辅助支持系统以及重要的公用系统（例如注射用水系统、纯蒸汽系统、空气处理系统等）或与药品CQA有间接关系的系统 |
| 基本方法 | 检查工艺，识别生产工艺与所有辅助系统之间的界面。从工艺的第一步开始到最后一步，按生产工艺流程分析所有用于生产的工艺设备，评估系统关键方面 | 检查相关系统，并分类。按照排除法，所有非工艺设备都需要分析系统的关键性以及识别系统的关键方面 |
| 所需工艺知识 | 高 | 中 |
| 所需系统知识 | 高 | 高 |
| 所需质量风险管理知识 | 高 | 低 |
| 难易程度 | 一般，更便于工艺工程师和生产技术人员等工艺专家使用 | 简单，更便于系统工程师和维护人员等系统专家使用 |
| 与药品风险评估库的关联 | 完全关联 | 无 |
| 主要益处 | ① 能够彻底了解系统控制工艺和直接产品的特性；② 比SRA方法更精简，可以利用先前执行的工艺风险评估来获取知识；③ 从长远来看，工作更少，是一种"评估一次，不断提取知识"的方法 | ① 为每个系统分配一个类别，确保所有系统都经过了独立评估并进行了分类；② 在行业中比PRA方法更常用，行业内对这种方法的信心很高 |
| 主要挑战 | ① 行业内使用频率低于SRA，行业仍处于学习探索中；② 与SRA相比，不太适合辅助支持系统或那些可能无法直接映射到CQA/CPP的系统；③ 没有明确对每个系统进行分类，而只对那些用于控制工艺的系统进行分类 | ① 与PRA方法相比，不太适合CQA/CPP/CA关系的整体知识管理；② 从长远来看，工作更多，需要持续对每个系统进行单独评估 |

## 第五节　调试、确认和验证的关系

　　调试、确认和验证在制药工程中是互相紧密联系的一系列活动，在药品生产商、系统供应商的合作中往往都会涉及调试、确认和验证活动。此外，工厂验收测试（FAT）、现场验收测试（SAT）等也是伴随项目设计、制造、安装和交付的重要活动。它们既有联系又有区别，如果对这些概念缺乏充分理解或混淆不清，会造成不必要的麻烦。因此本节对这些概念进一步详细介绍，理清它们的关系，这对有效地开展相关工作非常重要。

目前各个国家和地区的 GMP 与指南中涉及的调试、确认和验证的活动基本上均基于 ISPE 或 WHO 给出的定义。表 3-4 中分别列出了 ISPE 和 WHO 有关调试、确认和验证的定义。虽然表述不同，但定义基本相同。简单而言，与确认相比，验证是一个范围更广的概念，并且通常与工艺相关，如药品生产工艺、制药清洁工艺等。它可以简单地解释为是一种为了帮助工艺达到预期目的，检查工艺结果是否持续一致的系统活动。因此，验证活动不仅仅包括设备，还有各种辅助生产的系统、软件以及人员。我们可以将验证活动分解为多项活动，而其中之一便是生产工艺所需的各系统的确认活动；确认活动的目的是确保药品生产所需的指定系统符合监管要求、符合行业标准和预期性能。我们可以把"系统"理解为比传统意义上的"独立系统"更为广泛的概念，无论是 ISPE 还是 WHO，都把厂房设施、公用系统、工艺系统和设备统称为"系统"，都需要进行确认，证明和记录各系统正确安装、正常运行以及可以实现预期目的。

表 3-4　调试、确认和验证的定义

| | | ISPE | WHO |
|---|---|---|---|
| 调试 | | 调试是一种具备良好计划的、可以记录和管理工程的方法，主要用于向最终用户启动和移交厂房设施、公用系统、工艺系统和设备，使其产生可以满足已建立的设计需求和用户期望的安全与功能环境 | 调试是用于设备或系统的设置、调节和测试，以确保其满足用户需求说明中规定的所有需求，以及具备设计人员或开发人员规定的能力 |
| 确认 | | 确认是一个用于证明和记录关键的生产设施、工艺系统、公用系统和设备适用于预期使用目的的过程 | 确认是用于证明和记录任何生产厂房、各系统和设备正确安装和/或正常运行并得到预期结果的行动 |
| 验证 | | 验证是建立书面证据，以高度保证每一个制定的生产工艺将持续一致地生产出符合预定标准和质量属性的产品 | 验证是证明和记录任何工艺、程序或方法实际上可以得到预期结果，并可以持续一致地得到预期结果 |

考虑到药品生产商在搭建生产厂房和生产线的项目期间，不可避免地需要得到各系统供应商（系统制造商）的协助，而且系统供应商的设计、制造、安装、检验及调试等活动将很大程度上决定系统的质量，继而影响药品的生产质量，故 ISPE 于 2001 年推出的《制药工程指南：调试和确认》中将供应商的调试活动引入了药品质量控制的范围（图3-2）。之后各个国家和地区的监管机构也陆续在各自的 GMP 指南中加入部分调试活动。例如，欧盟 GMP 附录 15 中强调，对于采用新技术或较为复杂技术的设备，可根据需求于系统发货之前在供应商生产区域进行评估。此外，在安装之前，应确认系统是否符合 URS 或功能标准。尽管《制药工程指南：调试和确认（第 2 版）》在设计审核、设计确认

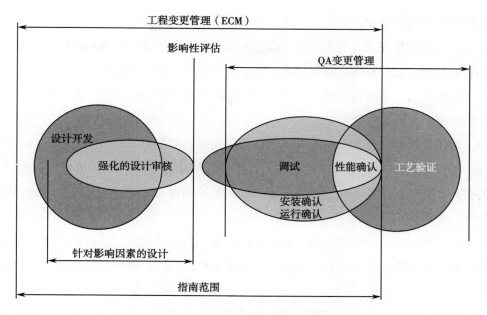

图 3-2　调试和确认的范围

以及系统分类等方面有新的定义和变化，其仍具有很好的参考意义，不影响我们对调试和确认范围的探讨。

调试是一系列有计划的测试活动，图 3-3 从 GEP 的角度分析展示了药品生产商和系统供应商共同参与的调试活动，主要包括 FAT、SAT，也包括了相应的确认活动，如 DQ、IQ、OQ 和 PQ 活动的流程。

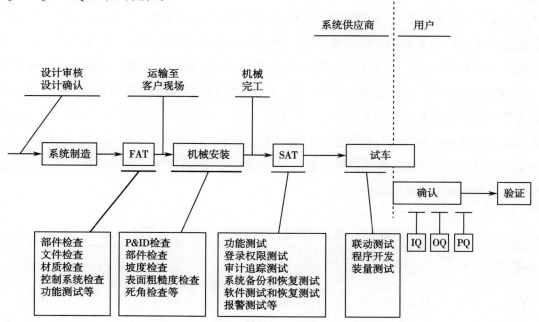

图 3-3　调试和确认的流程

从图 3-3 中可以看出：

（1）系统在制造完成之后要进行 FAT，主要包含一些质量方面的检查和工程方面的检查，如材质检查、文件检查、仪器仪表检查、控制系统检查和功能测试等。

（2）FAT 之后，系统运输到药品生产厂，先进行机械方面的安装，在机械完工的基础之上开展 SAT。

（3）SAT 可以进一步细分为安装验收检查和运行验收检查。

（4）对于需要整合的复杂系统，如工艺模块系统、灌装生产线系统等，在 SAT 之后还需要进行现场的试车活动，确保各子系统之间的协同没有问题，以及整个系统可以按照预期使用目的联动。

（5）在现场试车之后，系统进入确认阶段，需进行安装确认、运行确认及性能确认。

（6）成功完成系统确认之后，系统可以移交给使用部门，开展工艺验证、清洁验证等验证活动。

总的来说，调试是各类工程建设活动中最普遍、最重要的阶段和活动，按照设备特点和工程规范要求，由负责制造或安装的系统供应商负责。通过对设备和工程的调试活动，特别是安装后的系统联合调试活动，将各系统调整到最佳的工作状态，满足预定的期望，做好交付给药品生产商的准备。确认和验证则是按照制药行业 GMP 规定，药品生产商为确保药品质量、安全和有效性，对影响药品生产的关键设施、设备或系统所提出的法规要求，由药品生产商负责。而 FAT/SAT 则是根据系统供应商和药品生产商的合同要求，为确保双方对合同标的进行验收而约定的测试活动。确保 FAT/SAT 一次性验收合格非常重要，既能节省合同双方验收的时间，也有利于提升系统供应商的市场信誉和客户满意度。因此系统供应商应充分组织好内部资源，预先做好各项检查和测试，包括组织预先的验收测试（预 FAT/SAT）、尽可能提前解决好内部调试中发现的问题等。这些活动既有共同点，又有明显区别，正确理解它们的关系，对确保成功完成制药设备和工程项目交付，具有重要的意义。表 3-5 介绍了调试、工厂验收测试、现场验收测试、确认和验证的关系。读者也可以从这些方面去分析总结它们的区别和联系，以便在实践中真正通过这些活动，确保设备和工程项目的各方面得到有效、合适的控制，既不遗漏必需的检测活动，也不过多地重复不必要的检测活动。

表 3-5　调试、工厂／现场验收测试、确认和验证的关系

| 序号 | 内容 | 调试 | 工厂验收测试（FAT） | 现场验收测试（SAT） | 确认和验证 |
|------|------|------|----------|----------|----------|
| 1 | 目的 | 符合工程规范 | 符合合同，双方验收 | 符合合同，双方验收 | 符合 GMP 要求 |
| 2 | 范围 | 所有设备和系统 | 合同范围内的设备和系统 | 合同范围内的设备和系统 | GMP 生产直接影响的设备和系统 |

续表

| 序号 | 内容 | 调试 | 工厂验收测试（FAT） | 现场验收测试（SAT） | 确认和验证 |
|------|------|------|------------------|------------------|-----------|
| 3 | 依据 | 工程规范、标准 | 合同+工程规范、标准+GMP和行业指南 | 合同+工程规范、标准+GMP法规指南 | GMP法规指南 |
| 4 | 性质 | 制造和施工（GEP）活动 | 验收活动 | 验收活动 | GMP活动 |
| 5 | 责任主体 | 设备供应商为主、药品生产商为辅 | 设备供应商、药品生产商共同参与 | 设备供应商、药品生产商共同参与 | 药品生产商为主、设备供应商参与 |
| 6 | 时机 | 交付前的任何阶段 | 出厂前 | 现场施工完成后验收前 | 施工完成后，可与SAT同时进行 |
| 7 | 执行地点 | 设备供应商工厂或药品生产商工厂 | 设备供应商工厂 | 药品生产商工厂 | 药品生产商工厂 |
| 8 | 执行优先级 | 先调试后验收 | 先调试后验收 | 先调试后验收 | 原则上调试、验收后确认（或同步） |
| 9 | 可重复性 | 可重复调试直到成功 | 尽可能一次成功 | 尽可能一次成功 | 要求一次成功，如有偏差，按照GMP程序处理 |
| 10 | 执行方式 | 调试方案、现场测试、提交调试记录、单独执行 | FAT方案、现场测试为主，提供验收记录，单独执行 | SAT方案、现场测试为主，提供验收记录，可结合确认执行 | 确认方案、文件引用或现场测试，提供确认方案和报告 |
| 11 | 文件审批 | 设备供应商自行批准 | 设备供应商、药品生产商共同批准 | 设备供应商、药品生产商共同批准 | 药品生产商质量部门批准 |

## 第六节　生物工程设备的确认和验证方案

　　设备与系统的确认和验证是 GMP 要求，无论是确认活动还是验证活动，都应提供文件化的证据证明各系统符合用户需求或证明工艺可以持续一致地提供高质量的药品。因此，在确认和验证活动中，首先要制订相应的方案。

　　按照 GMP 要求，需要进行确认和验证的设备与系统的文件化证据至少应包括：设计确认方案和报告、安装确认方案和报告、运行确认方案和报告、性能确认方案和报告。

确认活动的方案中应包含系统的各测试项，明确相应的测试方法、测试步骤以及可接受标准等。通常每个阶段的确认都需编制各自独立的确认方案，但有些时候也可以根据系统的实际情况将某些阶段的确认活动合并在一个方案中。例如某些简单的单体设备，通常可以将安装确认和运行确认合二为一，编制一份安装与运行确认方案。

验证方案应定义各个关键系统、产品的关键质量属性，各关键工艺参数以及相关的可接受标准。方案中应至少包括：

（1）背景介绍：简要介绍方案的背景和适用对象。

（2）测试目的：简要描述方案的目的。

（3）测试区域：明确测试相关的设备、系统或区域。

（4）人员职责：明确参与方案编制、审核、批准、执行等的相关单位、部门和人员职责。

（5）适用 SOP：明确方案可能涉及的标准操作程序（SOP）。

（6）测试仪器：明确执行方案时所需测试仪器的要求，最好在方案编写时能列出所需仪器的量程、精度等要求，以便提前准备。如不能完全列出，要明确执行时记录的要求，以便于仪器相关记录的审核。用于检测的仪器，都必须是经校准合格、在校准有效期内，并具备校准证书。

（7）工艺和参数描述：简要描述方案相关的设备和系统的工艺、参数或流程，为审批人员、执行人员提供基本信息，便于审批和执行。

（8）验证内容：明确该方案所需要的验证内容和具体测试项目。要逐项列出所有需要测试的项目和要求，确保通过执行这些检测项目，既要满足 GMP 要求，又要满足设备和系统实现预期功能、生产高质量药品的要求。测试项目不是越多越好，也不是越少越好，要根据设备和系统特点、法规和标准规范及设计要求，结合风险评估结果，明确测试内容。

（9）取样、测试和监控要求：必要时，对取样、测试和监控提出相应要求，便于操作和执行。

（10）可接受标准：必须明确可接受标准，任何测试项都应规定相应的可接受标准，作为对检测结果评判是否合格的依据。验收标准可以来源于法规、标准、药典和指南等技术文件或企业内部标准。

所有方案和报告应由药品生产商按照质量体系和表 3-5 中规定的相关人员进行审核和批准。

由供应商提供的方案，或者由提供验证服务的第三方提供的方案，在批准前应首先由药品生产商的相关人员进行审核，确认法规符合性及内部标准程序的适用性。当发现方案中存有缺失项或不完全符合药品生产商制定的程序时，药品生产商可以提出审核意见，让供应商或第三方修改方案；也可以采取增补方案的措施进行管理。如果方案已批准，任何对其的修改和变更，尤其是可接受标准、操作参数等的变更都应按照变更控制程序进行变更管理。

<table>
<tr><td>第七节</td><td>生物工程设备的确认和验证实施</td></tr>
</table>

确认和验证活动的实施主体可以包括设备和系统的供应商、提供验证服务的第三方服务商，以及药品生产商，但所有确认和验证活动的责任主体均应为药品生产商。药品生产商应对确认和验证活动期间所产生的各类数据进行有效地分析、评估和管理。例如，由供应商进行的确认活动或由第三方提供的确认和验证服务，也需证明药品生产商可以确保这些活动产生的数据可以得到很好的控制。

药品生产商必须具备一个有关设备／系统确认和验证的策略，任何新建造的设备和系统在使用之前，必须首先通过一系列的确认和验证活动，例如设计确认、安装确认、运行确认和性能确认、工艺验证，才能交付给使用部门。

对于大型项目，如新建厂房或新建生产线，药品生产商还需制订详细的执行计划，确定各系统的启动顺序，以及互相制约的条件。例如工艺系统的性能确认（PQ）有可能需要等厂房设施和公用系统通过确认之后才具备条件执行；而注射用水系统和纯蒸汽系统的性能确认（PQ）也需要先具备性能稳定的纯化水系统。

此外，系统在进行确认的各项活动中，在满足一定条件下可以不用等到一个阶段的活动全部完成之后才进入到下一阶段。这些前提条件包括：

（1）任何未完成的活动和关键缺陷项都会被记录下来，并按照预定的完成日期进行跟踪。

（2）有文件证明未完成的活动和关键缺陷项将不会影响后续的活动，并需得到质量部门批准。

无论确认和验证活动是由药品生产商自行完成，还是委托第三方实施或者由设备制造商来实施，药品生产商都要对活动实施的结果负责，确保严格执行经批准的方案，完成相应的测试活动；确保实施人员具有充分的知识和能力、通过相应的培训；确保测试记录和结果真实有效、符合可接受标准；确保所有测试活动符合 GMP 要求。

设计确认，主要是对设计文件的审核和确认，需要组织药品生产商和设备制造商的相关专业工程师、质量人员、验证人员对方案中的要求逐条进行确认，确保功能说明、设计图纸、计算书等设计文件的内容完全符合 URS 及 GMP 要求，并准确、完整、清晰地填写设计确认方案中的相应栏目，支持性文件应该作为附件成为设计确认报告的一部分。这一阶段对于早发现问题、采取改进措施非常重要。比如，如果在设计审核和设计确认时发现 USR 中设备的材质要求和尺寸要求，就可以避免采购时购买的材料不符合 URS 要求，导致重新采购、影响工期和成本。因此，设计确认的最佳时间也是在设计评审完成后，在材料采购前进行，这样就可以避免因延后发现问题而造成不必要的损失。

安装确认、运行确认和性能确认，主要是对设备和系统安装调试后进一步检查、测试和确认，确保这些关键设备和系统能实现预定功能，是保证设备和系统符合 GMP 要求的重要活动。其确认方式有现场检查测试、审核已有文件记录或报告等。在现场检查测试中，必须使用经过校准合格且在有效期内的计量仪器，测试和详细记录每一项数据，并保留适当的照片、视频等证据。对于测试结果不符合方案和验收标准的测试项，及时开启偏差，进行调查分析，采取改进措施，直至偏差得到纠正。

## 第八节　　生物工程设备的确认和验证报告

确认和验证执行完之后，通常需要编制一份确认或验证报告。按照药品生产商质量体系的规定，QA 部门应在最终审核的基础上负责批准该报告。报告应能反映出相应方案得到了很好的遵守，并应至少包括各测试项的标题和目的、参考方案、所用仪器和物料情况、所适用的程序、测试方法和测试步骤等。报告中应评估、分析各测试结果，并与预定的可接受标准进行对比。如结果不符合可接受标准，应调查相应偏差和超限结果，并说明为什么偏差可接受，以及评估是否需要进一步的确认和验证。报告中也应明确得出相应阶段的确认和 / 或验证活动是否成功的结论，以及明确是否可以放行至下一阶段。

除此之外，系统在完成了所有调试与确认活动，移交给使用部门之前，通常还需要编制一份总结报告。表 3-6 中列出了总结报告的 4 种方式。

表 3-6　总结报告的方式和适用范围

| 序号 | 总结方式 | 适用范围 |
|---|---|---|
| 1 | 调试总结报告 | 不含 CA 和 CDE 的系统，如工业蒸汽系统、仪表用气系统和非洁净服清洗机等。总结报告中需总结测试文件的完整性、缺陷项和不符合项的完成情况，工程变更的完成情况，保证系统正常运行的现场文件的确认情况，以及对于系统正式放行的清晰陈述 |
| 2 | 确认总结报告 | 包含 CA 和 CDE 的系统，如生物反应器、灌装机和纯蒸汽系统等。总结报告中除了需要总结调试总结报告中所含各项之外，还需总结质量体系要素的实施情况 |
| 3 | 变更控制 | 针对现有系统的变更，如厂房改造和系统改造等。对于此类改造，通常在相应的变更控制中进行总结，而不需要单独编制总结报告（也可以采取在单独的总结报告中插入相应变更控制记录的方式） |
| 4 | 验收和放行报告 | 针对大型项目，项目中各系统有相互关联的情况，如新建厂房和新建生产线等。每个系统可以有独立的总结报告，而验收和放行报告可以按某种方式汇总各总结报告，例如按生产区域汇总或按生产工序进行汇总 |

## 第九节　变更控制

　　ICH Q10 介绍了制药质量体系的四大基本要素，即工艺性能和产品质量监控系统、纠正与预防措施系统、变更管理系统及管理审核。其中变更管理是药品生产商对建立起来的药品知识管理的重要工具，变更管理应贯穿各生产系统的整个生命周期，任何可能对药品质量产生影响的变更，包括生产厂房、公用系统、工艺设备及生产工艺的变更，都应当记录下来，评估对现有验证状态以及现有控制策略的影响，形成正式的文件。

　　因此，变更管理是一个文件化的程序，应包括以下项目：

　　（1）明确变更的内容。

　　（2）判断变更导致的对产品影响的风险。

　　（3）设定变更申请的发起、审核以及批准程序。

　　（4）规定质量部门介入的时机。

　　（5）建立评估变更实际影响的流程。

　　对于基于质量风险管理的确认和验证活动，ISPE《制药工程指南：调试和确认（第 2 版）》中介绍了两类变更管理，即工程变更管理（ECM）和质量变更控制（QCC）。

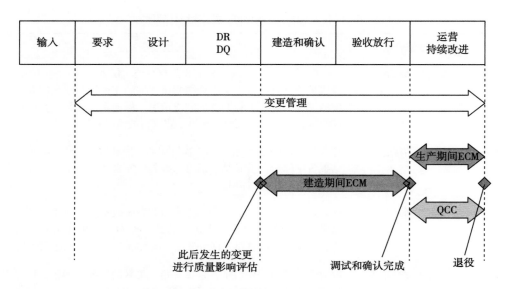

图 3-4　变更管理类型

图 3-4 展示了调试与确认项目中，两种变更管理类型的适用范围。

其主要的不同点包括：

（1）ECM 由药品生产商的工程部门或使用部门管理，而 QCC 通常需要由质量部门管理。

（2）ECM 中系统变更由相应的主题专家和系统所有者批准，而 QCC 中需要在发起变更之前由质量部门批准变更。

（3）ECM 主要用于验收和移交给用户之前的项目阶段中的变更管理，而 QCC 主要用于验收和接收之后各阶段的变更管理。例如变更若只影响现有系统或新系统的安全、环境等非 GMP 要求，那么可以采用 ECM 进行管理；而变更如果发生在系统验收之后，并且包含 CA 或 CDE 的变更，那么需要采用 QCC 进行管理。此外，如果变更虽然影响 CA 或 CDE，但发生在验收之前，那么可以采用 ECM 进行管理，但变更需要取得质量部门的批准。

因此，制药设备制造商更应了解和关注建造期间的 ECM 要求，以更好地与药品生产商进行交流和沟通，对设计、制造和安装等活动中遇到的变更事项，能够更快地找到变更控制的方法和途径，推动项目按照相应的规定和流程进行管控。

表 3-7 详细介绍了在设计阶段，建造、调试和确认阶段需要关注的主要内容，可指导设备制造商的相关人员管控变更。

表 3-7　建造期间工程变更管理的控制要素

| 阶段 | 工程变更管理（ECM）控制要素 | |
|---|---|---|
| 概念设计<br>（CD） | 哪些文件需QA控制<br>产品和工艺的知识，为开展初步设计（BD）并确定CQAs/CPPs提供依据<br>关键文件的变更需按ECM控制并经QA批准<br>变更的评估、执行、批准 | |
| 设计阶段<br>（BD/DD） | 与GEP要求一致、经SMEs批准<br>变更的提出、批准、执行及追踪机制应简化<br>批准的变更需通知主要专业负责人，包括系统用户<br>设计开发和设计变更是有区别的<br>最终设计成果需通过DR/DQ确认符合URS和相关设计要求 | |
| 建造、调试<br>和确认阶段 | 现场检验和测试中的变更：<br>— 由ECM管控<br>— 变更后需要再测试<br>— 附件文件新形式和结果<br>—再测试结果需审核其符合性<br>偏离规范，主要有三方面：<br>—易纠正：纠正、再检查和文件记录<br>—纠正后：缺陷、整改或变更管理<br>—不能纠正：由技术审核进行评价 | 偏差仅在性能测试时或CAs/ CDEs风险管控时发生：<br>—质量和生产部门的文件和评估<br>—确定原因<br>—采取纠正行动、批准、执行、测试、确认和文件记录<br>—偏差纠正顺序为设计变更、安装变更和运行变更 |

　　一般而言，新系统在交付给使用部门用于商业化生产或临床药品生产之前，系统于调试与确认阶段发生的设计变更或功能变更，不会对患者安全产生风险。因此也没有质量部门需在变更实施之前批准变更的监管要求。但是，考虑到变更对成功满足用户对于药品和工艺需求的潜在影响，质量部门应当在执行确认测试之前，批准所有设计变更、预期功能变更或与 CA/CDE 相关的可接受标准变更。

第四章

# 生物工程设备的制造资质和认证

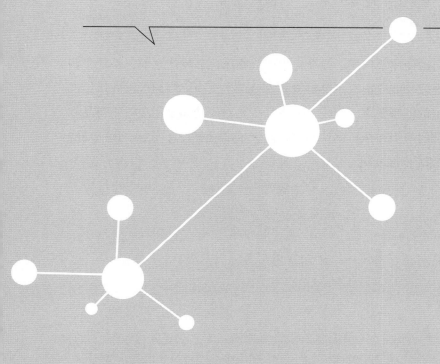

生物工程设备和系统的设计、制造和交付过程中，不仅仅要满足 GMP 的要求，还要满足其他法规要求，特别是很多设备是属于压力容器和压力管道管辖范畴的特种设备，设计、制造和使用单位都应该严格按照《中华人民共和国特种设备安全法》《特种设备安全监察条例》及相关技术标准进行管理，确保管理合法合规、设备和系统运行安全。对于国内采购压力容器、压力管道元件及安全附件等承压类特种设备或元件时，应对这类制造商的资质进行审核和确认，确保他们具备国家规定的许可条件。对于可能进口的境外压力容器、压力管道元件及安全附件等承压类特种设备或元件时，如安全阀等，还应满足境外生产单位制造许可要求。

为了促进国产生物工程设备的出口，还应充分了解和执行设备使用地相关法律、法规要求，企业应取得相关许可资格，使产品满足相关认证要求，有效地推动国产设备出口，让世界分享我国制药装备行业发展和进步成果。如出口美国的压力容器，需要通过 ASME 认证；出口欧盟的承压设备，需要满足承压设备指令（PED）等。

对于系统或成套设备，可能还会涉及电气设备安全等方面的相关要求，如我国的 3C 认证、欧盟的 CE 认证、美国的 UL 认证等。

本章将对生物工程设备设计制造及出口中企业需要满足的相关资质和认证要求进行简要介绍，供读者参考。

## 第一节　特种设备设计、制造和安装资质

2019 年 5 月 13 日，国家市场监督管理总局颁发了特种设备安全技术规范《特种设备生产和充装单位许可规则》（TSG 07—2019），自 2019 年 6 月 1 日起施行。

该许可规则汇总了各类特种设备（承压类和机电类）的许可条件和许可程序（申请、受理、鉴定评审、审查与发证），包含锅炉生产单位（制造、安装），压力容器生产单位（设计、制造），压力管道生产单位（设计、压力管道元件制造和压力管道安装等），安全附件（安全阀、爆破片、紧急切断阀和气瓶阀门等）生产单位，以及电梯、起重机械、客运索道、大型游乐设施和场（厂）内专用机动车辆等特种设备的生产单位的许可条件。

对于生物工程设备生产单位，主要是要满足承压类特种设备的许可要求。

## 一、压力容器设计、制造和安装单位资质

生物工程设备中，常见的生物反应器、配液罐、CIP 站、灭菌柜等设备，根据生产条件及清洗、消毒和灭菌要求，通常会需要满足压力容器设计、制造要求。

《固定式压力容器安全技术监察规程》（TSG 21—2016）详细规定了压力容器的定义、分类，规定了压力容器选材、设计、制造、安装、改造与修理、监督检验、使用管理等要求，也规定用于压力容器上的安全附件和仪表要求。

根据《特种设备生产和充装单位许可规则》（TSG 07—2019）规定，压力容器设计、制造和安装资质要求如下：

（1）压力容器设计单位需取得相应的设计许可。根据设备子项目不同，压力容器设计单位应具备与产品相适应的人员、场所、设备，具备相应的技术能力，建立质量保证体系并完成试设计等工作，按照许可申请程序取得相应的设计资格。

（2）压力容器制造单位需取得特种设备制造许可。根据许可规则，压力容器制造单位设计本单位的压力容器，无须单独取得设计许可（含分析设计），在制造许可证上注明实际设计范围。无设计能力的压力容器制造单位，应当将设计分包至持有相应设计许可证的设计单位。根据设计能力的不同，压力容器制造单位生产许可证上应当注明限制范围，如压力容器设计外委、设计许可单独取证等，具备与制造项目相同设计能力的制造单位、生产许可证上无特别注明。压力容器制造单位应具备与产品相适应的人员、场所、生产设备和检测设备，具备相应的技术能力，建立质量保证体系，完成试制造等工作，按照许可申请程序取得相应的制造资格。许可级别有 A1、A2、A3、A4、A5、A6、C1、C2、C3 和 D 级 10 个级别，生产单位需注意各级别之间的覆盖关系（A1 级覆盖 A2、D 级，A2、C1、C2 级覆盖 D 级），选择合适的级别申请许可。

（3）固定式压力容器安装无单独许可条件、不单独取证。持有压力容器制造许可证的单位可以安装相应许可证级别范围内的压力容器；持有压力管道安装许可证的单位可以安装各级别压力容器（氧舱除外）；持有锅炉安装许可证的单位可以安装各级别压力容器（氧舱除外）。

## 二、压力管道设计、安装及压力管道元件制造单位资质

根据《特种设备生产和充装单位许可规则》（TSG 07—2019）规定，压力管道设计、安装及压力管道元件制造单位的资质要求如下：

（1）压力管道设计单位需取得相应的设计许可：根据管道类别和等级不同，压力管道设计单位应具备与产品相适应的人员、场所和设备，具备相应的技术能力，建立质量保证

体系并完成试设计等工作，按照许可申请程序取得相应的设计资格。

（2）压力管道元件制造单位需取得特种设备制造许可：根据许可规则，压力管道元件制造单位应具备与产品相适应的人员、场所、生产设备和检测设备，具备相应的技术能力，建立质量保证体系，完成试制造等工作，按照许可申请程序取得相应的制造资格。许可级别有管子（A、B）、阀门（A1、A2和B）、管件（无缝管件B1、B2，有缝管件B1、B2，锻制管件，聚乙烯管件）、压力管道法兰（钢制锻造法兰）、补偿器（金属波纹膨胀节B1、B2）和元件组合装置6个品种，生产单位需注意各品种内级别之间的覆盖关系（同品种A级覆盖B级），选择合适的级别申请许可。对于生产既含压力容器、又包含压力管道的成套装置（设备模块）时，制造单位需要申请取得元件组合装置制造资质。

（3）压力管道安装单位需取得特种设备安装许可：根据许可规则，压力安装单位应具备与所安装的压力管道品种、等级相适应的人员、场所、生产设备、检测设备，具备相应的技术能力，建立质量保证体系，完成试安装等工作，按照许可申请程序取得相应的安装资格。压力管道安装资格分为：长输管道（GA1、GA2）、公用管道（GB1、GB2）、工业管道（GC1、GC2和GCD）等。持有压力容器制造许可证的单位可以安装与所安装的压力容器直接相连的压力管道。

## 三、境外特种设备制造单位资质

对于境外承压类特种设备制造，我国实施许可制度。因此，锅炉、压力容器、气瓶、安全附件（安全阀、爆破片装置紧急切断阀和燃气气瓶阀门）、压力管道元件（压力管道管子、压力管道阀门等）境外生产单位，需持有有关部门颁发的许可证。对于机电类设备及其部件，在投入使用前需要进行型式试验。

| 第二节 | 出口生物工程设备的资质和认证 |
|---|---|

随着越来越多的制药装备走出国门、面向国际市场，如压力容器、成套设备或设备模块等，不仅需要满足技术要求，还应满足当地政府的法规要求或其他安全要求。因此，制药装备企业了解和熟悉相关认证要求，完善现有的质量管理体系，既有利于提升质量

管理水平，也有利于拓展国际市场，增强市场竞争力。本节介绍出口欧盟、美国产品的相关认证，主要包括 CE 认证（含 PED、EN1090）、ASME 锅炉压力容器认证、UL 认证等。

# 一、CE认证

"CE"是法文"CONFORMITE EUROPEENNE"的缩写。"CE"标志是一种安全认证标志，被视为制造商打开并进入欧盟市场的护照。凡是贴有"CE"标志的产品即可在欧盟各成员国内销售，从而实现了商品在欧盟成员国范围内的自由流通。

在欧盟市场，"CE"标志（图 4-1）属于强制性认证标志，不论是欧盟内部企业生产的产品，还是其他国家生产的产品，要想在欧盟市场上自由流通，就必须加贴"CE"标志，以表明产品符合欧盟《技术协调与标准化新方法》指令的基本要求，这是欧盟法律对产品提出的一种强制性要求。

图 4-1　CE 标志

CE 认证表明产品已经达到了欧盟法规规定的安全要求，是企业对消费者的一种承诺，增加了消费者对产品的信任度，贴有 CE 标志的产品将降低在欧盟市场上销售的风险。

按照欧盟规定，不同产品采用不同的评价方式并加贴 CE 标志，CE 认证的发证模式和发证机构有 3 种：

（1）符合性声明书（declaration of conformity）：此为企业自主签发，属于自我声明书，不需经过第三方机构签发，因此，可以采用欧盟格式的企业符合性声明书。

（2）符合性证书（certificate of compliance）：此为第三方机构（中介或测试认证机构）颁发的符合性声明，必须附有测试报告等技术资料，同时，企业也要签署符合性声明书。

（3）欧盟标准符合性证明书（EC attestation of conformity）：此为欧盟公告机构（Notified Body，NB）颁发的证书，按照欧盟法规，只有 NB 才有资格颁发。

与生物工程设备 CE 认证有关的法规和指令见表 4-1。

表 4-1　生物工程设备 CE 认证有关的法规和指令

| 序号 | 指令或法规 | 主题 | 适用产品 |
|---|---|---|---|
| 1 | 指令2014/68/EU | 承压设备指令（PED） | 最大设计压力高于0.5bar的压力设备及组件。包括指容器、管道、安全部件及压力部件等 |
| 2 | 指令2014/35/EU | 低压电气设备指令（LVD） | 低压电气设备<br>交流50～1 000V；直流75～1 500V |
| 3 | 指令2014/30/EU | 电磁兼容指令（EMC） | 电磁兼容 |

续表

| 序号 | 指令或法规 | 主题 | 适用产品 |
|---|---|---|---|
| 4 | 指令2014/34/EU | 防爆电气指令（ATEX） | 防爆产品 |
| 5 | 指令2006/42/EC | 机械指令（MD） | a）机械<br>b）可更换的设备<br>c）安全元件<br>d）提升设备附件<br>e）链条、绳索和织带<br>f）可移动机械传动设备<br>g）半成品机械 |
| 6 | 法规（EU）No.305/2011 | 建筑产品法规（CPR） | 建筑产品 |

承压设备指令（PED）适用于最大设计压力高于 0.5bar 的各类承压设备，包括压力容器、管道（如管子、管件、膨胀节、软管及其他承压元件）、安全附件（如安全阀、爆破片、安全释压装置以及压力开关、温度开关和液位开关等切断装置）及压力元件（如法兰、接管、管接头、支架和吊耳等），也包括同一制造商将承压压力部件组装成一个有完整承压功能的组合装置，如生物反应器系统等成套装备。

低压电气设备指令（LVD）确保处于特定电压限制范围以内的电气设备具有应对电击和其他危险的防护措施，目标为确保低电压设备在使用时的安全性，此指令包含此设备的所有安全规则。设备的设计和结构应保证按其预定用途，在正常工作条件或故障条件下使用时不会出现危险。使用电压为交流 50 ~ 1 000V 和直流 75 ~ 1 500V 的电子电气产品的 CE 认证，都必须进行低电压指令 LVD 认证。

电磁兼容性指令（EMC）是指含有电气、机械或电子零部件的设备通过正确的设计制造，在其电磁环境中工作而不会给环境中其他设备或物体和人员带来无法容忍的电磁干扰。在正常运行过程中，电子设备会发射电磁波，由于这些电磁波可能干扰其他电子设备的性能，制造商需确保产品不会影响其周围设备的性能，也不会被周围的设备影响。

防爆电气指令（ATEX）适用于欧盟地区的所有防爆类产品，包括在潜在爆炸性环境中或附近使用的任何产品，如安全、控制和调节装置及防护部件、设备和系统。在工作场所中，可燃粉尘等固体物和易燃易爆气体均可能产生爆炸性环境，因此，在这些环境中或附近使用的设备和系统必须满足特定的安全要求。

机械指令（MD）为各种机械设备制造的通用安全要求，凡是符合机械指令定义的机械都必须满足机械指令所有要求，才能在欧盟市场流通。这些设备包括机械，可更换的设备，安全元件，提升设备附件，链条、绳索和织带，可移动机械传动设备，半成品机械。

设备和装置要出口欧盟，先应核查是否属于这些法规和指令的适用对象，如果有认证要求，必须提前准备，在准备、设计、制造和交付的各阶段及时做好认证准备，使其具有相应的 CE 标志，确保设备和装置的顺利装运、清关、交付和使用。如果设备和装置同时需要满足不同法规和指令，需要第三方认证机构出具相应证书，最好找一家具有多项资质的第三方授权机构负责认证工作，减少不必要的协调和沟通。

## 二、PED认证

1985 年 5 月 7 日，欧洲理事会颁发决议，消除贸易技术壁垒必须实行新方法，新方法必定定义基本安全要求和其他的社会要求。为防止指令的频繁修订和指令的繁殖滋生，新方法必须是用一个单一的"指令"（directive）来覆盖为数众多的产品。

1987 年 6 月 25 日，欧洲理事会批准了简单压力容器指令 87/404/EEC，用 4 年半的时间作为试行过渡期，由于试行效果很好，于 1991 年 12 月 31 日，87/404/EEC 强制执行。其后，基于 87/404/EEC 的试行经验，正式起草了一个能覆盖多种压力设备的"承压设备指令"（pressure equipment directive，PED），指令号为 97/23/EC，于 1999 年 11 月 29 日生效，自 2002 年 5 月 30 日强制执行。

自 2016 年 7 月 20 日起，指令 2014/68/EU 完全取代了 97/23/EC。

PED 认证是产品的安全认证，是欧盟成员国就承压设备安全问题取得一致而颁发的强制性法规。

PED 认证的范围包括压力容器、蒸汽锅炉、管道、热交换器、存储罐、压力释放装置、阀门、调节阀和其他最大允许压力（设计压力）高于 0.5bar 的承压设备及组件。

根据 PED 附录Ⅱ的规定，承压设备共分 4 类，即第Ⅰ类、第Ⅱ类、第Ⅲ类和第Ⅳ类。对于危险性很低的承压设备，可按照成熟的工程实践进行管控。

PED 是强制性要求，PED 范畴的所有承压设备均必须满足基本安全要求，并且进行认证。

### 1．基本安全要求

（1）设计：设计承压设备时必须考虑与预期使用相关的所有因素，确保承压设备在预期寿命内的安全，必须用综合的方法纳入适当的安全系数，并针对所有相关的失效模式下，考虑足够的安全裕量。应采用确保强度足够的设计计算或试验设计方法，还应考虑承压设备的安全操作、检验方式、排放和放空、腐蚀和其他化学侵蚀、磨损、装配、充注和泄放、超压保护、安全附件和外部火灾等因素。

（2）永久性连接（焊接）：必须确保永久性连接接头及相邻区域不存在任何不利于设备安全的表面或内部缺陷。必须由有资格的人员根据合适的工艺规程来完成。对于Ⅱ、Ⅲ和Ⅳ类承压设备，工艺规程和人员资格必须由授权机构或成员国按 2014/68/EU 第 20 章规定认可的第三方机构批准。

（3）无损检测：承压设备永久性连接的无损检测必须由有资格的人员执行。对于Ⅲ类和Ⅳ类承压设备，其无损检测人员必须由成员国按 2014/68/EU 第 20 章认可的第三方机构批准。

（4）最终评定：承压设备必须经过目视检测和对相关文件检查的最终检验，确保符合 PED 要求，最终评定还必须包括耐压试验，试验压力和要求必须符合规定。

（5）材料：制造承压设备的材料必须满足其预期的寿命。制造商必须在其技术文件中说明采用以下形式之一材料规范的要点：

1）采用符合欧盟协调标准的材料。

2）采用根据 2014/68/EU 第 15 章，并取得欧盟批准的承压设备材料。

3）采用经专门评定的材料；对于Ⅲ类和Ⅳ类承压设备，材料的专门评定必须由授权机构进行。

（6）定量要求

1）许用应力：对包括正火（正火轧制）钢在内的铁素体钢（不包括细晶粒钢和特殊热处理钢），不得超过计算温度下的屈服极限的 2/3 及 20℃时抗拉强度最小值的 5/12；对奥氏体钢，如果其断裂后延伸率超过 30%，则不得超过计算温度下的屈服极限的 2/3 或者当延伸率超过 35% 时，不得超过计算温度下的屈服极限的 5/6 及计算温度下的抗拉强度的 1/3；对于非合金或低合金铸钢，不得超过计算温度下的屈服极限的 10/19 和 20℃下抗拉强度最小值的 1/3；对于铝，不得超过计算温度下的屈服极限的 2/3；对于铝合金除沉淀硬化合金外，不得超过计算温度下的屈服极限的 2/3 和 20℃时抗拉强度最小值的 5/12。

2）焊接系数：对设备进行破坏性试验和无损检测证实所有接头均无明显缺陷时为 1，对设备进行随机无损检测时为 0.85，对设备只进行外表面检查而不作为无损检测时为 0.7。

3）限压装置：瞬时的压力波动必须保持在最大允许压力（设计压力）的 10% 以内。

4）水压试验压力：考虑承压设备最大允许压力（设计压力）和最大允许温度（设计温度），其在使用中可能承受的最大载荷，系数为 1.25 或最大允许压力（设计压力）乘以系数 1.43，取两者之大值。

5）材料特性：如无特殊规定，如果在不超过 20℃且不超过规定的最低工作温度下按照标准程序进行拉伸试验，断裂后其延伸率不小于 14%，且其 ISO 夏比 V 型试样的冲击破坏能量不低于 27J，则材料具有足够的延展性。

根据不同厂商不同类型的承压设备，可采取表 4-2 列出的认证模式组合进行认证。其中模式 A（内部生产管控）是制造商自行宣称符合 PED 要求，无须第三方机构参与，其余模式都需要经认可的第三方机构参与、评价。制造商可以根据其承压设备的类别、是否具备 PED 认可的质量保证体系、单台产品还是系列产品等情况，选择不同的认证模式或模式组合。

表 4-2　PED 认证模式组合

| 序号 | 设备类型 | 认证模式及组合 |
|---|---|---|
| 1 | Ⅰ | A |
| 2 | Ⅱ | A2，D1，E1 |
| 3 | Ⅲ | B（设计审查）+D，B（设计审查）+F，B（生产检查）+E，B（生产检查）+C2，H |
| 4 | Ⅳ | B（生产检查）+D，B（生产检查）+F，G，H1 |

说明：
模式A：内部生产管控。
模式A2：内部生产管控和承压设备随机监督检查生产的符合性评价程序。
模式B：欧盟型式检验——生产检查或设计审查评价程序。
模式C2：对型式检验合格产品，按内部生产管控和承压设备随机监督检查生产的符合性评价程序。
模式D：对型式检验合格产品，按生产过程质量保证体系生产的符合性评价程序。
模式D1：按生产过程的质量保证体系生产的符合性评价程序。
模式E：对型式检验合格产品，按承压设备质量保证体系生产的符合性评价程序。
模式E1：按承压设备最终检验和试验的质量保证模式生产的符合性评价程序。
模式F：对型式检验合格产品，按确认承压设备质量方式生产的符合性评价程序。
模式G：基于逐台设备进行质量确认的符合性评价程序。
模式H：基于全面质量保证的符合性评价程序。
模式H1：基于全面质量保证和设计审查的符合性评价程序。

**2．PED 认证的主要工作**

（1）设计批准：提供设计制造采用的标准规范清单、企业内部标准、产品图纸、计算书和材料明细表，以及对 PED "基本安全要求"符合性的对比分析、危害性分析，操作说明书，产品符合性声明等。

（2）材料批准：提供材料质保书，必要时进行附加试验，提供外购材料的供应商评审资料。

（3）焊接工艺评定及焊工资格：制订评定计划，编制焊接工艺规程（WPS），准备焊接试板和焊材，进行焊接工艺评定和焊工资格评定。

（4）无损检测人员资格：无损检测人员需具有 PED 认可的相关标准、相关项目的资格，取得相应证书，并在证书有效期内。

（5）质量体系批准：提供质量手册，两次年审报告，不一致项及纠正记录，满足 PED 要求的补充程序文件。

（6）产品归类与符合性评定模式的选择：厂商必须针对产品加以分析归类，才能满足 PED 对不同压力设备的不同规定。

# 三、EN1090结构认证

欧盟建筑产品法规 CPR 305/2011 于 2013 年 7 月 1 日生效。欧盟 EN 1090-1，EN 1090-2，EN 1090-3 系列标准取代欧盟成员国原先使用的一些国家标准（如德国标准 DIN 18800-7 钢结构标准及 DIN V 4113-3 铝结构标准）。自 2014 年 7 月 1 日起，EN 1090 开始强制执行，所有进入欧盟市场的钢（铝）结构必须取得 EN 1090 认证，成为国内钢（铝）结构产品进入欧盟市场的通行证。取得 EN 1090 认证，可以按规定在产品上使用 CE 标志。

EN 1090-1 是建筑建材法规 CPR 关于钢（铝）结构生产的协调标准，这三个标准分别是：EN 1090-1《钢结构和铝结构——第 1 部分：结构制造符合性评价要求》，EN 1090-2《钢结构和铝结构——第 2 部分：钢结构技术要求》，EN 1090-3《钢结构和铝结构——第 3 部分：铝结构技术要求》。

一般来说，钢结构或者铝结构制造工厂申请 EN 1090 认证，就是通过欧盟授权的第三方认证机构（即 NB 公告机构）根据 EN 1090-2 和 EN 1090-3 的要求对申请工厂进行符合性评估，并签发符合 EN 1090-1 和 EN 1090-2 或 EN 1090-3 要求的欧盟 CE 证书。EN 1090-2 和 EN 1090-3 标准是可以用来单独认证并请发证书的；EN 1090-1 作为协调标准，必须配合 EN 1090-2 和 / 或 EN 1090-3 一起使用。

钢结构制造厂的 EN 1090 认证，主要是按照 EN 1090-1 和 EN 1090-2 标准先申请认证，获得认证后就可正常制造出口欧盟的钢结构产品。

EN 1090-1 中明确了制造厂和第三方机构符合性评价主要工作（表 4-3）。

表 4-3　制造厂和认证机构的主要工作

| 对象 | 任务 | | 主要工作内容 | 评价依据 |
|---|---|---|---|---|
| 钢结构制造厂 | 型式试验 | | EN 1090-1 附表ZA.1中的相关性能参数 | EN 1090-1第6.2条 |
| | 生产控制（FPC） | | EN 1090-1 附表ZA.1中的相关性能参数 | EN 1090-1第6.3条 |
| | 工厂的抽样、试验和检查 | | EN 1090-1 附表ZA.1中的相关参数 | EN 1090-1表2 |
| 认证机构 | NB签发FPC证书 | 工厂对型式产品和FPC体系的检查 | EN 1090-1 附表ZA.1中的相关参数 | EN 1090-1第6.3条及附录B |
| | | 对FPC的持续监督检查、评价和批准 | EN 1090-1 附表ZA.1中的相关参数 | EN 1090-1第6.3条及附录B |

注：附表 ZA.1 中的相关参数，主要包括尺寸和形状公差、可焊性、断裂韧度 / 冲击力、承载能力、疲劳强度、耐火性能、镉及镉化物得到释放、放射性物质释放、抗冲击性和耐久性等。

**1. 制造厂的具体工作**

（1）确定施工等级：根据金属结构承载类型、生产类别等确定施工等级。施工等级分为 4 级，即 EXC1、EXC2、EXC3 和 EXC4，严格性从 EXC1 至 EXC4 逐级增加。施工等级适用于整体结构、结构的一部分或单个元件。

（2）建立 FPC 体系：根据施工等级，建立制造厂生产管控体系（FPC）；可单独建立 FPC 体系，明确制造厂 FPC 负责人；也可以在 ISO 9001 体系基础上增加管控程序作为 FPC 体系。

（3）配置资源条件：场地、设备、人员、材料及 EN 1090-2 标准规定的技术资源等，满足正常生产要求。

（4）设计和制造型式产品：设计、材料、制作、焊接和检验等型式产品，通过实施 FPC 体系，组织生产制造，确保型式产品各项试验符合预定要求。

（5）申请认证和配合评审：选择具有资格的认证评审机构，提交认证申请，签署认证合同，提交相关控制文件，邀请认证机构代表现场见证，完成相关检验和试验，完成产品资料和 FPC 系统运行资料，配合评审等。

（6）持证期间的生产和维护：持证期间，严格按照认证要求做好制造厂 FPC 系统的维护，确保工厂具备长期稳定生产符合质量要求的钢结构产品的能力，并接受认证机构的监督审核。

**2. 认证机构的具体工作**

（1）审核型式试验：按 EN 1090-1 要求审核型式试验（ITT）方案和计划。

（2）审核 FPC 控制程序：按标准和产品要求审核制造厂的 FPC 体系及相关控制程序，确保体系符合 EN 1090-1 要求，焊接控制符合 EN ISO 3834 要求。

（3）首次工厂审核：首次到现场进行审核，审核工厂的体系、人员、设备、场地及试制样品的准备情况，确定后续审核计划。

（4）产品现场取样检验：根据制作进度和 EN 1090-2 及相关标准要求，现场取样并进行相关检验和测试，审核测试结果是否满足要求。

（5）颁发 FPC 证书：审核完成并符合认证要求后，提交相关报告，提交认证机构颁发 FPC 证书。

（6）监督审核：根据制造厂认证的施工等级，按照 EN 1090 规定的间隔，进行年度监督审核并更新证书状态。监督审核的时间间隔随制造厂的施工等级不同而异（表 4-4）。

表4-4  监督检查间隔

| 施工等级 | 首次型式产品试验（ITT）后，对制造厂FPC体系的监督检查间隔 |
|---|---|
| EXC1和EXC2 | 1-2-3-3 |
| EXC3和EXC4 | 1-1-2-3-3 |

说明：以 EXC3 级为例，1-1-2-3-3 是指在取得证书后，第 1 次监督检查间隔 1 年，第 2 次监督检查间隔仍为 1 年，第 3 次监督检查间隔 2 年，以后每次间隔 3 年。

# 四、ASME认证

主要介绍 ASME 的压力容器认证，即 U、U2、U3 钢印认证。

**1．参考标准**  申请 ASME 的压力容器认证，首先要了解与熟悉相关标准和文件，表 4-5 列出了 ASME 压力容器制造和申请认证的主要标准和文件。

表4-5  压力容器制造和认证的主要标准和文件

| 序号 | 文件名称 | 备注 |
|---|---|---|
| 1 | 锅炉及压力容器规范 第Ⅱ卷 材料 A篇——铁基材料 | — |
| 2 | 锅炉及压力容器规范 第Ⅱ卷 材料 B篇——非铁基材料 | — |
| 3 | 锅炉及压力容器规范 第Ⅱ卷 材料 C篇——焊接材料 | — |
| 4 | 锅炉及压力容器规范 第Ⅱ卷 材料 D篇——性能 | — |
| 5 | 锅炉及压力容器规范 第Ⅴ卷 无损检测 | — |
| 6 | 锅炉及压力容器规范 第Ⅷ卷 第1册 压力容器建造规则 | U认证 |
| 7 | 锅炉及压力容器规范 第Ⅷ卷 第2册 压力容器建造另一规则 | U2认证 |
| 8 | 锅炉及压力容器规范 第Ⅷ卷 第3册 高压容器建造另一规则 | U3认证 |
| 9 | 锅炉及压力容器规范 第Ⅸ 焊接、钎焊和熔合评定标准 | — |
| 10 | CA-1 符合性评定要求 | — |

**2．认证流程**  ASME 压力容器认证流程的主要程序如下：

1）取证准备：包括索取申请表、确定承担取证的 ASME 认可的授权检验机构（authorized inspection agency，AIA）、提出书面申请、采购 ASME 规范、签约和付款等。

2）生产制造准备：包括完成取证准备工作，包括质量管理手册和程序文件编制，设计、制造示范产品，完成焊接工艺和焊工考核与评定，完成无损检测人员考核与评定等。

3）确定联检日期：与认证机构商定联检时间和计划安排。

4）接受 AIA 的预联检：为全面检查企业的取证准备工作，AIA 将指派授权主任检验师（authorized inspector supervisor，AIS）按联检程序进行一次预联检，以便进一步改进、完善取证准备。

5）接受 ASME 和 AIA 的联检：按照确认的联检日期，ASME 的代表即联检组长将会同 AIA 的 AIS 和 AI 组成联合检查组，对企业的质量管理文件及其实际执行情况进行全面检查，并向 ASME 提出审核结论及建议。

6）颁发 ASME 授权证书和钢印：根据联检组提出的建议发证结论，经 ASME 批准，将正式颁发 ASME 授权证书和钢印，授权证书的有效期为 3 年，3 年到期后企业可提出换证申请。

**3．产品检查**　ASME U 钢印产品检查的主要内容包括：

1）按照 ASME 规范进行设计审查。

2）审查与制造有关的规程和技术要求、制造厂的质量控制计划，选定检查点。

3）验证和检查入厂的材料。

4）审查焊接工艺、工艺评定和焊工评定记录及无损检测规程和人员资质记录。

5）在制造过程中按事先选择的检查点进行检验。

6）检查所有焊缝外观质量。

7）见证无损检测、理化试验和热处理等（如适用）。

8）见证最终压力试验。

9）见证打 ASME U 钢印。

10）审查产品数据报告。

国内的制药设备制造企业要进入国际市场，必须获得相应国家和地区的市场准入许可，企业在获得 ASME 钢印和授权证书后，将为其产品进入北美市场以及其他国家和地区创造有利条件。但是 ASME 压力容器认证主要是确保产品满足安全方面的要求，容器是否满足生物工程要求，还要满足工艺和卫生级设计、制造等特殊要求。

# 五、UL认证

美国保险商试验所（Underwriter Laboratories Inc.，UL）成立于 1894 年，是美国最具权威的，也是世界上从事安全试验和鉴定的较大的民间机构。它是一个独立、非营利的并为公共安全做试验的专业机构。UL 采用科学的测试方法来研究确定各种材料、装置、产品、设备和建筑等对生命、财产有无危害和危害的程度。UL 的服务涵盖 20 多个行业领域，自 1903 年发布第一个标准以来，共研究发布了 1 700 多个安全技术标准，其中 70% 被列入美国国家标准。

UL 提供认证、检验、测试、审核、咨询和培训等服务，认证范围包括厂房设施、生产工艺、产品和系统等，满足 UL 标准或通过 UL 认证，是对公司产品安全的可靠保障和充分认可，可以为顺利进入北美市场打下坚实基础，也极大体现公司的品牌实力，有利于获得客户的认可、提升产品竞争力。

UL 认证在美国属于非强制性认证，是否需要认证取决于公司自身的发展战略和客户对其合作伙伴的具体要求。

因为 UL 标准众多，制药设备属于制药企业生产设备，企业要根据产品特点和设计要求，选择相应的认证标准。UL 508 适用于工业控制设备，是制药设备和系统最可能要满足的 UL 标准，该标准对设备电气安全提出了整体要求，同时对用于设备的元件提出了具体要求。当设备或系统有 UL 要求，尽可能选用通过相关标准的 UL 认证的元器件，如变压器通过 UL 1585 标准认证、电气设备外壳通过 UL 50 标准认证、电缆电线和软线通过 UL 1581 标准认证、保险丝通过 UL 198 标准认证、标记和标签系统通过 UL969 标准认证、变压器通过 UL506 标准认证等，为设备整机的 UL 认证创造便利。

UL 认证可以联系 UL 当地设立的实验室或授权合作机构，提交相应的申请和资料，认证机构通过文件审查、现场检测和实验室检测等方式，确认是否满足 UL 标准要求，出具 UL 认证证书或审查报告。

## 第三节　卫生级设备的制造资质和认证

国内卫生级设备的规范标准较少，认证工作尚未正式开展起来，目前接触较多的是卫生级管子、管件及泵、换热器、阀门、仪表的认证，制药装备企业要认真核对客户 URS 中及相关合同文件中的技术要求，把是否有认证要求作为一个重要项目来评估，以便选购合适的、符合认证要求的产品，确保满足合同要求。卫生级设备的认证主要有 ASME BPE 认证、3-A 认证和 EHEDG 认证，以下作简单介绍。

## 一、ASME BPE认证

ASME BPE 是美国生物工程设备的标准，1997 年 5 月 20 日第一次作为美国国家标准发布，以后每 3 年或 2 年修订一次，不断总结和更新该领域的最新知识和要求，应用越来越广泛和普遍，ASME BPE 认证也是在此基础上逐步完善起来的。ASME BPE—2019 中专门有认证要求（certification requirements，CR），介绍了相关取证要求。

1）取证对象：目前仅限于管子和管件。

2）取证条件：制造单位应具备与产品相适应的人员、场所、生产设备和检测设备，具备相应的技术能力、对 ASME BPE 标准有充分的理解，并按照 ASME BPE 标准要求建立质量保证体系，按照认证程序取得相应认证。目前本认证是在制造单位自愿的前提上来申请的，制造单位可以直接按照 ASME BPE 标准生产管子和管件，也可以同时申请 ASME BPE 认证。

3）获证标记：制造单位如果通过 ASME BPE 认证，可以获得 ASME BPE 认证证书，并且可以在产品上按规定打 ASME BPE 标志（图 4-2）。

4）证书有效期：3 年。

5）获取持证单位信息：可以通过 ASME 网站查阅有关单位的 ASME BPE 持证情况。

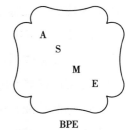

图 4-2  ASME BPE 标志

# 二、3-A认证

乳制品行业卫生设计的第一个标准是 20 世纪 20 年代提出来的，这些标准后来被称为"3-A 标准"，目的是促进卫生监管部门、设备制造商和乳制品生产商共同提高设备的设计能力和卫生水平。

3-A 卫生标准有限公司（3-A SSI）是一家非营利的公司，成立于 2002 年，致力于通过卫生设备设计来提高食品安全。成员包括 3 个协会：国际乳制品协会（IDFA）、国际食品工业供应商协会（IAFIS）和国际食品保护协会（IAFP）。

如今 3-A SSI 拥有大量关于设备和生产系统的设计标准，这些标准是基于 ANSI 要求采用现代共同一致的方式而制定，也有助于促进美国农业部、FDA 及各州监管机构对标准的认可。

**1. 主要任务**

（1）针对卫生级设备的设计、制造和选材等方面制定 3-A 标准和 3-A 卫生标准实施惯例。

（2）通过认证、实施第三方审核（TPV）计划以监控这些设备满足 3-A 标准和 3-A 卫生标准实施指南的要求。

**2. 3-A 标准内容（表 4-6）**

（1）针对乳制品、食品加工行业的 3-A 卫生标准（3-A sanitary standards）。

（2）卫生标准实施惯例（accepted practice）。

（3）针对制药行业的标准（P3-A sanitary standards）。

3-A SSI 负责 3-A 标志授权计划和其他自愿认证，以确保卫生加工和生产系统的完整性，3-A SSI 提供的广泛的知识，可以支持快速变化的食品、饮料和制药行业的发展需求。3-A 认证的设备和机械主要包括：储罐、泵、换热器、冻干机、离心机、金属管子、阀门、卫生级管件、搅拌器、流量计、液位计等。

**3．3-A SSI 的授权和认证** 分为 3 类。

（1）标记的授权使用：主要针对符合 3-A 标准的设备和机械，经 TPV 审核确认后，可以获得证书和 3-A 标记授权使用。授权或认证有效期为 5 年。

（2）过程认证（PC）：即 3-A process certification。对于生产商，获得该认证以证明其食品生产加工过程符合 3-A 卫生标准实施惯例要求；对于设备和系统设计者、制造商和安装商，获得该认证以证明其设计、制造或安装的设备或系统符合 3-A 卫生标准实施惯例要求。授权或认证有效期为 5 年。

（3）替换件和系统组件合格证书（RPSCQC）：即 3-A replacement parts & system component qualification certificate。主要针对替换元件和系统的制造商，持有 RPSCQC，有利于 3-A 标志授权使用者、PC 证书持有者和客户确保他们所使用的替换元件或系统满足 3-A 标准要求。已取得标志授权和 PC 证书的制造商 / 生产商，不需要另外申请 RPSCQC 认证。

**表 4-6　3-A 最新标准清单**

| 序号 | 文件号 | 文件名称 | 生效时间 |
|---|---|---|---|
| | | 3-A 卫生标准 | |
| 1 | 00-01 | 3-A标准通用要求 | 2017年6月 |
| 2 | 01-09 | 保温储罐 | 2013年11月 |
| 3 | 02-12 | 离心泵和回转容积泵 | 2020年10月 |
| 4 | 04-06 | 均质机和往复泵 | 2021年6月 |
| 5 | 05-16 | 散装运送和农场牛奶接收用不锈钢自动转运罐 | 2016年10月 |
| 6 | 10-04 | 采用一次性滤芯的过滤器 | 2000年11月 |
| 7 | 11-10 | 板式换热器 | 2020年2月 |
| 8 | 12-08 | 列管式换热器 | 2021年6月 |
| 9 | 13-11 | 农场用牛奶冷藏储罐 | 2012年7月 |
| 10 | 16-05 | 成品蒸发器和真空锅 | 1985年8月 |
| 11 | 17-13 | 液体产品容器的成型机、灌装机和密封机 | 2020年5月 |
| 12 | 18-03 | 多用途橡胶及类橡胶材料 | 1999年8月 |
| 13 | 19-07 | 冰激凌、冰块、类似冷冻食品用间歇式和连续式冷冻机 | 2008年12月 |

| 序号 | 文件号 | 文件名称 | 生效时间 |
|---|---|---|---|
| | | 3-A 卫生标准 | |
| 14 | 20-27 | 多用途塑料材料 | 2011年7月 |
| 15 | 21-02 | 离心分离器和澄清器 | 2022年6月 |
| 16 | 22-08 | 筒式储罐 | 2004年11月 |
| 17 | 24-03 | 无盘管间歇式巴氏灭菌器 | 2010年7月 |
| 18 | 25-03 | 无盘管间歇式加工装置 | 2002年11月 |
| 19 | 26-06 | 干燥品筛分机 | 2019年12月 |
| 20 | 27-08 | 干燥品包装设备 | 2021年12月 |
| 21 | 28-06 | 流量计 | 2019年2月 |
| 22 | 29-03 | 脱气装置 | 2011年8月 |
| 23 | 30-02 | 农场用牛奶储罐 | 2018年7月 |
| 24 | 31-07 | 刮板式换热器 | 2018年1月 |
| 25 | 32-04 | 不保温储罐 | 2020年2月 |
| 26 | 33-03 | 金属管 | 2016年4月 |
| 27 | 34-02 | 便携式干燥乳制品储存箱 | 1992年9月 |
| 28 | 35-04 | 混合设备 | 2011年8月 |
| 29 | 36-01 | 管道动态混合器 | 2003年11月 |
| 30 | 38-01 | 敞口奶酪桶和台桌 | 2018年3月 |
| 31 | 39-01 | 干燥品气流输送机 | 2003年11月 |
| 32 | 40-04 | 袋式收集器 | 2012年3月 |
| 33 | 41-03 | 干燥品机械输送机 | 2008年1月 |
| 34 | 42-02 | 在线滤网过滤器 | 2017年1月 |
| 35 | 44-03 | 隔膜泵 | 2011年11月 |
| 36 | 45-03 | 错流膜模块 | 2016年12月 |
| 37 | 46-04 | 折光仪和吸能光学传感器 | 2019年11月 |
| 38 | 49-01 | 干燥制品用气动声波喇叭 | 2001年11月 |
| 39 | 50-02 | 干燥制品用液位传感器 | 2020年10月 |
| 40 | 51-01 | 旋塞阀 | 1998年11月 |
| 41 | 52-02 | 塑料旋塞阀 | 1998年11月 |
| 42 | 53-07 | 压缩阀 | 2021年7月 |

续表

| 序号 | 文件号 | 文件名称 | 生效时间 |
|---|---|---|---|
| | | 3-A 卫生标准 | |
| 43 | 54-02 | 隔膜阀 | 1997年11月 |
| 44 | 55-02 | 套管式密封阀门 | 2010年8月 |
| 45 | 56-00 | 进、出口防泄漏旋塞阀 | 1993年5月 |
| 46 | 57-02 | 蝶阀 | 2008年5月 |
| 47 | 58-02 | 破真空阀和止回阀 | 2018年3月 |
| 48 | 59-00 | 用于流体产品的容积式自动取样器 | 1993年11月 |
| 49 | 60-01 | 爆破片 | 2013年7月 |
| 50 | 61-02 | 蒸汽注射加热器 | 2018年11月 |
| 51 | 62-02 | 软管 | 2010年11月 |
| 52 | 63-04 | 卫生管件 | 2019年9月 |
| 53 | 64-00 | 减压和背压调节阀 | 1993年11月 |
| 54 | 65-01 | 与产品接触的视镜和/或视镜灯和显示器 | 2008年6月 |
| 55 | 68-00 | 球阀 | 1996年11月 |
| 56 | 70-03 | 意大利帕斯塔菲拉塔式奶酪炊具 | 2019年11月 |
| 57 | 71-01 | 意大利帕斯塔菲拉塔式奶酪模具 | 2002年11月 |
| 58 | 72-01 | 意大利帕斯塔菲拉塔式压模奶酪制冷机 | 2002年11月 |
| 59 | 73-01 | 剪切式混合器、混合机和搅拌机 | 2005年10月 |
| 60 | 74-07 | 传感器和传感器配件和连接 | 2019年3月 |
| 61 | 75-01 | 带式送料机 | 2012年6月 |
| 62 | 78-03 | 用于原位清洗的喷雾清洗装置 | 2019年4月 |
| 63 | 81-01 | 螺杆式送料机 | 2018年8月 |
| 64 | 82-00 | 脉动往复式装置 | 2002年11月 |
| 65 | 83-01 | 封闭式奶酪桶和台桌 | 2019年11月 |
| 66 | 84-02 | 潮湿环境下的人孔 | 2007年6月 |
| 67 | 85-03 | 双底座防混阀 | 2014年4月 |
| 68 | 87-00 | 机械式过滤器 | 2007年11月 |
| 69 | 88-01 | 机器找平支腿和支架 | 2019年10月 |
| 70 | 95-00 | 转运罐通气口 | 2012年10月 |
| 71 | 101-00 | 管道产品喷射式回收设备 | 2012年8月 |
| 72 | 102-00 | 用于自动挤奶装置的成套设备 | 2020年3月 |
| 73 | 103-00 | 基于机器人的自动化系统 | 2016年10月 |

续表

| 序号 | 文件号 | 文件名称 | 生效时间 |
|---|---|---|---|
| 3-A 标准实施惯例 | | | |
| 1 | 603-07 | 高温短时和超高温瞬时巴氏消毒系统的卫生级建造、安装、测试和运营 | 2005年11月 |
| 2 | 604-05 | 产品表面、产品接触物表面的加压送风 | 2004年11月 |
| 3 | 605-05 | 永久性安装的产品和溶液管道及清洗系统 | 2021年7月 |
| 4 | 606-05 | 挤奶和奶品加工设备的设计、制造和安装 | 2002年11月 |
| 5 | 607-05 | 喷雾干燥系统 | 2004年11月 |
| 6 | 608-02 | 速溶系统 | 2001年11月 |
| 7 | 609-03 | 烹饪用蒸汽制配方法 | 2004年11月 |
| 8 | 610-03 | 膜处理系统的卫生级建造、安装和清洗 | 2018年3月 |
| 9 | 611-00 | 农场用牛奶冷藏系统 | 1994年11月 |
| 10 | 612-00 | 厂区环境空气质量 | 2011年12月 |
| P3-A 制药标准 | | | |
| 1 | P3-A 001 | 制药3-A标准：通用专业术语 | 2008年4月 |
| 2 | P3-A 002 | 制药3-A标准：加工设备和系统用材料 | 2008年4月 |
| 3 | P3-A 003 | 制药3-A标准：原料药用端部吸入式离心泵 | 2012年2月 |

# 三、EHEDG认证

欧洲卫生工程设计集团（European Hygienic Engineering and Design Group，EHEDG）是由食品生产商、设备制造商、大学、研究机构和公众健康部门组成的联盟，于1989年成立，致力于促进与提高食品加工和包装过程中卫生状况，确保食品质量和安全。EHEDG提出了一系列卫生设计、设备制造方面的实践指南，包括10多个主题50多份指南文件，以帮助企业满足这些要求。EHEDG认证是指欧洲卫生工程设计集团组织的认证，如果设备符合EHEDG的卫生设计及制造要求并通过相关认证，EHEDG颁发证书并授权设备制造商使用EHEDG认证标志，证书有效期为5年。

EHEDG认证分两个类别：EL类设备适用于液体清洗的设备，ED类设备仅适用于干洗设备。

对于ED类设备，只需按照EHEDG指南进行设计审核，对于EL类设备再按照EHEDG试验指南进行相应测试。测试主要根据设备的卫生或无菌要求进行CIP清洗测试（中小型设备）、蒸汽灭菌测试和细菌泄漏性测试。EL类设备认证测试要求见表4-7。

表 4-7　EL 类设备认证测试要求

| 项目 | 测试要求 | | | | |
|---|---|---|---|---|---|
| | EL-Ⅰ级 | EL-无菌-Ⅰ级 | EL-Ⅰ级-辅助设备 | EL-Ⅱ级 | EL-无菌-Ⅱ级 |
| | 不拆卸情况下原位清洗（CIP） | | | 拆卸情况下清洗（COP） | |
| | 封闭式设备 | 封闭式设备 | 开放式设备 | 封闭式或开放式设备 | 封闭式设备 |
| 需满足EHEDG指南 | 指南8（9，10，16，32，35）；指南5备选 | 指南8（9，10，16，32，35，39）；指南5备选 | 指南8（9，10，16，32，35）；指南5备选 | 指南8（9，13，32，35）；指南5备选 | 指南8（9，10，16，32，35，39）；指南5备选 |
| 设计评审及相关区域 | 设备内表面粗糙度Ra/圆弧半径/内窥镜检查 | 设备内表面粗糙度Ra/圆弧半径/内窥镜检查 | 设备外表面粗糙度Ra/圆弧半径/内窥镜检查/可接近性 | 设备外表面粗糙度Ra/圆弧半径/内窥镜检查/可接近性 | 设备内表面粗糙度Ra/圆弧半径/内窥镜检查/可接近性 |
| EHEDG测试方法 | 可清洗性（指南2） | 可清洗性（指南2）+无菌性（指南5）+细菌泄漏性（指南7） | 无 | 无 | 无菌性（指南5）+细菌泄漏性（指南7） |
| 典型设备 | 管道设备如泵、阀门和传感器等 | 管道设备如带双端面机械密封的泵、波纹阀和传感器等 | 辅助设备如VISION传感器、机械水平尺和减速箱 | 排水槽、混合器、计量泵、带减压阀的储罐、传送装置和切割机 | 需要拆下来清洗的带双密封、无菌和无细菌泄漏的减压阀 |

对于 EL 类设备认证测试需满足的 EHEDG 指南有很多，表 4-8 列出了 EHEDG 最新指南清单，以便读者进一步了解。

表 4-8　EHEDG 最新指南清单

| 序号 | 文件号 | 文件名称 | 版本 |
|---|---|---|---|
| 1 | 指南G | EHEDG术语 | 3rd |
| 2 | 指南P | EHEDG意见书 | 5rd |
| 3 | 指南1 | 液体食品连续巴氏消毒 | 2nd |
| 4 | 指南2 | 食品加工设备原位清洗能力的评估方法 | 3rd |
| 5 | 指南5 | 食品加工设备原位灭菌能力的评估方法 | 2nd |
| 6 | 指南6 | 液体食品连续超高温灭菌（UHT） | 2nd |
| 7 | 指南7 | 食品加工设备细菌密封性的评估方法 | 2nd |
| 8 | 指南8 | 卫生设计原则 | 3rd |
| 9 | 指南9 | 不锈钢材料卫生级焊接要求 | 1st |
| 10 | 指南10 | 封闭式食品加工设备的卫生设计要求 | 2nd |

| 序号 | 文件号 | 文件名称 | 版本 |
|---|---|---|---|
| 11 | 指南12 | 颗粒食品连续流或半连续流加热处理 | 1st |
| 12 | 指南13 | 开放式食品加工设备的卫生设计要求 | 2nd |
| 13 | 指南14 | 食品加工用阀门的卫生设计要求 | 2nd |
| 14 | 指南16 | 卫生级管道连接 | 1st |
| 15 | 指南17 | 泵、均质机和往复式运动装置的卫生设计要求 | 4th |
| 16 | 指南18 | 不锈钢表面的化学处理 | 2nd |
| 17 | 指南19 | 无菌级疏水膜空气过滤器细菌截留能力的评估方法 | 2nd |
| 18 | 指南20 | 双座防混阀的卫生设计和安全使用 | 1st |
| 19 | 指南22 | 干颗粒原料安全加工的通用卫生设计准则 | 2nd |
| 20 | 指南23，P1 | H1&HT1食品级润滑油的使用 | 3rd |
| 21 | 指南23，P2 | H1&HT1食品级润滑油的生产 | 3rd |
| 22 | 指南25 | 卫生和无菌使用场合机械密封设计要求 | 1st |
| 23 | 指南28 | 食品和饮料工厂用水的安全卫生处理、储存和分配要求 | 2nd |
| 24 | 指南29 | 固体食品包装系统的卫生设计要求 | 1st |
| 25 | 指南31 | 喷雾干燥和流化床的卫生设计要求 | 2nd |
| 26 | 指南32 | 与食品接触设备的制造材料要求 | 1st |
| 27 | 指南33 | 干颗粒原料的排料系统卫生设计要求 | 1st |
| 28 | 指南34 | 卫生和无菌系统的要求 | 1st |
| 29 | 指南35 | 食品加工行业用不锈钢管的卫生级焊接要求 | 1st |
| 30 | 指南36 | 干颗粒原料的转移系统卫生设计要求 | 1st |
| 31 | 指南37 | 传感器的卫生设计和应用 | 1st |
| 32 | 指南38 | 干颗粒原料加工用旋转阀的卫生设计要求 | 2nd |
| 33 | 指南39 | 无菌食品生产设备和加工区域的设计原则 | 1st |
| 34 | 指南40 | 干颗粒原料加工用阀门的卫生设计要求 | 1st |
| 35 | 指南41 | 干颗粒原料加工用导流阀的卫生设计要求 | 1st |
| 36 | 指南42 | 碟式离心机——设计和可清洗性 | 1st |
| 37 | 指南43 | 食品行业用传送带卫生设计要求 | 1st |
| 38 | 指南44 | 食品生产工厂卫生设计原则 | 1st |
| 39 | 指南45 | 食品行业清洁验证——通用原则 | 1st |
| 40 | 指南46 | 无菌和卫生灌装机——策划、安装、确认和运行 | 1st |
| 41 | 指南47 | 食品行业空气处理系统——建筑通风的空气质量控制 | 1st |
| 42 | 指南49 | 鲜鱼加工设备的卫生设计要求 | 1st |
| 43 | 指南50 | CIP装置的卫生设计要求 | 1st |
| 44 | 指南54 | 卫生级焊接接头的试验要求 | 1st |
| 45 | 指南55 | 烘焙设备的卫生设计要求 | 1st |

注：指南3、4、11、15、21、24、26、27、30已和其他指南合并或作废。

第五章
# 典型生物工程设备
# 和系统的质量控制

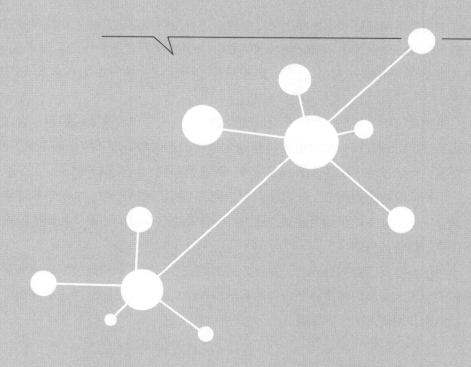

本章介绍生物工程中典型设备和系统的质量控制要求，包括设计、制造、检验和试验以及根据 GMP 要求需进行的确认活动，可供设备和系统的设计、制造和使用人员参考。

这些设备和系统包括：生物反应器、干热灭菌器、湿热灭菌器、零部件清洗机、隔离器、真空冷冻干燥机、层析系统、切向流过滤系统、离心机、移动储料罐、原位清洗装置、配液系统、其他工艺管罐系统和连续加热灭菌（灭活）系统。

## 第一节　生物反应器

### 一、简述

生物反应器是指利用各种生物反应体系进行生物反应或某些生物处理过程的设备，用于微生物或植物、哺乳动物或昆虫细胞的生长，在制药行业中广泛应用于抗生素、疫苗、单克隆抗体（mAb）、基因治疗、细胞治疗、酶治疗、核酸药物和多肽类药物等产品的生产。

生物反应器主要是为生物反应过程提供最优反应条件和高效的控制，为在试验中获得的优良性能的细胞株创造良好的物理和化学环境。例如物理环境中的温度、pH 和溶解氧浓度等，化学环境中的培养基、缓冲液、补料营养物和生长调节物等。

生物反应器是生物学、反应动力学、化学工程、机械工程、电子学和过程控制等学科的综合应用，许多操作和设计制造原理都会涉及这些学科的知识，如流体传输与混合、物质传递、热量传递等。

对于生物反应器本身而言，需要依据培养的目标物品种和规模来确定所需生物反应器形体的容积大小和内部适合于生物培养的特殊结构，以便更好地促进培养物（细胞）的生长，以期获得最大的生产效益。

### 二、生物反应过程

典型的生物反应过程如图 5-1 所示。用合适的培养基，在生物反应器对目标品种进行生物培养和繁殖的过程中，生物反应器具有中心作用，是实现生物培养技术获得产品的关键设备，是连接原料（培养基和菌种）与目标产物的桥梁。在生物反应器中，通过产物的生物合成，使得廉价的原料被升值为高附加值的生物制品。因此，生物反应器的设计和制造是生物工程中一项极其重要的内容，它对通过生物培养获得产品的成本和质量有着非常重要的影响。

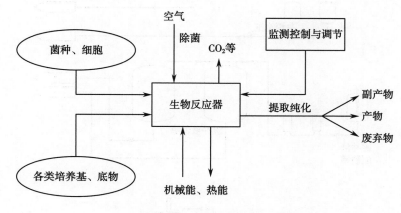

图 5-1　生物反应过程

在药品生产企业，通常的生物发酵工艺流程如图 5-2 和图 5-3 所示。

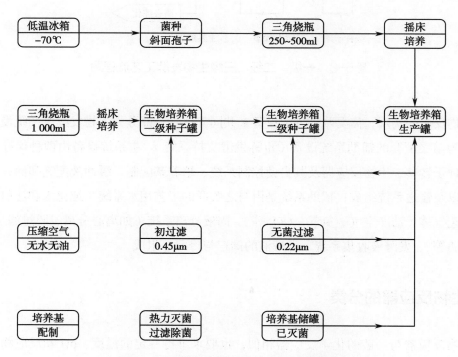

图 5-2　生物反应（发酵）工艺流程图

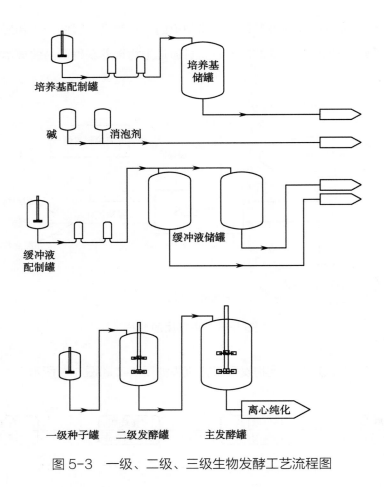

图 5-3　一级、二级、三级生物发酵工艺流程图

生物反应的实现，需要两部分的设备来共同支持。一部分为生物发酵主系统设备，另一部分为与之配套的辅助系统设备（也称发酵支持系统）。主系统设备由菌种保存、解冻复活、种子转移、生物反应器及其自动控制系统、培养基配制、缓冲液配制和储存、除菌与灭菌以及输送系统组成；辅助系统是由与之关联的工艺用水系统（纯化水和注射用水）、无菌工艺气体（洁净空气、氮气、$CO_2$ 等）、固液分离系统（如离心分离、膜过滤、层析、板框过滤等）、发酵液收集系统、发酵液的储存与冷藏等组成。

## 三、生物反应器的分类

生物反应器与一般的化学反应器相似，也要求维持一定的温度、pH 和反应物（营养物质，包括溶解氧）浓度，并具有良好的传质、传热和混合性能，以提供合适的环境条件，确保生物反应的顺利进行。

与一般的化学反应器明显不同的是，细胞生物反应器在运行中要杜绝外界各种微生物的进入，避免杂菌污染造成损失。

最简单的生物反应器是没有机械搅拌和通气系统的反应罐，适合液相、厌氧催熟型操作，如酿造。

按照不同的分类原则，可对反应器进行分类。

（1）按照生物催化剂分类，可分为微生物反应器、植物细胞反应器、动物细胞反应器和酶催化反应器。

（2）按照生物反应器是否通氧分类，可分为需氧生物反应器和厌氧生物反应器。

（3）按照反应器内流型分类，可分为理想反应器和非理想反应器。其中理想反应器又分为平推流（柱塞流）反应器和全混流反应器。

（4）按照反应器内生物催化剂相态分布分类，可分为均相反应器和非均相反应器。

（5）按照操作方式分类，可分为间歇式（批量式）反应器、连续式反应器和半连续式反应器。

1）间歇式生物反应器：在反应开始到结束的整个反应过程中，没有底物和产物的加入与输出，但底物和产物的浓度是随着时间的变化而变化。其基本特征是：反应物料一次性加入和输出，反应器内物质的组成仅随时间而变化，在该类反应器内进行的反应过程是一非稳态过程。

2）连续式生物反应器：以一定的流量不断加入新的培养基，同时以相同的流量不断输出反应液，这样就可以不断地补充细胞需要的营养物质，而代谢产物则不断被稀释而排出，使生物反应连续、稳定地进行下去。其基本特征是：反应大多数属于稳态过程，反应器内任何部位的物系组成均不随时间而变化。

3）半连续式生物反应器：采用将原料与部分产物连续输入或输出，启用时则分批加入或输出的半连续操作的反应器，它同时具有间歇式生物反应器和连续式生物反应器的一些特点。

（6）按照设备结构形式分类，可分为罐（容器）式生物反应器、管式生物反应器、塔式生物反应器（如鼓泡塔生物反应器、气升式生物反应器等）、膜生物反应器、固定化培养生物反应器（如流化床生物反应器、固定床生物反应器）和多级串联式生物反应器。

（7）按照反应器内气液混合方式分类，可分为机械搅拌式生物反应器、泵循环混合生物反应器、直接通气混合生物反应器和连续气相生物反应器。其中，机械搅拌式生物反应器最为常用。

（8）按照生物反应器是否可重复使用来分类，分为可重复使用的生物反应器（不锈钢生物反应器）和一次性生物反应器（非金属生物反应器）。

## 四、生物反应器的技术参数

根据生物反应器的产品特点、生物体生长特点以及选择的生物反应器的类型，对反应器提出的技术参数要求各有不同。以不锈钢生物反应器系统为例，主要技术参数如下：

**1．高径比** 罐式反应器一般为 2~3，管式反应器一般大于 30，塔式反应器一般大于 10。

**2．装料系数** 65%~85%。

**3．材质和表面处理** 与物料接触的部位，一般选用 S31603 或更高等级材料，表面要求进行机械或电解抛光，粗糙度 Ra≤0.4μm。有特殊要求时，可能要求粗糙度 Ra≤0.3μm。

**4．非金属材质** 如 PTFE、EPDM、硅橡胶、Viton 等。如有润滑油可能接触产品，则该润滑油应是符合 FDA 食品级要求的。

**5．罐体接口** pH、DO、温度、接种口、消泡电极、补酸、补碱、补料、压力和通气流量。

**6．搅拌方式** 机械搅拌、磁耦合搅拌和气升式搅拌。

**7．桨叶型式与层数** 平叶、斜叶、弯叶、箭叶、轴向流桨叶；以 2~4 层桨叶居多。

**8．控制方式** 触摸屏操作界面，专用 PLC/PCS/DCS 自动化控制程序，对参数自动控制。

**9．控制参数** 温度、搅拌转速、pH、DO、消泡和补料系统等参数实时测控。

**10．扩展配置** 远程计算机／上位机控制、液位测量、罐盖自动升降装置、补料称重系统、甲醇含量检测、乙醇含量检测、尾气（氧气、二氧化碳等）检测。

**11．设备特点** 符合发酵等生物工艺要求的特殊机械密封，大视野侧视镜罐内观察清晰，原位灭菌或离线灭菌，培养基浓度准确，拆装及组合容易，使用操作方便。

## 五、生物反应器系统的结构和组成

**1．机械搅拌式生物反应器** 机械搅拌式生物反应器适用于大多数的生物反应的生产场景。青霉素的生产是医药工业中第一次大规模应用生物反应器进行微生物发酵的案例。其主要设备机械搅拌式生物反应器结构见图 5-4，机械搅拌式发酵罐系统见图 5-5。

机械搅拌式生物反应器优势明显：对于从牛顿型流体到非牛顿型的丝状菌体的发酵液，都能提供较高的传质和传热能力；具有理想的气液混合效果；具有较长的液体停留时间和较宽的操作范围。但其也存在一定的缺点：因剪切力较大，会损害某些剪切敏感型微生物；搅拌的驱动功率较高，能耗大；有时混合不均匀。因此，充分发挥其优势，克服其

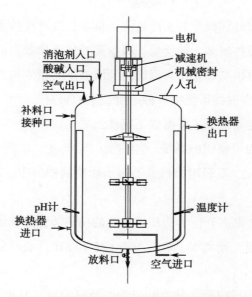

图 5-4 机械搅拌式生物反应器结构示意图

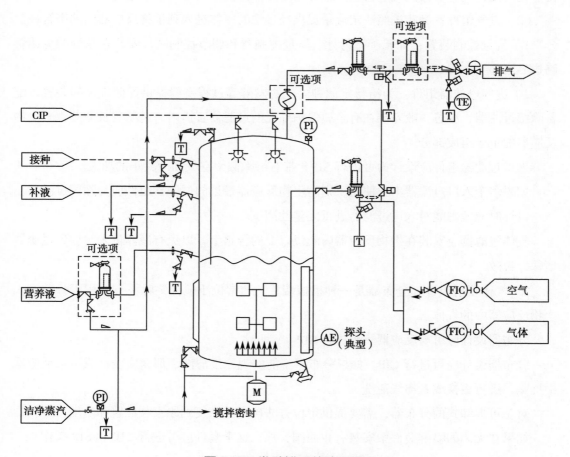

图 5-5 发酵罐系统流程图

（资料来源：ASME BPE—2019）

缺点是当前生物反应器设计和操作的关注重点。例如，改进搅拌系统，包括搅拌器和多层搅拌系统（两层、三层搅拌居多）的优化，减少桨叶尾流和漩涡以便节能，或者改变反应器的相态，使得剪切力可以均匀分布，以保护反应器中的微生物。目前行业中主流采用能量守恒和 CFD 模拟进行多搅拌系统中各种定量关系的研究。

机械搅拌式生物反应器系统主要由以下组件组成：

（1）反应器本体：为可密闭的系统，能耐受一定温度、耐压 0.3MPa 以上。其材质应不与物料反应、不易老化、不吸附物料及不析出物质到物料中，常见的材质为 S31603 不锈钢等。

小型反应器多采用外部夹套作为冷却或加热的换热装置。其优点是结构简单、加工容易、反应器内无冷却装置、死角少、容易进行 CIP 和 SIP；缺点是传热壁较厚、冷却水流速低、降温效果差。

大型反应器则多采用反应器内装有蛇形管的换热装置。其优点是管内冷却水流速大、传热效率高，但它需占用反应器空间，并给反应器清洗和灭菌增加了难度。

（2）进气组件：为能按照一定流量提供经过滤的气体进入到生物反应器内的组合件。

1）流量控制装置：如转子流量计、质量控制器和调节控制阀，安装在系统的无菌管路边界之外。

2）进气过滤器组件：为给特定菌种的生物发酵等过程持续提供无菌气体的装置，配备除菌过滤器，滤芯一般安装在有金属保护外壳的过滤器套筒内，过滤器及滤芯也是生物反应器的重要组成部分。

入口过滤器组件应设计为可进行 SIP，带有清除截留空气和冷凝水的功能。

如果多个入口过滤器串联使用，则离生物反应器最近的过滤器组件应为除菌过滤器。

设计时应考虑能对入口过滤器进行完整性测试。

气体过滤器应安装在生物反应器内液位以上的管路上，以免有液体进入，导致过滤器堵塞，失效。

3）气体喷射组件：分布器是一种机械装置，通常位于搅拌桨叶下方，用于分散充入生物反应器中的气体。

分布器设计应可与反应器一起进行 SIP。

分布器设计应可进行 CIP。如果分布器不能实现原位清洗，那么应设计成可从反应器中拆除，进行更换或者离线清洗。

对于可拆卸式的分布器，需要提供定位方法确定其恢复到原安装位置和角度。

如果在无菌的喷淋套件中安装有止回阀，那么这个套件应可进行 CIP 和 SIP 操作。

4）进气管道：引导过滤后的气体进入反应器顶部空间。

（3）排气组件：是用来在无菌性和压力方面保持无菌管路系统边界完整性的管道组件。

1）排气过滤器：是指安装在合适材料的过滤器套筒中的过滤元件。

排气过滤器应设计成可进行 SIP，过滤器套筒的安装应防止聚集 SIP 过程中的冷凝水。

如果有多级的排气过滤器进行串联使用，那么离生物反应器最远的过滤器最大过滤孔径为 0.22μm，此外，应考虑过滤器之间管道中的冷凝水排放。

设计时应考虑原位清洗或离线清洗。

设计时应考虑能对排气过滤器进行完整性测试。

如果排气过滤器套筒包含在清洗回路中，那么在清洗前需要拆下滤芯。

为防止排气过滤器在运行过程中出现冷凝水饱和而堵塞，排气组件可以包括排气冷凝器、排气加热器、蒸汽夹套或电伴热夹套，这些组件都是为了排气过滤器满足 CIP 或 SIP 要求。

2）排气管道：生物反应器排气管道的设计应确保系统下游管线中没有冷凝液积聚。

3）背压控制装置：背压控制装置通常安装在无菌边界之外。

背压控制装置不能妨碍生物反应器进行 CIP 和 SIP。

如果在无菌排气组件中有气液分离器，设计时也应考虑能进行 CIP 和 SIP。

（4）进料管道：用于向生物反应器中进入物料（例如：pH 调节剂、消泡剂、培养基、营养物和接种物）。

设计时，进料管道应允许生物反应器和管线本身可进行 CIP 和 SIP，两者可同时或独立进行 CIP 和 SIP。

（5）内伸管：是生物反应器端口管在容器内的扩展部分管道。

对于可拆卸式的内伸管，应通过卫生级管口伸入罐内，需要提供定位方法确定其恢复到原安装位置和角度。

内伸管设计应能进行 CIP 和 SIP。

（6）收获阀/出料阀：一般安装在反应器底部，用于排放/输送生物反应液。

这些阀门需满足卫生级设计要求，并可进行 SIP、CIP 或 COP。

（7）搅拌组件：主要指安装于生物反应器中的机械搅拌，用于实现一种或多种与混合相关的单元操作（例如：混合、传质、传热和固体悬浮）。

所用的搅拌器一般为使罐内物料产生径向流动的六平叶涡轮搅拌器，其作用为破碎上升的空气泡和混合罐内的物料。若利用上下都有蔽板的搅拌叶轮，搅拌时在叶轮中心产生的局部真空，以吸入外界的空气，则称为自吸式机械搅拌。

为保证可将生物反应器内容物与容器安装环境所隔离，推荐使用双端面机械密封或磁力搅拌器。

搅拌密封或磁力搅拌器设计时，应可进行 CIP 和 SIP。

（8）机械消泡组件：生物反应过程中，由于反应液中含有大量的蛋白质，故在强烈的通气搅拌下会产生大量的泡沫，严重时将导致反应也外溢，增加染菌风险。因此在通气反应生产中有两种消除泡沫积聚的方法，一种是加入消泡剂，另一种就是适用机械消泡装置。通常，实际生产中会联合使用这两种方法。

消泡装置可分为两类：一类置于反应器内，目的是防止泡沫外溢，它是在搅拌轴或反应器顶部另外引入的轴（或搅拌轴由罐底深入时）上装上消泡浆；另一类置于反应器外，目的是从排出的气体中分离出溢出的泡沫，使之破碎后再将液体部分返回罐内。

对于机械消泡组件，推荐使用双端面机械密封或磁力搅拌器的消泡装置，以隔离生物反应器内容物和容器安装环境。

消泡组件的密封或磁力搅拌器组件设计时，应可进行 CIP 和 SIP。

（9）内部管线：生物反应器内应尽量避免不必要的内部管线，以防止出现反应过程中的细胞培养不均匀，难清洗的问题。

内部管线与产品接触表面，应设计成可进行 CIP 和 SIP。

（10）挡板：挡板的作用则是防止液面产生漩涡，改变液流方向，促使流体翻动，增加传质和混合，或者为了增加反应/培养效果，有时也会在反应器内部加装挡板。挡板也叫挡流板或折流板，挡板的设计与安装应符合卫生级要求。

但需要注意的是，反应器内除挡板外，冷却管、通气管、排料管等装置也能起一定的挡板作用。所以当设置的上述管线为列管或排管并且数量足够多时，反应器内也可不另设挡板。

（11）视镜：用于操作人员观察反应器内的反应情况，以便于采取相应的调节措施。

（12）喷淋装置：目前不锈钢生物反应器的内部构造较复杂，喷淋装置的数量设计、选型及管道的布置等都需要充分考虑，以实现反应器内部的所有位置都能被清洗液覆盖，并达到可接受的清洗效果。

如果喷淋球不能拆卸，应设计成可进行 CIP 和 SIP。

（13）仪表：用于监测生物反应器内或流体/介质管道内的各项数据（例如：温度、压力、流量、pH、电导率和氧含量），以便于实现工艺监测和自动化控制。

在系统无菌边界内的仪表需满足卫生级设计要求，并可进行 SIP、CIP 或 COP。

在设计时，还需要考虑仪表是否便于拆卸以便于仪表的校准或检定。对于就地显示的仪表，还要考虑安装的方式和位置，便于人员操作和读取数据。

**2. 气升式生物反应器** 气升式生物反应器（图 5-6）是一种应用较为广泛的无机械搅拌的生物反应器。它是在鼓泡塔生物反应器的基础上发展起来的。气升式生物反应器通过在罐外装设提升管，使其两端分别连接罐底及罐上部，由此构成一个循环系统，通过上升液体和下降液体的静压差实现气流循环，以保证良好的传质效果，同时使剪切力的分布更均匀，并且可以促进培养基和细胞在较短混合时间内的周期运动，最终实现液体的搅拌、混合和氧传递。

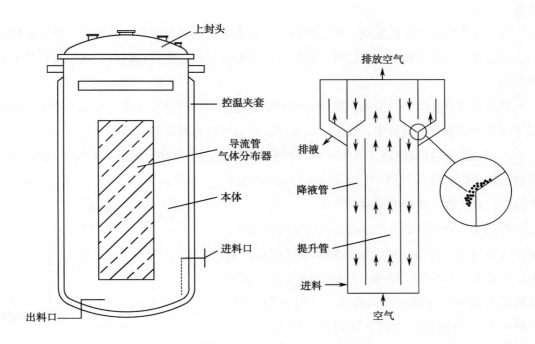

图 5-6　气升式生物反应器示意图

气升式生物反应器是植物细胞培养领域中的五大类反应器之一，其气体流动较其他类型生物反应器更为均匀，而且结构简单，没有其他生物反应器的诸多缺点（如有较多泄漏点和死角等）。

植物细胞培养是在离体条件下，以单细胞或细胞团为单位进行的植物组织培养方式。相对于动物细胞，植物细胞大部分能够悬浮生长，适合大规模培养。但植物细胞由于代谢活性较低，次生物质的合成和累积速度较慢，生长速率低，因此与微生物细胞培养相比，难度较大。植物细胞具有厚度不一的含纤维素的细胞壁，拉伸强度较高，因此对剪切力更为敏感，在培养时当转速超过一定数值，细胞生长速度会明显下降，并且会出现死亡和破碎现象。植物细胞需要较长的培养过程，而长时间保持无菌状态则给培养带来难度，在培养过程中易造成污染且细胞常发生变异。植物细胞在悬浮培养时对氧的需求量较低，但由于植物细胞培养后期培养体系密度高、黏度大，氧的传输会受到阻碍，因此与微生物相比，在达到同样浓度时，氧传递速率要小得多。另外，植物细胞易于黏附成团使搅拌不均，从而导致营养物质的传输受到限制，因而其二次代谢途径更加复杂。

气升式生物反应器通常可分为带升式反应器、气升及外循环反应器、气升环流反应器和塔式反应器 4 类。

气升式生物反应器的优点：结构简单，造价低，易于清洗，易于维修且维修成本低，能耗低，溶氧效率高，操作运行费用低。另外，由于没有搅拌装置，更容易长期保持无菌状态。

气升式生物反应器的缺点：操作弹性小，在高密度培养时混合效果较差，导致植物细胞生长缓慢。为弥补这一缺点，可以将气升式发酵罐与慢速搅拌相结合，这样也有利于氧的传递。

目前，气升式生物反应器主要用于生产单细胞蛋白、酵母、味精、废水处理等，例如用于西洋参、紫草、檀香木、唐松草和黄原胶酵母等植物细胞的培养。

**3．鼓泡塔生物反应器**　气体从反应器底部通过筛板、气体分布器或喷嘴穿过培养基，带动液体混合，并将气泡中的氧供给培养基中的菌体使用，来实现气体交换和物质传递。

鼓泡塔生物反应器（图 5-7）以气体为分散相、液体为连续相，液体中通常包含固体悬浮颗粒，如固体培养基、微生物菌体等。反应器内流体的运动状况随分散相气速的大小而改变，一般分为两种：一种是均匀鼓泡流，此时气速较低，气泡大小均匀，浮升较有规则；另一种是非均匀鼓泡流，随着气流的增加，小气泡被大气泡兼并，同时也造成了液体的循环流动。

鼓泡塔生物反应器的优点：结构简单，造价低，易于控制和维修，整个系统密闭，易于长时间无菌操作。该生物反应器内部不含转动部分，培养过程中无须机械能损耗，因此也适合培养对剪切力敏感的细胞。

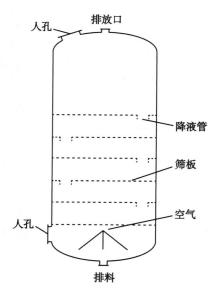

图 5-7　鼓泡塔生物反应器示意图

鼓泡塔生物反应器的缺点：氧气传输能力差，在高通气量条件下会产生大量泡沫，另外对于高密度及高黏度的培养体系，流体混合性也较差。因此，可以通过在鼓泡塔内不同区段安装多个排气管将氧气输送到塔中高密度细胞区域，以提高鼓泡式生物反应器的性能。

目前，鼓泡塔生物反应器广泛用于生物工程行业中，例如乙醇发酵、单细胞蛋白发酵、废水处理、废气处理（如用微生物处理气相中的苯）等。

**4．膜生物反应器**　膜生物反应器（图 5-8）是由污水生物处理技术与膜分离技术结合而成的新型污水处理技术。膜生物反应器采用膜分离取代传统的重量沉降过程，实现了高效的固液分离效果，不论固体颗粒的沉降性能如何，均可完成固液分离过程，并且可以避免因生物体流失而造成的系统失效。

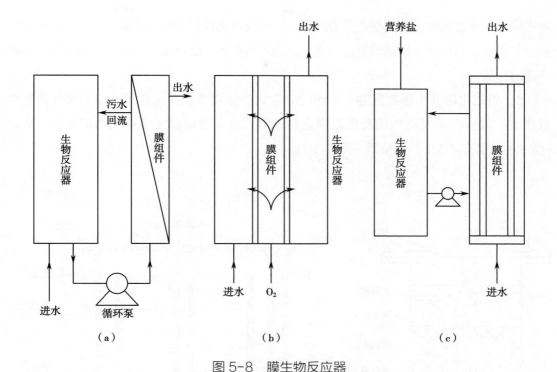

图 5-8　膜生物反应器

（a）分离膜生物反应器；（b）无泡膜生物反应器；（c）萃取膜生物反应器。

膜生物反应器是由生物反应器与微滤、超滤、纳滤或反渗透膜系统组成，可分为微滤膜生物反应器、超滤膜生物反应器等。膜生物反应器按膜的组件在反应器的作用不同，可分为分离膜生物反应器（membrane separation bioreactor，MSB；截留和分离固体）、无泡膜生物反应器（membrane aeration bioreactor，MAB；无泡曝气，用于高需氧量的废水处理）、萃取膜生物反应器（extractive membrane bioreactor，EMB；用于工业废水中优先污染物的处理）。三类膜生物反应器中，膜分离生物反应器应用最为广泛。膜分离生物反应器按照膜组件的放置方式可分为分体式膜生物反应器和一体式膜生物反应器，按照是否需氧可分为好氧膜生物反应器和厌氧膜生物反应器。

膜生物反应器的优点：由于膜将绝大部分生物截留在反应器内，因此反应器内可维持较高的污泥质量浓度，有利于世代时间较长的微生物如硝化细菌的截留和生长。此外，膜生物反应器具有出水水质好、容积负荷高、占地面积小、剩余污泥产量低、操作管理方便等优点。

膜生物反应器的缺点：膜污染和目前高昂的投资费用。

目前膜生物反应器在生活污水再生回收方面的研究较多，采用的膜材料主要为聚砜类。

在微生物或动物细胞培养过程中，会产生一些代谢产物。膜式反应器可将这些有害代谢产物透析或过滤掉，使细胞生长密度更高。它既可用以培养贴壁细胞，也可培养悬浮细胞。其优点是既可使细胞达到很高的密度，也可随意组合进行操作，达到浓缩或分离提纯产品的目的。

**5．固定化培养生物反应器**　细胞的固定化是指将细胞固定在多糖或多聚化合物等载体上，以便在不同类型的反应器中进行培养。这类反应器主要有流化床生物反应器（图 5-9）和填充床生物反应器（图 5-10）。

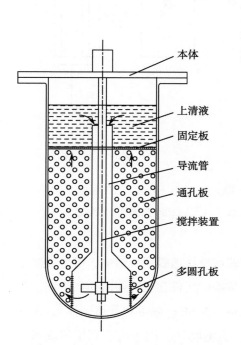

图 5-9　流化床生物反应器示意图

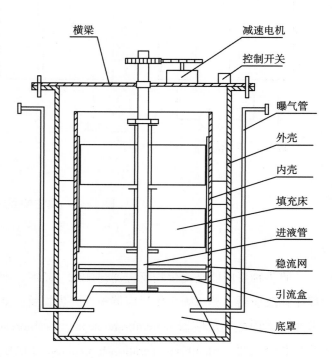

图 5-10　填充床生物反应器示意图

　　流化床生物反应器是一种循环式反应器，流体可在高速下运转，停留时间较长，使反应物混合均匀，但包裹于胶粒、金属或泡沫中的细胞颗粒之间的碰撞容易造成细胞的损伤。填充床生物反应器则比流化床生物反应器或者气升式生物反应器更容易实现高密度培养。这种反应器将细胞固定于支持物表面或者内部，支持物颗粒堆叠成床，培养基则在床间流动。但其混合效果不好，传质传热较差，并且受压时容易导致颗粒脆裂，产生缝隙。

**6．一次性生物反应器**　近些年来，一次性使用的生物反应器被越来越多的中小规模生物技术工艺所接受。与传统的具有由玻璃或不锈钢制成的培养容器的生物反应器相比，一次性生物反应器的培养容器通常是由 FDA 批准的生物相容性塑料（如聚乙烯、聚苯乙烯、聚四氟乙烯、聚丙烯）制成，一般是一个硬质容器或者是由一个支撑容器固定、塑形的柔性多层袋。

一次性生物反应器可分为机械驱动式一次性生物反应器，液压驱动式一次性生物反应器及气压驱动式一次性生物反应器等。

一次性生物反应器的优点：设施及配置简单，且容器经过预无菌处理，省去了清洗、消毒和灭菌环节，并可在收集产品后丢弃，减少了交叉污染，灵活性高的同时还可以节省时间和成本。一次性生物技术平台以其灵活性为最大特点，可满足客户的生产工艺需求，针对不同客户、不同工艺情况提供个性化、合规性的方案和服务。其不仅可以在全新的厂房中灵活应用，也可以在现有的厂房条件下进行整合，可让产品更快上市、缩短生产建设周期、降低前期生产成本，还可拓展以及与多产品共线生产。

一次性生物反应器的缺点：塑料材料在扩展性方面强度不足，导致其单个反应器的生产规模一般不大，从几升到 20 000L 左右；一次性传感器和外围元件（如阀门和采样系统等）的可重复使用性差。此外，一次性生物反应器的手动连接和操作较多，常被认为存在较多风险。

## 六、生物反应器设计

目前生物工程，尤其在生物制药行业中应用最为广泛的是机械搅拌式生物反应器，例如带上搅拌、下搅拌（含磁力搅拌）的生物反应器（图 5-4）。

以机械搅拌式生物反应器为例，在生物反应器设计时需要考虑以下要点：

1）避免/减少机械搅拌产生的剪切力对细胞的伤害。

2）通气中防止气泡与细胞接触，避免气泡表面对细胞的伤害。

3）补料与 pH 调节要防止化学环境急剧变化对细胞的伤害。一般不用酸碱直接调节 pH。

4）选择适宜的生物催化剂。应了解产物在生物反应的哪个阶段大量生成、适宜的 pH 和温度，是否好氧和易受杂菌污染等。

5）确定适宜的反应器形式。

6）确定反应器规模、几何尺寸和操作变量等。

7）传热面积的计算。

8）通风与搅拌装置的设计计算。

9）材料的选择与确保无菌操作的设计。包括无害和耐蚀材料制作，内壁及管道阀门光滑无死角。

10）监测与控制系统的设计。

11）安全性。保证控制系统安全稳定，记录可追溯。

12）经济性。保证质量和产量的前提下，尽量节省能源消耗。

# 七、生物反应器的放大

生物反应器用于生产产品，一般会通过实验室小试、中试和商业化大生产的规模来逐级放大生产规模，在这个过程中，不可避免地会遇到生物反应器的放大问题。对于一个生物反应过程，在不同大小的反应器中进行的生物反应虽然相同，但在质量、热量和动量的传递上却会有明显差别，从而导致在不同的反应器中生物反应速率有所差别。

为了使整个生物反应器在最优条件下进行工作，就必须使反应器中的每一个细胞都处于最优环境之下，不然就达不到整体的优化。

为保证生产工艺与产品质量，在反应器规模放大过程中，通常需要遵循以下几个放大原则：

（1）几何相似：按模型反应器和目标放大的反应器各部分的几何尺寸比例，大致相同放大。体积放大 10 倍，设备高度和内径则按式（5-1）计算，大设备的高径比在 1 ~ 2.5。

$$\frac{H_1}{D_1} = \frac{H_2}{D_2} = 常数$$

$$\frac{V_2}{V_1} = \left(\frac{D_2}{D_1}\right)^3 = m$$

即：

$$\frac{H_1}{H_2} = m^{1/3} \text{ 和 } \frac{D_1}{D_2} = m^{1/3} \qquad\qquad 式（5-1）$$

式中，$H_1$ 为模型反应器的高度（m）；$H_2$ 为目标放大反应器的高度（m）；$D_1$ 为模型反应器的内径（m）；$D_2$ 为目标放大反应器的内径（m）；$m$ 为放大倍数。

（2）恒定等体积放大：以单位体积液体所分配的搅拌功率相同这一准则进行的反应器的放大。

当

$$\frac{P}{V_L} = 常数$$

式中，$P$ 为不通气时的搅拌功率（kW），$V_L$ 为培养液的体积（$m^3$）。

根据搅拌功率和液位体积与反应器内径的对应关系，因此

$$\frac{P}{V_L} \propto \frac{n^3}{D_i^2}$$

即有：

$$(n^3 D_i^2)_1 = (n^3 D_i^2)_2 \qquad\qquad 式（5-2）$$

$$N_2/n_1 = (D_{i1}/D_{i2})^{2/3} = (D_1/D_2)^{2/3} \qquad\qquad 式（5-3）$$

$$P_2 = P_1\left(\frac{D_2}{D_1}\right)^3 \qquad \text{式（5-4）}$$

式（5-4）中，$P_1$ 为模型反应器不通气时的搅拌功率（kW）；$P_2$ 为目标放大反应器不通气时的搅拌功率（kW）；$D_1$ 为模型反应器的内径（m）；$D_2$ 为目标放大反应器的内径（m）。

这种放大方式较简单，过去使用较广泛。

（3）恒定传氧系数 $K_{La}$ 放大：在耗氧发酵过程中，由于氧在培养液中的溶解度很低，生物反应很容易因为反应器供氧能力的限制受到影响，因此以反应器的体积溶氧系数 $K_{La}$ 相同作为放大准则。目前，此放大方式使用最广泛，$K_L$ 为液相总传质系数，$a$ 表示每单位体积反应液中气液界面接触面积。由于 $a$ 很难测定，$K_{La}$ 常合并为一个常数，表示溶氧的速率。

反应器的 $K_{La}$ 与操作条件及培养液的物性有关，在进行放大时，培养液性质基本相同，所以可只考虑操作条件的影响。

基于文献报道，体积溶氧系数 $K_{La}$ 与通气量 $Q_G$、液柱高度 $H_L$、培养液体积 $V_L$ 存在如下的比例关系：

$$K_{La} \propto \frac{\left(\dfrac{Q_G}{V_L}\right)}{H_L^{\frac{2}{3}}}$$

按 $K_{La}$ 相等的原则进行放大，则有：

$$\frac{\left(\dfrac{Q_G}{V_L}\right)_2}{\left(\dfrac{Q_G}{V_L}\right)_1} = \frac{(H_L)_2^{2/3}}{(H_L)_1^{2/3}} \qquad \text{式（5-5）}$$

应注意：

1）小试要测得准确的 $K_{La}$，选择合适的计算公式。

2）注意各计算 $K_{La}$ 的公式在放大中参数的变化和使用范围。

（4）恒定剪切力、恒定叶端速度放大：剪切力 $S$ 与搅拌桨叶端速度成正比。

如果在小型设备中搅拌器所产生的最大剪切力已接近微生物的剪切极限，这时就必须按搅拌器末端线速度相等来进行放大。所以，也有人认为放大应维持桨叶端速度恒定，一般在 250～500cm/s。

（5）恒定混合时间（$t_M$）放大：几何相似、单位体积功率恒定的两罐，混合时间存在一定关系。研究表明，大装置混合时间延长，对混合是不利的。

试验型和生产型生物反应器设计的不同点见表5-1。

表 5-1　试验型和生产型生物反应器的设计不同点比较

| 项目 | 试验用小型生物反应器 | 生产用生物反应器 |
|---|---|---|
| 功率消耗 | 不必考虑 | 需综合考虑生产规模、效率、成本等因素 |
| 反应器内构造 | 因大量的控制、检测装置占去一定空间 | 影响较小 |
| 混合特性 | 可不必考虑 | 建议进行流态模拟 |
| 换热系统 | 较易解决 | 较难解决 |

总之，无论选用哪种方式进行生产放大，都需要对拟采用的放大方式进行深入研究，并加上丰富的经验积累，才能获得成功。

## 八、生物反应器的搅拌及传氧

搅拌器的主要作用是混合和传质，例如使通入的空气分散成气泡并与发酵液充分混合，气泡细碎以增大气 – 液界面，获得所需要的溶氧速率，并使生物细胞悬浮分散于反应器中，以维持适当的气 – 液 – 固（细胞）三相的混合与质量传递，同时强化传热过程。不同物质之间的混合类型见表 5–2。

表 5-2　混合过程分类

| 类型 | 说明 | 应用实例 |
|---|---|---|
| 气–液 | 气、液接触混合 | 液相好氧发酵，如味精、抗生素等发酵 |
| 液–固 | 固相颗粒在液相中悬浮 | 固定化生物催化剂的应用、絮凝酵母生产酒精等 |
| 固–固 | 固相间混合 | 固态发酵生产前的拌料 |
| 液–液 | 互溶液体 | 发酵或提取操作 |
| | 不互溶液体 | 双液相发酵与萃取过程 |
| 液体流动 | 传热 | 反应器中的换热器 |

**1．搅拌**　反应器搅拌的一个重要参数是通过搅拌器输入到流体的功率值。

低速搅拌，流体呈现层流，功耗少；高速搅拌，流体呈湍流，混合好，但功耗高，它们之间还存在一个过渡流区。

决定搅拌功率的因素有：

1）搅拌介质的物理性质：如各介质的密度、液相介质黏度、固体颗粒大小、气体介质通气率等。

2）搅拌器的构造和运转参数：如搅拌器的型式、桨叶直径和宽度、桨叶的倾角、桨叶数量、搅拌器转速等。

3）反应器的构造参数：如反应器内径和高度、有无挡板或导流筒、挡板的宽度和数量、导流筒直径等。

可见影响搅拌功率的因素是很复杂的，一般难以直接通过理论分析方法来得到搅拌功率的计算方程。因此，借助实验方法再结合理论分析，是求得搅拌功率计算公式的唯一途径。

流体流动性质按切变速率与剪切力的关系分为牛顿型流体和非牛顿型流体。牛顿型流体的切变速率与剪切力成正比，比例系数为黏度，多见于低浓度的细菌、酵母液。非牛顿型流体的切变速率与剪切力不成正比，多见于丝状菌和高密度培养的发酵液。

以动物细胞培养为例，发酵时宜选择剪切力小的桨叶，避免打碎动物细胞。有特殊要求的，还可以根据细胞脆弱程度试验设计特殊结构桨叶的搅拌装置，既能使发酵液充分混合均匀，又不打碎动物细胞。桨叶的层数可以根据发酵罐的大小及发酵工艺对搅拌的要求，选择单层、双层或三层搅拌装置的调节转速，宜选用变频器进行变频调速，并与控制系统相关联。

生物反应器搅拌桨叶型式如图 5-11 所示。

剪切力大　　　　　　　　　　　　剪切力较小
平直叶圆盘桨叶　　　　　　　　　斜叶式桨叶

剪切力小　　　　　　　　　　　　剪切力小
推进式桨叶　　　　　　　　　　　弯叶圆盘桨叶

图 5-11　生物反应器搅拌桨叶示意图

**2. 氧的传递** 氧传递的方式和过程如图 5-12 所示。

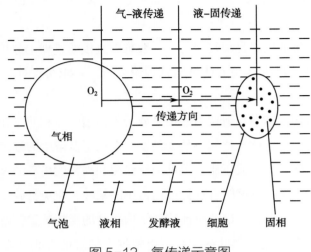

图 5-12  氧传递示意图

氧传递能力的强弱由传氧系数 $K_{La}$ 衡量。

1）摇瓶培养中的传氧：受流体物理性质、摇动速度、装料体积及挡板的影响。研究表明，装料体积大、摇动频率下降、无挡板对传氧不利。

2）搅拌罐中的传氧：与反应的特性、罐及搅拌桨的尺寸大小、操作参数有关。

## 九、生物反应器系统的工艺过程控制

生物反应器的目的是在大规模生产中实现在工艺与动力学研究中得到的工艺条件（参数），其基本变量与控制方法见表 5-3。

表 5-3  生物反应器基本变量与控制方法

| 序号 | 变量 | 主要控制方法 |
|---|---|---|
| 1 | 温度 | 冷媒或热源的流量和温度，控制物料反应温度 |
| 2 | pH | 酸、碱性缓冲液加注速率 |
| 3 | 溶解氧（DO） | 调节通气量、罐压和搅拌转速 |
| 4 | 气体流量 | 监测、显示、控制和调节气体流量 |
| 5 | 搅拌转速 | 搅拌转速的变频或定速控制 |
| 6 | 浊度 | 测定，以监控罐内细胞浓度 |
| 7 | 泡沫高度 | 调节消泡剂加入量、调节罐压、搅拌或通气量 |
| 8 | 罐压 | 压力传感器远程关联调节尾气阀门的开度 |
| 9 | 无菌性 | 清洗、消毒、除菌或灭菌 |

基于风险的角度，对生物反应的控制要引入系统的自动化过程控制概念，这样可以避免因为设备和管道系统本身可能存在的设计缺陷，以及生产过程中各种因素造成的失误而导致偏差和污染。

**1．生物发酵的过程控制**　包括下列几方面：

1）物料（培养基、发酵液）输送转移过程的控制。

2）发酵接种，种子转移过程的控制。

3）生物培养过程的控制。

4）取样阀及管道的灭菌过程的控制。

5）罐体与管道 CIP 过程的控制。

6）罐体与管道 SIP 过程的控制。

常用的控制方法是反馈调节，它是在一个系统中系统本身的某种变化结果，反过来作为信息调节该系统的工作，使系统变化出现新结果的过程。反馈调节分为正反馈调节、负反馈调节和负正反馈调节等。其具体实现要依赖：

1）控制器（处理器）：相当于大脑，主要负责通过分析采集到的数据和动作，确定后续应执行的反应动作。

2）测量装置（仪器／仪表）：是控制器的眼睛，核心部件是传感器和变送器，主要负责采集设备运行过程中的各项原始数据。

3）执行器：是控制器的手，主要是阀门、泵等，主要负责执行控制器发出的各项动作指令。

**2．生物反应器的控制系统**　一般可分为 3 部分。

（1）发酵现场操作终端（又称下位机、操作站）：数据显示与控制操作在触摸屏上进行，有相关的监控画面、中文菜单和界面。包括：① 当前数据的现场显示与运行状态的显示；② 发酵培养过程曲线的显示；③ 操作功能的切换，手动和自动操作的相互切换；④ 报警的处理；⑤ 温度、压力、pH、溶氧、转速、液位、补料量等数据的实时记录与控制。

（2）发酵过程的远程控制（又称上位机）：发酵工艺参数的设定、校正与修改，报警值的调整，用户权限分配，密码修改，数据的储存，发酵培养历史曲线的显示与储存，批报告的生成和打印，事件的审计追踪。

（3）发酵控制系统的编程与拓展：发酵系统中各工艺过程的数据显示与记录、远程控制接口、中央操作平台、网络通信、与其他系统交互数据等。

## 十、生物反应器的无菌边界和状态保持

**1．微生物负荷**　生物反应器无菌边界内，需要考虑清洗和微生物负荷控制。应包括：

1）容器内部。

2）进气管道，包括从气体过滤组件到容器或任何已安装的隔断阀之间的管道。

3）排气管道，包括从靠近容器一侧的排气过滤器到容器或任何已安装的隔断阀之间的管道。

4）搅拌组件，包括搅拌桨叶的表面、搅拌轴至机封处的与产品接触的表面。

5）加料系统，包括从容器到距离进料系统中容器最近的隔断阀，或者到料液无菌过滤元件。

6）取样系统。

7）产品收获系统，包括从容器到出料系统中距离容器最近的隔断阀。

**2．生物安全等级**　生物反应器、隔离器、手套箱等涉及生物体、菌种的设备需要考虑生物安全等级（biosafety level，BSL），如 BSL-1，BSL-2，BSL-3，BSL-4。

1）1级水平：包括 BSL-1 级水平的操作、安全设备以及实验设施的设计和建设。适用于对实验人员继续培训的教学实验室，以及处理那些已熟悉其特征、但通常对健康成人不致病的活微生物的实验室。代表病原体有麻疹病毒、腮腺炎病毒等。BSL-1 级水平代表防扩散的基本水平，它依赖于无特殊初级或二级屏障存在的标准微生物学操作，而不是简单地依赖于洗手盆等清洁设施。

2）2级水平：包括 BSL-2 级水平的操作、设备和实验设施的设计及建设。适用于临床、诊断、教学和其他处理多种具有中等危险的当地病原体（存在于本社区并引起不同程度的人类疾病）的实验室。代表病原体有流感病毒、乙肝病毒、HIV、沙门菌及弓形虫等。二级屏障如洗手盆和废物消毒设施必须完备，以减少潜在的环境污染。

3）3级水平：包括 BSL-3 级水平的操作、安全设备以及实验设施的设计和建造。适用于临床、诊断、教学、科研或生产设施等，涉及内源或外源性的具有潜在呼吸道传染性的病原体，且这些病原体可能引起严重的致死性感染。代表病原体有炭疽杆菌、鼠疫杆菌、结核分枝杆菌及狂犬病毒等。这一安全水平的二级屏障包括受控的实验室进入通道和通风设施，从而将释放出去的传染性气溶胶减少到最低限度。

4）4级水平：包括 BSL-4 级水平的操作、安全设备及实验设施的设计和建设。适用于进行非常危险的外源性病原体的操作，这些病原体对个体有很高的致死性，并且可通过空气途径进行传播，同时对这些病原体尚无有效的疫苗治疗措施。代表病原体有埃博拉病毒、马尔堡病毒和拉沙病毒等。进行 BSL-4 级水平相关病原体操作的人员，其主要危险是通过呼吸道吸入传染性气溶胶、通过黏膜或破损的皮肤接触到传染性液滴以及自动接

种。凡是涉及传染性材料、分离物和经自然或实验途径感染的动物的操作，均对实验人员、社区和环境造成很大的感染危险。实验室人员与传染性气溶胶的完全隔离，主要是通过应用三类生物安全柜或正压供气全身防护服实现的。BSL-4 级实验室一般是独立的建筑或处于完全隔离的区域，并且具有复杂的特殊通风装置和废物处理系统，从而防止活性病原体向环境扩散。

具体的等级要求应根据有机体特性、工艺、产品特性以及用户期望来确定。

如果要对已在培养的一种生物体控制生物危害，应在其对外界可能产生微生物外溢风险前进行控制。例如在 CIP 之前对系统内可能与产品接触的所有表面进行净化，或包含净化用于 CIP 的流体。

**3．可排尽性** 进气管道、排气管道的坡度要求应满足充分排放的要求，即达到重力排放合适坡度，坡度一般应不小于 1%。

所有要求被喷淋系统覆盖到的表面都应倾斜或可以通过重力排放至反应器内，也包括喷淋系统本身的管道、喷淋装置等。

加料管道的阀门和管道方向，应在 CIP 和 SIP 期间能提供完全排放。

内伸管所有表面都应倾斜，可通过重力排放至反应器内。

罐底阀的安装应能实现本身完全排放，且保证反应器内容物的完全排放。

底部安装的搅拌器不能干扰反应器内容物的自由排放。

反应器内排放完成后，应能实现没有液体积聚，应检查反应器内表面、搅拌轴、搅拌浆叶和容器内底表面等部位的积液情况。

**4．可清洗性** 生物反应器的清洁验证是 GMP 中不可缺少的一环。通常是在不拆开或移位的状态下，对反应器及其工艺管路使用喷淋球，在一定的温度、压力（流量）和时间下，对发酵罐及管道系统的内表面进行喷淋清洗，以达到清洗的目的。常采用移动式 CIP 工作站（适用于中小型生物反应器）和固定式 CIP 工作站的方式来完成。

反应器的无菌设计应尽可能实现 CIP，对于不能进行 CIP 的部件，这些部件应便于拆卸替换或离线清洗。

如果仪表部件需要拆卸下来进行离线清洗，为保证系统的完整性，需要加装盲板或堵头，如果在细胞培养时，辅助系统如加料系统需要进行原位清洗，则需要考虑防止清洗液与产品的交叉污染。

如果内伸管与容器一起进行原位清洗，需要注意内伸管的内外表面都要进行清洗。

生物反应器中典型难以清洗的部位（部件）有：桨叶部位、挡板部分、内伸管、内盘管、空气分布器、上封头、管路末端等（图 5-13）。

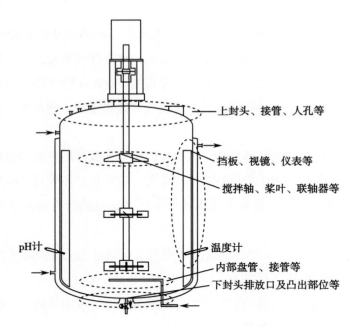

图 5-13　生物反应器中典型难清洗部位示意图

**5．热力灭菌**　反应器的无菌部分设计应可实现 SIP。对于那些不能进行 SIP 的组件应可拆卸，使用灭菌柜进行蒸汽灭菌。同时需要保证，高压灭菌组件中的弹性体或聚合物，应能耐受蒸汽灭菌而不会降解。

如果对反应器中的培养基进行灭菌，SIP 操作中应通过喷淋装置、通气管道等向培养基中直接通入蒸汽。

对于内伸管，SIP 操作应直接通入或平衡蒸汽分布，以在灭菌保持期间建立和维持管内的灭菌温度。

对于喷淋装置而言，SIP 操作应直接通入或平衡蒸汽分布，以在灭菌保持期间建立和维持喷淋装置内的灭菌温度。

SIP 灭菌后，反应器系统的罐及管道应在已验证的灭菌保持有效期内使用。若超过有效期，系统需要重新灭菌。常用 SIP 程序见表 5-4。

表 5-4　常用 SIP 程序

| 灭菌阶段 | 灭菌要求 |
| --- | --- |
| 预热阶段 | 100～105℃ |
| 加热阶段 | 121℃ |
| 灭菌阶段 | ≥121℃，30min |
| 冷却和吹扫阶段 | 罐及管路冷却，并吹扫至干燥 |
| 维持阶段 | 罐体维持微正压 |

# 十一、生物反应器的检验和试验

生物反应器的设计压力/真空度、温度应遵照相应的设计标准。同时，其建造、检验、测试和认证还要符合当地的法律法规。

生物反应器大部分属于压力容器，不仅要按照《压力容器》（GB/T 150—2011）或 ASME BPVC 第Ⅷ卷等规范或标准的要求进行设计、制造和检验，属于监管范围内的生物反应器还要按照《固定式压力容器安全技术监察规程》（TSG 21—2016）等法规要求进行监督检验，取得特种设备监督检验证书。

生物反应器的检验和试验应该按照质量计划或检验试验计划，在合适的时机、采用适当的设备、由具备相应经验和资格的人员来进行。当合同和法规有要求时，也可能包括监检人员、客户代表的见证。

压力容器的检验和试验包括材料检验、外观及几何尺寸检验、焊接检验及无损检测、耐压试验等，对于生物反应器，还应包括表面检验（外观及粗糙度）、喷淋球覆盖试验和排尽试验等。

**1. 材料检验**　大多数生物反应器属于压力容器，其材料要求必须满足 3 方面的规定：①《固定式压力容器安全技术监察规程》（TSG 21—2016）中有关材料的要求；② 适用的压力容器技术标准（如 GB/T 150—2011）、材料标准及客户 URS 对材料的技术要求；③ 设计图纸中规定的各项要求。因此，材料检验时需要检查实物的标记是否完整清晰地显示材料的标准、牌号和炉批号等信息，实测厚度等尺寸要求，需要取样复验的，还应按标准要求取样试验，并做好内部标记和标识移植工作；每一炉批的材料，应该同时检查材料质量证明书的准确性，如金属材料的化学成分、机械性能、耐腐蚀性能和表面状态等都应符合上述 3 方面的要求。检验实物和质量证明书均检验合格后，按规定办理材料入库手续。

**2. 外观及几何尺寸检验**　外观及尺寸检验非常重要，特别是生物工程设备。设备本身安装在洁净环境下，外表面状况对于环境清洗、消毒和防止污染有非常重要的作用，因此，外观应平滑连续、无锐边、无碰伤及无死角等，应有足够空间便于清洗，设备铭牌和视镜等应在易于观察的位置等，并且都要结合图纸和最终安装位置（参考 3D 模型等）进行充分的检查。对于内表面，除上述检查内容外，更应该严格检查内表面是否平滑连续、无锐边、无碰伤及无死角等，还要关注搅拌轴、搅拌桨、挡板等不规则部件的表面质量，关注通气管等内件的内外表面质量，在外观检查合格的基础上，按图纸要求再检测粗糙度。

对于几何尺寸检查，生物工程设备比一般的压力容器设备要求更加严格，设备整体尺寸公差可按照《压力容器》（GB/T 150—2011）和 HG/T 20584—2020 中的尺寸公差标准相关要求，但对于个别关键部件的尺寸公差可能会更严格控制，如接管的伸出长度，还应

确保不影响 $L/d < 2$，避免因为公差的原因影响生物工程设备的可清洗性、可排放性和可灭菌性。

对于机械抛光，与工艺接触的金属表面外观检查要求见表 5-5；对于电解抛光，与工艺接触的金属表面外观检查还应满足表 5-6 的要求。

表 5-5　与工艺接触的金属表面验收标准

| 异常或显示 | 验收标准 |
| --- | --- |
| 麻点/气孔 | 直径应<0.51mm，底部有光泽。直径<0.08mm的麻点是不相关且可以接受的 |
| 麻点/气孔群 | 在每个13mm×13mm的检查窗内，麻点数不超过4个。所有相关麻点的累积总直径不应超过1.02mm |
| 压痕 | 不可接受（蜂窝传热夹套所覆盖的区域内，因焊接引起的压痕是可接受的） |
| 抛光纹路 | Ra最大值满足要求 |
| 焊缝 | 焊后经过抛光的焊缝应当与母材金属齐平，凹凸度应当满足要求。Ra应满足要求 |
| 刻痕 | 不可接受 |
| 划伤 | 在每个100mm×100mm的检查窗内，划伤长度应<13mm，且深度<0.08mm，而且的划伤数量应<3处 |
| 表面裂纹 | 不可接受 |
| 表面夹杂物 | Ra最大值满足要求 |
| 表面残留物 | 不可接受。采用目视检测 |
| 表面粗糙度（Ra） | 符合规定要求 |
| 夹渣 | 不可接受 |
| 起泡剥落 | 未在表面显现 |

表 5-6　与工艺接触电解抛光的金属表面附加验收标准

| 异常或显示 | 验收标准 |
| --- | --- |
| 云斑 | 若Ra最大值满足要求，则可接受 |
| 端纹效应 | 若Ra最大值满足要求，则可接受 |
| 夹具印记 | 若经电解抛光，则可接受 |
| 雾斑 | 若Ra值满足要求，则可接受 |
| 间断电解抛光 | 若Ra值满足要求，则可接受 |
| 橘皮皱 | 若Ra最大值满足要求，则可接受 |
| 线状迹象 | 若Ra最大值满足要求，则可接受 |
| 焊缝白化 | 若Ra最大值满足要求，则可接受 |
| 光泽度变化 | 若Ra最大值满足要求，则可接受 |

**3．焊接检验及无损检测**　焊接检验和无损检测是证实与确保设备质量和性能的重要手段，通过检查和检测，及时发现缺陷，采取有效的整改措施，确保设备符合标准、规范，满足使用要求。焊接检验及无损检测记录和报告是重要的竣工文件。

对于生物反应器等生物工程设备，大部分情况下在焊接完成并检测合格后，还要进一步进行机械抛光、电解抛光等工作。因此，尽管抛光后焊缝不一定明显可见，但仍要尽可能对焊缝位置，尤其是与物料接触面的焊缝表面再进行目视检测，如发现可疑缺陷，再配合液体渗透检测进行复查。

**4．耐压试验**　耐压试验是承压设备最重要的试验项目，也是压力容器生产过程中的重要环节。一定要按照《压力容器》（GB/T 150—2011）中压力试验相关规定，根据工厂批准的压力试验程序，在保证安全的前提下，在合适的时机选用合适量程精度的压力表，尽量用纯水作为试验介质，确定合适的加压时间和保压时间，由胜任的操作人员和检查人员来完成。试验完成后要记录试验结果，保存试验照片等证据并最终提交压力试验报告。

**5．表面粗糙度检查**　生物反应器与工艺接触的表面粗糙度应符合图纸规定要求。可用粗糙度检测仪对典型部位进行测量，其余部位需要进行目视检测。发现不均匀、不平滑等部位时，用粗糙度检测仪复核。

要特别注意的是，与工艺接触的表面粗糙度，通常是指在正常生产过程中可能接触工艺物料、半成品、成品、工艺气体、洁净蒸汽及纯化水注射用水等的所有表面，因此生物反应器粗糙度的检测部位应全面、有代表性。特别对于不规则表面、易漏抛光表面、难以抛光表面或不易检测的部位，不一定能完整地记录在检查报告中，但现场检测时一定要确保这些位置的外观和粗糙度均符合要求。粗糙度检测典型表面通常应包括筒体内表面、封头内表面、挡板表面、搅拌轴表面、机械搅拌桨叶表面、温度计套管表面、圆弧过渡表面、焊缝附近表面、盘管表面等。反应器外表面也应检测粗糙度。

**6．喷淋球覆盖试验**　喷淋球覆盖试验是为了记录和证明系统的喷淋装置对工艺接触表面的液体覆盖情况，确认喷淋装置可以清洗整个容器包括内壁、设备上封头、下封头及内部附件等，为清洁及清洁验证提供必要的保证。

目前行业内采用核黄素（维生素 $B_2$）示踪的方法来验证喷淋装置是否可将溶液喷射到容器与工艺或物料接触的表面。核黄素具有易溶于水、易清洗的特点，在黑暗条件下、波长为 365nm 的紫外线照射下可显示绿色荧光，因此是较理想的测试物料。

（1）基本程序

1）配制核黄素溶液：采用纯水或规定的水质配制浓度为 0.08 ~ 0.22g/L 的核黄素溶液。

2）喷施核黄素溶液：用喷壶将溶液喷至待检测容器内表面（人孔、管口）及搅拌桨叶／搅拌轴外表面。容器内部的所有附件都应安装完好、表面干净。

3）检查：在黑暗环境下，用波长 365nm、照度 400lx 的紫外线灯照射，检查所有表面被核黄素溶液覆盖情况，检查时紫外线光源应距离检查表面30cm左右。所有表面应观察到有均匀的荧光点覆盖。也可使用其他波长的紫外线灯，但这可能需要配制更高浓度的核黄素溶液。

4）清洗：将供水管道连到喷淋装置管道，以一定的流量和压力持续喷射清洗液到容器内部，对容器内部进行清洗。

5）检查：在系统内部温度不高于40℃，清洗液还未完全干燥的条件下，在黑暗环境下用紫外线灯照射，检查容器内部表面和附件是否有可目视到的荧光，以确认是否有核黄素残留。

（2）验收标准及安全注意事项

1）测试前容器内表面已由核黄素覆盖，并有荧光显示。

2）清洗后，在黑暗条件下用紫外线灯观察内表面和附件表面，无目视可见的核黄素荧光残留。

3）如有残留必须形成记录，以便采取相应措施。

4）在试验过程中，由于紫外线的辐射可能会对皮肤等造成伤害，且进入罐体会涉及登高作业和密闭空间操作等，试验过程中要做好充分的安全控制措施。

**7. 排尽试验**　生物反应器良好的排尽能力，可以减少残留、降低生物负荷、提高收率、便于清洗和灭菌。排尽试验主要程序如下：

1）找平：将设备安放在试验区域并找平，水平度/垂直度在允许偏差范围内。

2）清洗：排尽试验前，应提前对容器内表面进行脱脂清洗，以免表面存在污垢或油脂，导致结果干扰。

3）加水：加注纯水，水位应在容器筒体与下封头的焊缝线附近。

4）排水：保持与大气相通，打开罐底阀，在重力作用下自然排放。

5）检查：下封头内表面不得有超标残留积水存在。

排尽试验验收标准：一般情况下，残留水可能会以水滴的形式出现，水滴直径通常不超过5mm。当水滴明显时，用橡胶棒等下压水滴，如散开的水滴重新聚集，则表明该位置是平的或存在不允许的低点，这一区域应返修；如散开的水滴不再回到原来位置，则只视为大水滴，测试合格。

# 十二、生物反应器的确认

目前各国监管机构或国际组织发布的GMP中，均要求按照用户需求说明URS（用户提供）、风险评估、设计确认、安装确认、运行确认和性能确认的流程来执行设备确认工作。目前制药行业中，也在探索以《制药、生物制药生产系统和设备的规范、设计和确证标准指南》（ASTM E2500-13）中介绍的调试与确认模式的可行性。

**1. 风险评估**　风险评估在药品生产中越来越受到关注和重视，通过风险评估来确定设备确认的范围和程度，并要求风险评估应贯穿于系统的整个生命周期。风险评估的工具及方式有很多，在此不一一列举。但无论如何评估，最终的输出结果都是对与设备有关的"人、机、料、法、环"等方面的风险控制。而其中的机械（设备）的风险，则可以从机械设计、功能设计、设备制造、质量控制、安装、运行及性能等方面进行识别、分析、评估并制订控制措施。设备的制造厂家与最终用户都可依据行业内标准、指南等进行相应的风险评估，在 ICH Q9《质量风险管理》、ISPE《制药工程指南：调试和确认（第 2 版）》、《良好自动化生产实践指南》（GAMP5）等中都有介绍。

常见的风险评估可以从系统的影响性、部件的关键性、系统关键元素等方面识别风险点，使用失效模式与影响分析（FMEA）、危险与可操作性分析（HAZOP）、失效决策树（FTA）或危害分析与关键控制点（HACCP）等工具进行评估，得出风险的控制措施矩阵。如果风险仍然较高，需要再次进行评估，并制订进一步的措施。

而在所有的风险控制措施都实施完成，或分阶段的风险控制措施实施完成后，应组织团队对风险控制效果进行再评价，以决定是否达到了预期的效果，或决定是否再一次执行风险评估。

**2. 生物反应器的设计确认**　设计确认通常在设计审核之后进行，主要针对 URS 中 GMP 相关的要求来确认已完成的设计内容符合要求。

（1）设计确认所需的输入性文件

1）各相关部门共同起草，且被药品生产商质量部门批准的用户需求说明 URS。

2）风险评估已完成，根据 RA 报告，确定需要在 DQ 阶段执行的控制措施。

3）药品生产商和设备制造商双方均认可的、后续补充的、变更的用户需求相关的文件。

4）必要的设计审核记录或报告。

5）设计确认所需审核的设计文件。

确认执行设计确认的人员应有能力执行确认工作，如果有多个专业的内容，事先需要评估参与的人员是否已具备各专业的设计审核和确认能力。如果不具备，可能会需要增加相应的设计审核人员，或者更换人员以完成本项确认工作。

（2）确认设计内容：以上这些工作的完成，最重要的是确认系统关键设计元素是否满足用户需求，确保设计成果能够最终满足要求用途。通常包括确认以下的设计内容：

1）反应器的工作体积。

2）反应器的高径比。

3）挡板形式和数量。

4）桨叶形式。

5）搅拌转速。

6）进气方式和设计。

7）供气组分 / 流速 / 控制。

8）喷淋器设计 / 位置。

9）补料速度。

10）DO 控制回路。

11）pH 控制回路。

12）温度控制。

13）罐压控制。

14）消泡控制。

15）工艺自控需求。

16）计算机化系统需求。

17）材质和制造需求。

18）工程、健康安全和环境（health，safety and environment，HSE）等设计要求。

完成对用户需求或所有的系统关键设计元素的设计确认后，应整理完成设计确认报告，并附上确认时用到的设计文件。只有用户最终批准了设计确认报告，本阶段工作才算告一段落。

设计确认也不一定是一次性的行为，根据设计进度，可以分阶段进行设计确认，确保每一阶段的设计成果都符合 URS 和 GMP 要求。所有设计工作完成、设计确认也完成后，如果项目产生新的变更，需要对变更内容进行评估，如果有必要，需进行再一次的设计确认。

**3．工厂 / 现场验收测试（FAT/SAT）**　工厂 / 现场验收测试不是确认和验证活动，但它们与确认和验证关系密切，是很重要的调试活动，是基于合同双方的验收交接的具体活动要求。这些活动如果执行完整、全面，可以为确认和验证的顺利完成创造良好的条件。

通用的测试项目包含但不限于以下项目：

1）测试用仪表校准检查：确认使用的仪表已校准，且在校准有效期内；校准证书复印件已提供；仪表的测量范围、精度满足测试要求。

2）文件检查：检查验收测试过程中必需的文件是否齐全、完整，是否为经批准有效的最新版本。

3）安全阀检定证书检查：核查安全阀的检定证书，确认所有安全阀已经检定，检定结果为合格，且检定数据符合设计文件中的要求，例如设定的安全阀的起跳压力等。

4）仪表校准信息检查：检查仪表设计文件、序列号和已有的仪表校准证书等，确认仪表是按照设计要求提供的；所有仪表已经校准，并在校准有效期内。

5）材料和表面粗糙度检查：检查与物料接触材料的材质证明（含粗糙度检查结果），

或使用相应的材料分析仪、表面粗糙度仪进行实物检测，确保系统的关键材料符合法规、标准和设计文件的要求。

6）容器符合性检查：根据容器的最新图纸或竣工图，核查容器的铭牌信息与容器图纸相符；现场测量的容器的管口尺寸、方位与容器图纸和尺寸检查报告相符；容器附件等与图纸相符。

7）公用设施连接检查：现场 SAT 时，需检查各设备 / 系统与工厂公用系统已正确连接；如可以，确认公用系统运行状态满足系统的工艺要求，通常需要确认以下公用系统的连接状态：纯化水、注射用水、纯蒸汽、工业蒸汽、冷冻水、冷却水、冷媒、洁净压缩空气、仪表压缩空气、工艺用氮气和氧气等。

8）设备安装位置和尺寸检查：根据设备的平面布置图等设计文件，使用测量工具检查设备是否按照指定的位置安装就位、固定牢固可靠及尺寸符合设计要求。

9）管道和仪表流程图符合性检查：确认管道尺寸和走向与设计图纸的管线尺寸和走向一致；设备和仪表的位置和标识与管道和仪表流程图（P&ID）一致；确认系统内的清洁状态是否符合要求；紧固件、密封件是否都已完成安装，其他必需的部件是否都已正确安装。

10）死角检查：根据系统流程图，检查系统中可能存在死角的位置是否符合设计要求。

11）坡度检查：根据系统流程图或者管道单线图，检查水平管道的坡度是否符合用户需求和设计要求。

12）隔膜阀安装角度检查：根据系统流程图，检查隔膜阀的安装角度是否符合厂家的技术要求和设计要求。

13）部件检查：根据系统的材料清单、设备清单或仪表清单，检查系统已安装的部件和仪表是否符合设计要求。

14）手动阀门测试：阀门容易手动打开和关闭，并方便操作者触及和操作。

15）气动阀门测试：手动强制开 / 关阀门，检查阀门应正确开关，应无漏气。

16）过滤器完整性测试：完整性测试方法与结果应符合用户需求和设计要求。

17）视镜灯检查：视镜灯可正常开启照明和熄灭；对于有延时的视镜灯，其延时时间应符合用户需求。

18）泵的测试：确认泵的转动方向与泵体的标识一致；泵的启停正常，没有异常噪声和震动；噪声水平应满足设计要求；对流量有要求的泵（如蠕动泵），应测试其实际流量符合要求。

19）断电检查：检查系统在意外断电和再恢复时，系统的数据保存和自启动功能符合设计要求。

20）喷淋球覆盖试验：喷淋球能够在日常运行流量下喷淋到容器的整个内部表面及内部附件。

21）系统保压测试：确认系统能够在要求的运行压力范围内运行且无泄漏。

22）搅拌转速测试：系统搅拌转速的准确度和控制精度符合用户需求及设计要求。

23）数据打印：核实需要打印的数据内容和数量；确认数据可以按要求的格式生成文件；文件打印功能正常。

24）数据储存和记录：核实系统中数据的类型、记录格式、储存的介质和路径；确认数据是否以某种方式进行了保护，例如不可随意访问，不可编辑或修改；确认数据备份或复制功能正常。

**4. 生物反应器的安装确认** 生物反应器系统需要按照 GMP 要求进行安装确认。安装确认的主要内容有：

1）先决条件的确认：确认 DQ 报告已批准；IQ 方案已得到用户质量部门的批准。

2）人员的确认：确认参与人员已接受确认方案的培训，有培训记录且合格；参与人员在 IQ 方案的执行人员签字页中已进行签字记录。

3）文件的确认：需检查的文件已到位、齐全且有效。需要检查的文件主要有：管道仪表流程图，设备平面布置图，管道平面布置图，设备总装图/装配图，功能设计说明，设备一览表，仪表索引表，公用工程一览表，电气原理图，输入/输出回路表，报警清单，联锁清单，施工过程记录（例如：焊接记录、无损检测报告、内镜检查报告、压力试验记录和酸洗钝化记录等），设备质量证明书，部件质量证明书，仪表校准证明，系统操作维护手册，部件的安装、使用和维护手册。

4）公用设施连接确认：确认所有与系统连接的公用设施已连接完成或可正确连接。如有必要，还需要检查并记录公用工程供应点的运行参数（通常需要确认以下公用系统的连接状态：纯化水、注射用水、纯蒸汽、工业蒸汽、冷冻水、冷却水、冷媒、洁净压缩空气、仪表压缩空气、工艺用氮气和氧气等）。

5）管道仪表流程图符合性确认：使用管道仪表流程图，确认管道尺寸和走向与图纸上规定的管线尺寸和走向一致；设备和仪表的位置及标识与 P&ID 一致；确认系统内的清洁状态是否符合要求；紧固件、密封件是否都已完成安装，其他必需的部件是否都已正确安装。

6）死角检查：根据管道仪表流程图，对系统中的工艺管道和组件可能存在死角的位置进行检查，以保证管道能够满足 GMP 关于卫生级设计的要求，不存在难以清洗或排尽的位置。通常要求死角区域的长度不超过管道支路内径的 2 倍或 3 倍。

7）坡度检查：根据管道仪表流程图或管道单线图，确认水平工艺管道有合适的坡度和低点排放，以利于管道内液体的排尽。

8）隔膜阀安装角度检查：确认水平安装的隔膜阀的安装角度符合厂家的技术要求和设计要求，以避免阀门处产生死区，不利于管道内液体的排尽。

9）设备安装检查：生物反应器系统中部分复杂设备还应进行专门的检查，例如反应器本体。

10）系统部件检查：根据设备清单、仪表清单等系统材料清单，确认已安装的部件，如阀门、仪表和泵符合设计要求。

11）仪表校准确认：根据仪表的设计文件、序列号和已有的仪表校准证书，确认仪表是按照设计要求提供的；所有仪表已校准，并在校准有效期内。

12）部件材质和表面粗糙度确认：根据设计要求，检查部件的材质证明书和表面处理检查证明文件，确认与产品接触表面的材质和表面粗糙度等符合设计的要求。

13）施工过程文件检查：确认设备的施工质量（如焊接、压力试验、酸洗钝化和排尽等）符合标准规范和设计要求。

14）控制系统硬件确认：根据电气和自动控制系统的设计图纸与设计说明，确认接线、控制系统的主要部件和盘柜布局符合设计要求。

15）输入/输出回路确认：根据回路表，针对不同类型的信号回路，确认现场部件的输入/输出回路信号符合设计、规范的要求。对于模拟量的信号，还需要测试在不同的输入/输出值下对应的回路值。

16）通信网络确认：根据系统的控制架构图或拓扑图，核实各控制终端和监控设备等的网络地址和连接是否正确，核实系统通信是否正常。

17）软件安装检查：根据软件清单，确认自动控制系统安装的软件信息、版本等是否与清单一致。同时还应确认软件的序列号（或串号），确认软件是否是正版。

**5．生物反应器的运行确认** 生物反应器系统需要按照 GMP 要求进行运行确认。运行确认的主要内容有：

1）先决条件确认：DQ 报告已批准；IQ 报告已批准；OQ 方案已得到用户质量部门的批准。如果 OQ 前存在未关闭的偏差，也应确认偏差不影响 OQ 的开始。

2）人员确认：确认参与人员已接受方案培训，有培训记录且合格；参与人员在 OQ 方案的人员签字页中已记录。

3）文件确认：需检查的文件已到位、齐全且有效。需要检查的文件一般有：管道仪表流程图，功能设计说明，硬件设计说明，软件设计说明，系统操作使用规程，部件安装、使用和维护手册。

4）断电检查：检查系统在意外断电和再恢复时，系统的数据保存和自启动符合设计要求。通常系统内的数据应尽可能保存而不能丢失，自启动应设置恢复供电后，系统处于断电前保持状态，或系统处于待机状态，需要操作人员再次执行相应操作，系统才能再次运行。如果有不间断电源或备用 PLC，也应进行测试，以确保系统中与生产有关的关键数据有充足的时间进行保存。

5）搅拌测试：在容器内有一定量水的情况下（通常水位应包括日常生产时的最小值和最大值），设定搅拌的转速（或频率），运行搅拌。观察搅拌方向，测量搅拌转速，目测搅拌效果。搅拌的转向应与搅拌器标识的方向一致；屏幕上显示的搅拌转速应与使用转速表测量值间的偏差在允许的偏差范围内；目测搅拌效果较充分，如产生了较大的涡流，也可以采用核黄素荧光示踪。如还有进一步的要求，也可以投入模拟物料，采用在液位的上、中、下层分别取样来检测浓度的方法确认搅拌的效果。

6）喷淋球覆盖试验：喷淋球覆盖试验是为了记录和证明系统的喷淋装置对工艺接触表面的液体覆盖情况，确认喷淋装置可以清洗整个容器，包括内壁、上封头、下封头、内部附件等，为清洁及清洁验证提供必要的保证。

7）系统控温测试：在容器内加入了一定量的测试用水（或模拟物料）后，设定相关的控温参数，包括目标温度、控温时间等，运行系统的控温程序。确认系统加热、冷却和控温的能力。主要确认系统升温 / 冷却的时间，控温的稳定性和精确性。

8）系统原位灭菌确认：确认系统能够实现原位灭菌，系统内的温度监控点能够达到并保持灭菌温度。同时要求灭菌的时间 – 温度曲线较平稳，没有很多剧烈波动的曲线，运行过程中也没有不可预测的设备故障外的报警。

9）保压测试：对测试区域的管道的边界阀门或隔断进行关闭，区域内阀门完全打开。向测试区域内通入一定压力范围内的压缩空气或其他惰性气体，待内部压力稳定后，开始计时并记录初始压力。保压一定时间后（通常可选择 15min、30min、60min 或更长时间），记录结束测试时的时间，记录最终的压力。确认系统保压过程中的压力降能够满足设计和客户需求。

10）人机界面确认：根据设计说明以及相关的系统图纸，检查人机界面各区域的设计是否与文件相符合；画面中的各种动画、颜色、图标、按钮、文字信息、控制面板及选项框等都与设计文件相符合且合理；画面之间的跳转和导航也都应是正确的。

11）系统时间同步确认：确认系统的主时间源，即时间主站（time master）和时间从站（time slave）。修改时间主站的时间，确认时间从站的时间是否会自动同步，与时间主站一致。尝试修改时间从站的时间，确认时间从站的时间是否被拒绝修改，时间主站的时间也未被修改。

12）管理权限确认：获得每个权限组的一个用户名和密码，分别登录系统，根据软件设计说明测试或确认用户与密码的策略。此外，根据定义的权限列表进行对应操作，确认各权限组仅能完成授权范围内的系统操作，超出权限的系统操作则不可使用。

13）报警和联锁确认：根据报警清单和联锁清单，对报警项目和联锁项目进行测试。

选用合理的方法和条件触发报警或联锁，观察是否产生相应的报警动作、联锁动作和信息等。

触发的方法常见的有：① 工艺达到报警条件；② 报警条件的物理模拟，例如使用加压泵给压力传感器加压，造成超压报警；③ 改变报警的阈值，使得原本正常的信号也能触发报警（测试后需要将阈值恢复到默认值）；④ 用于软件或程序进行仿真；⑤ 输入 4~20mA 的信号来模拟探头产生的信号；⑥ 开关量信号的打开或关闭；⑦ 按下"急停"按钮等安全保护装置。

对于产生的报警，需要核查是否能产生完整的报警记录，以便后续的审核与追溯。报警信息包括但不限于报警发生的日期时间、报警优先级、报警文本信息、报警显示状态、报警类型和报警确认状态等。

14）数据记录和储存确认：核实系统中数据的类型、记录格式、储存的介质和路径；确认数据是否以某种方式进行了保护，例如不可被访问，加密访问，不可被编辑或修改；确认数据可以被正确地备份或复制。

15）备份和恢复确认：使用具有该权限的用户登录系统，对软件进行备份和恢复的操作，以及系统内项目数据的备份和恢复。确认系统的软件及程序能够进行备份和恢复，系统内的数据能够进行备份和恢复。如果系统具备手动和自动备份，那么这两种方式都应该进行测试其有效性。

16）审计追踪确认：根据设计说明文件，对所有要求可追溯的系统相关操作，能够记录操作的完整信息，确认系统内的相关事件和动作的完整信息可被记录，且不可被修改。对于需要进行追溯的操作或事件，一般需要包含以下信息：日期，时间，用户名，对象名，事件描述，注释。需要进行追溯的操作或事件包括但不限于：用户的登录、登出、登录失败；程序的启动、暂停、中止；参数的修改；手动、自动状态的切换等。

17）配方参数确认：根据功能说明文件，确认各程序中的可设置参数是否齐全、正确；是否有设定参数可设置的区间，确认系统配方内的参数已正确配置；对有区间的参数的默认值进行修改，尝试输入超出参数范围上下限的数值，确认系统是否会进行拒绝。

18）控制程序确认：根据功能控制程序文件，对自动控制系统中的程序进行测试或确认，确认系统所有功能程序的控制逻辑、跳转条件、报警逻辑、中止逻辑及结束逻辑等符合文件的要求。

19）数据报表确认：依据已达成一致的报表模板或软件设计说明中对报表内容的要求，对生成的报表进行审核，确认报表可以正确生成，信息完整、正确。报表中的信息包括但不限于：报表编号，报表抬头，批次编号，操作人，程序配方名，程序运行事件，配方（参数）设置数据，事件（报警）信息，趋势图，双人复核签字区等。

**6．生物反应器的性能确认**　生物反应器在进行相应的产品清洁验证、工艺验证前，需要对设备的性能进行确认。基于已有的知识和经验以及识别的风险，通常需要对反应器的以下性能进行确认：

1）培养过程参数控制的稳定性：通常使用模拟物料作为培养基对培养过程中各项工艺参数进行模拟调控。工艺参数通常包括温度、pH、罐压和溶解氧量。

培养的过程应持续一定时间，以证明控制的稳定性。收集培养过程中的数据和趋势曲线，对比分析数据后确认系统可持续稳定地用于工艺验证或正常生产操作。

2）搅拌过程的均匀性：通常在反应器中装入一定量的纯化水/注射用水后，启动并运行搅拌。将模拟物料按预设定比例投入纯化水/注射用水中。在某个转速下搅拌一定时间后，分别在罐内液体上、中、下层分别取样。取样前预排放，尽量保证取样操作未引入相关污染物，取样后及时送检。待检测结果出具后，统计不同搅拌转速下、不同时间点取出检测出的模拟物浓度，分析并判断容器的搅拌性能是否满足工艺生产需求。

3）灭菌温度分布测试：主要目的是检测反应器内部的温度分布，找出系统中的任何冷点，确定罐体及连接的工艺管道是否存在死角，以确认灭菌期间系统内的蒸汽分布情况，并确认最冷点和相对冷点在灭菌过程中也能够充分满足灭菌要求。

通常是在灭菌前使用经前校准的温度探头合理地布置在罐体内以及工艺管道内的可能冷点，同时也可覆盖系统内已设置有温度探头的位置。将 SIP 的关键参数设定在 121℃以上，且设置相对较短的灭菌暴露时间，然后启动空罐灭菌程序。采集灭菌过程的温度 – 时间等关键趋势曲线和报表数据。为确认灭菌过程的重现性，本项测试通常需要连续测试 3 次且成功。完成后需要分析数据，对灭菌暴露温度、$F_0$ 值，以及最高温度、最低温度和平均温度差值进行评价。

4）灭菌微生物挑战测试：主要目的是采用生物指示剂对反应器灭菌的效果进行测试，确认系统的灭菌性能够达到要求。

根据产品的特性，合理选择具有代表性的生物指示剂。通常是在灭菌前，在罐体及搅拌轴上合理布置合适的生物指示剂。在灭菌前，在待测试的管道末端和/或最冷点处布置合适的生物指示剂。将配制完成的培养基加入生物反应器中，直到罐内液面没过指定数量的生物指示剂。将 SIP 的关键参数设定在 121℃以上且设置相对较短的灭菌暴露时间，然后启动灭菌程序。灭菌后将生物指示剂及未灭菌的对照品一并送去培养并检验。为确认灭菌过程的重现性，本项测试通常需要连续测试 3 次且成功。完成后，需要分析数据，对生物指示剂的检测结果进行评价。

5）灭菌前后培养基体积的变化：主要目的是检测反应器灭菌前后培养基体积变化量在可接受范围内。

通常是配制一定量的培养基，并泵入罐内。将 SIP 的关键参数设定在 121℃以上，且设置灭菌暴露时间，然后启动罐灭菌程序。灭菌结束后，将罐内的液体转移至塑料桶中充分冷却至室温后，称重。为确认体积变化的重现性，本项测试通常需要连续测试 3 次且成功。完成后，需要分析数据，对灭菌前后培养基的体积变化进行评价，通常变化率不超过 5%。

## 第二节　干热灭菌器

## 一、简述

干热灭菌是在干燥环境下用高温杀死细菌和微生物的一种灭菌技术，主要用于不能耐受湿热蒸汽、不能用高压蒸汽灭菌的物品，如玻璃器具、金属制容器、纤维制品、陶瓷制品、固体试药、液状石蜡，以及必须保持干燥的化学物品，如无水的油剂、油膏和甘油等。

## 二、基本原理

干热灭菌法是利用干热空气达到杀灭微生物或消除热原物质的方法，其应考虑被灭菌物品的热稳定性、热穿透力、生物负载（或内毒素污染水平）等因素。干热灭菌条件采用温度 – 时间参数或者结合 $F_H$ 值（$F_H$ 为干热灭菌热力强度，系灭菌过程赋予被灭菌物品 160℃下的等效灭菌时间）综合考虑。干热灭菌温度范围一般为 160~190℃，当用于除热原时，温度范围一般为 170~400℃。无论采用何种灭菌条件，均应保证灭菌后物品的灭菌残存概率（PNSU）$\leqslant 10^{-6}$。

## 三、组成与功能

干热灭菌器是药品生产中常用的灭菌设备，主要通过消耗电能加热空气来加热腔室内部的灭菌物品，灭菌设备内的空气应当循环并保持正压。干热灭菌器主要由内腔、门、高效过滤器、风机、水冷却系统和电加热系统等组成。

## 四、检验与试验

**1. 腔体检验与试验**　干热灭菌器的设计制造应该满足 GMP 要求，包括使用的材料必须是耐腐蚀的材料，灭菌器腔体的结构必须易于清洁、无死角和可排尽。内腔表面镜面抛光处理，粗糙度通常在 0.3μm 以下。灭菌器内腔的材料通常为 S31603 不锈钢。灭菌器腔体上的接口常设计为易于清洁的结构，尽可能减少死角，并多采用圆滑过渡结构。干热灭菌器腔体相关的检测项目包括：

1）材料检查：按照材料清单要求确认所有部件使用设计规定的材料，部件材质符合设计要求。

2）焊接和无损检测：确认焊接记录和无损检测记录完整；使用各种无损检测方法，例如目视检测、射线检测和渗透检测技术，确认焊接、焊缝质量符合设计标准的要求。

3）内腔表面粗糙度确认：使用粗糙度测试仪测量内腔的表面粗糙度，确认表面粗糙度满足设计要求。

4）内腔表面钝化确认：在完成焊接和抛光后，内腔表面需要进行酸洗钝化，以进一步增强耐腐蚀能力，常用蓝点法确认钝化是否已经完成。

5）内腔水压试验：按照标准要求对内腔进行压力试验，确认结构强度满足安全性相关的要求。

6）内腔排尽试验：根据设计的坡度用水测试最终的排水效果，确认内腔内排放后无可见水残留。

**2. 高效空气过滤器（HEPA）检验**　进入干热灭菌设备内腔体的空气应当经过 H14 高效过滤器过滤，高效过滤器应定期进行检漏测试以确认其完整性。

## 五、干热灭菌程序开发

干热灭菌工艺开发的目的是确认关键和重要的运行参数，这些参数能够保证装载满足灭菌/除热原的最低可接受标准。组成装载的物品必须在工艺开发前确定。腔体的热力学性质及物品和装载模式的热力学属性将在工艺开发过程中进行测定。以下将以干热灭菌柜为例来介绍干热灭菌工艺的开发。

**1. 干热灭菌工艺和方法**　包括过度杀灭法、残存概率法、灭菌和除热原法。三者都能够实现对物品灭菌或除热原，以达到无菌保证或内毒素的降低水平。

（1）过度杀灭法：当被灭菌品的热稳定性强时往往采用此法，通常不需要检查污染菌的含量。验证时可以采用标准程序法进行生物指示剂挑战试验。

（2）残存概率法：残存概率法可以用于热不稳定物品的灭菌工艺开发，该工艺取决于测定物品携带微生物的数量及耐受性。一旦负荷微生物的耐热性和数量被界定，即可设计灭菌残存概率（PNSU）不大于 $10^{-6}$ 的灭菌程序，对微生物负荷进行定期监控，并经风险评估确定监控频率。

（3）灭菌和除热原法：对于除热原工艺，过度杀灭法应证明装载最冷点内毒素水平能够下降至少 3 个对数单位。使用该工艺开发方法时，必须考虑灭菌物品存在热降解的可能性。

**2．干热灭菌器的运行参数**　干热灭菌 / 除热原过程的关键操作参数是温度和暴露时间，其他需要考虑的重要参数还包括压差、加热和冷却阶段的时间及温度。运行参数的开发应确保灭菌工艺使用的挑战菌满足最低 PNSU 达到至少 $10^{-6}$ 和 / 或除热原工艺实现内毒素下降至少 3 个对数单位。应进行温度研究以确认装载的最差条件，工艺开发研究结果必须在起始验证或确认运行中进行确证。

**3．干热灭菌器的装载类型**　装载方式的确认应考虑被灭菌物品最大和最小的装载量与排列方式等。对于连续干热灭菌设备还应考虑传送带运转时不同位置可能产生的温度差异，同时应关注热力难以穿透的物品，以保证灭菌的有效性和重现性。最差条件的装载取决于装载种类、布局或其他参数。工艺参数应达到装载所要求的时间和温度条件。

对于每个装载配置，其内部和周围应有充足的空间，保证对装载物的热穿透性和去除水分的有效性。应考虑包装材料的类型，保护物品以防止其在灭菌 / 除热原过程中（前 / 中 / 后阶段）受到污染。

物品太大而无法装上推车时应高于内腔下表面放置，确保空气流通。柜内小推车的位置应在装载形式中记录（如装载位置的方向）。应考虑装载位置对物品加热的影响。用于放置装载的托盘、架子及手推车的材料应不产生颗粒或降解。由于空气导热性较差，应通过热分布和热穿透试验确认冷点能够达到预期的灭菌效果。通过热穿透研究可进行最差位置或最难灭菌 / 除热原位置的确认，热穿透值可用于研究最难灭菌或除热原的区域。

**4．干热灭菌器的热分布研究**　装载物的热分布研究是为了确认工艺过程中热介质穿过装载物的温度分布情况，热分布研究可能与热穿透研究同时进行。热分布测试用温度探头不能接触装载物品或柜体硬件（例如推车、架子和托盘等），应有图片详细描述温度探头在每个装载中的位置。

在进行温度分布研究时应记录运行参数，运行阶段的温度参数包括以下几方面：

1）每个探头测得温度的最大差值。

2）探头与探头之间测得温度的最大差值。

3）探头测得温度与设定温度之间的最大差值。

**5．干热灭菌器的热穿透研究**　热穿透研究应确认预期量的能量已传输到装载中的物料或物品表面，热穿透研究用温度探头应被放置在装载物中，计算每个探头的 $F_{\mathrm{H}}$ 值，用于确认加热最慢的位置，这样的位置可代表最难灭菌 / 除热原的位置。

对于由不同热穿透特性的物品组成的装载，探头放置应能代表每一种物品类型。每一种研究的装载方式，应当记录温度探头放置位置以及选择该位置的理由。

计算分析装载内所有温度探头的值，确定热穿透研究过程的有效性。这些数据可为随后的性能确认研究提供冷点位置。如果生物指示剂（biological indicator，BI）/ 内毒素指示剂（endotoxin indicator，EI）挑战研究与热穿透研究同时进行，灭菌率和 / 或内毒素降低水平应符合预定的接受标准。

微生物挑战测试用生物指示剂通常选择萎缩芽孢杆菌（*Bacillus atrophaeus*）。细菌内毒素灭活验证试验是证明除热原过程有效性的试验。一般将不小于 1 000U 的细菌内毒素加入待除热原的物品中，证明该除热原工艺能使内毒素下降至少 3 个对数单位。细菌内毒素灭活验证试验所用的细菌内毒素一般为大肠埃希菌内毒素（*Escherichia coli* endotoxin）。

## 六、干热灭菌器的确认和验证

干热灭菌器的验证通常包括设计确认、安装确认、运行确认和性能确认。各项的具体确认内容为：

**1．设计确认** 设计确认通过审核设计文件或图纸，逐项确认每一项用户需求是否得到满足，并形成文件化的记录。

在选用干热灭菌器时，首先应根据产品的工艺来考虑干热灭菌器的选型，如果是定制的干热灭器柜通常还要起草用户需求说明（URS）。设计确认主要是确认灭菌器根据使用和操作的要求确定灭菌温度与时间的可控制性、灭菌程序的可选择性、灭菌时腔室内温度的一致性、升温与降温速率的稳定性、控制及记录系统的可靠性等，并将这些要求文件化形成设计确认报告。

**2．安装确认** 干热灭菌器的安装确认通常包括：

1）设备平面布局图确认：检查设备和部件布局是否满足设备平面布局图的要求，尤其需要确认开门方向、总体长宽高尺寸、公用系统接口位置尺寸和管件部件布置的位置等。

2）P&ID 确认：检查设备是否满足 P&ID 要求，重点检查部件数量和连接关系需要与 P&ID 一致，管道走向和尺寸符合 P&ID 等。

3）电气图纸检查确认：按照电气图纸检查电气柜布置、电气元件是否与图纸一致、电缆标识是否与图纸一致等。

4）部件确认：按照部件清单确认系统中各部件的位号、规格、型号是否与部件清单一致。

5）产品接触部件材质确认：按照产品接触部件材料清单要求确认所有部件的材质证明书，确认各部件的材质符合设计要求。

6）产品接触表面粗糙度确认：使用粗糙度测试仪测量产品接触表面粗糙度 Ra 值或者检查部件的质量证明书上的粗糙度测试结果，确认表面粗糙度满足设计要求。

7）公用工程检查确认：按照公用工程清单检查公用工程都已连接，且介质参数满足设计要求。

**3．运行确认**　干热灭菌器的运行确认通常包括：

1）仪表校准：按照仪表清单检查各仪表的校准证书或者校准记录，确认系统所有仪表都已完成校准，并在有效期内。

2）报警确认：按照报警清单逐条触发报警确认声光报警被触发，报警提示出现。

3）联锁确认：按照联锁清单逐条确认联锁动作，联锁事件出现后联锁动作满足设计要求。

4）门互锁确认：确认装载侧门和卸载侧门互锁，两侧的门不能同时打开，任何一侧的门打开的情况下另一侧的门无法打开。

5）高效过滤器完整性确认：干热灭菌器的出风系统必须保证符合 A 级洁净空气的标准，因此应对其高效过滤器定期进行完整性测试（如 PAO 或 DOP 测试）。高效过滤器本身可能被高温破坏产生悬浮粒子，同时在使用过程中升温和降温速度对高效过滤器的寿命亦有很大影响。

6）压差检查：干热灭菌柜内气流和温度分布情况受室内压差影响，最小压差的确定依照系统设计要求，确认腔体内与外部环境的压差。

7）空载空气洁净度测试：尘埃粒子测试通常是在开启风机但不加热模式下操作，应当关注取样点到粒子计数器的导管长度和弯曲度。如果需要，测试也可在升温和冷却状态下进行，在高温状态下测试时，测试导管应连接热交换器，用来冷却进入粒子计数器的空气。

8）人机界面画面确认：按照系统软件设计文件或功能设计文件检查人机界面（human machine interface，HMI）上所有画面，确认各画面满足设计要求。

9）用户权限确认：按照系统软件设计文件或功能设计文件检查系统的用户权限组的权限满足设计要求。

10）审计追踪确认：确认系统的审计追踪功能满足要求，任何对系统数据的录入、更改和删除动作都会被记录，且会记录操作人用户名和操作日期，并可以记录操作理由或说明。

11）电子签名确认：确认系统电子签名功能符合设计和法规要求，需要确认打印姓名、日期、职位和签名代表的意义等要素完整。

12）空载热分布检查：空载条件下的温度分布研究是确认正常灭菌条件下灭菌器内的温度分布情况，测试用温度探头不应与腔室的内表面接触，至少在温度控制探头附近放置一个热分布探头。在测试期间，应当确定并记录运行的关键参数和重要参数。选择 10 个以上经过校正的测试探头，此试验应连续进行 3 次，以证明热分布的重现性。

**4．性能确认**　干热灭菌器的性能确认通常包括：

1）负载热分布和热穿透测试：负载热分布测试可反映负载情况下空气温度达到灭菌

温度设定值所需要的时间，负载热穿透测试则反映灭菌对象达到灭菌温度时所需要的时间。显然，灭菌对象达到最低灭菌温度的时间将滞后于腔室内空气达到最低灭菌温度所用的时间，而滞后值在最大装载时最为明显。负载热分布及热穿透测试可同时进行，应连续运行 3 次，以证明灭菌 / 除热原过程具有重现性。

2）微生物挑战测试：微生物挑战测试使用生物指示剂或内毒素指示剂来确认对装载物品的灭菌 / 除热原效果。指示剂应放在装载物内的数个地方，包括除热原 / 灭菌效果最差点位。微生物挑战测试可与热穿透测试同时进行。对于干热灭菌，应证明挑战微生物在该过程中的存活概率不大于 $10^{-6}$。通常生物指示剂为枯草芽孢杆菌孢子，$D$ 值大于 1.5min，含菌量为 $5 \times 10^5 \sim 5 \times 10^6$ 个。对于除热原，一般将不少于 1 000U 的细菌内毒素加入待除热原的装载物，证明该除热原工艺能使内毒素下降至少 3 个对数单位。细菌内毒素灭活验证试验所用的细菌内毒素一般为大肠埃希菌内毒素。由于除热原的工艺比杀灭孢子的灭菌工艺要苛刻得多，所以干热除热原工艺验证中实施内毒素挑战测试时，不必再进行生物指示剂挑战试验。

## 第三节　湿热灭菌器

## 一、简述

在药品的生产过程中需要严格控制微生物的数量，确保最终药品中微生物的数量限制在一个安全的水平或者达到完全无菌的状态。高压蒸汽灭菌器是制药行业应用最为广泛的湿热灭菌设备，多运用于各种剂型药品的生产过程，以及对高温灭菌不敏感产品的最终灭菌，也适用于耐高温、耐高压、不怕潮湿的物品，如玻璃容器、金属容器、金属器械、胶塞、溶液、各种培养基、布料和衣物等的灭菌。

## 二、湿热灭菌器的基本原理

蒸汽灭菌是将产品放置于灭菌柜内，通过高温蒸汽迅速释放热量导致菌体蛋白质凝固变性而达到灭菌目的的一种灭菌方法。蒸汽灭菌的特点是穿透性强，蛋白质、原生质胶体在湿热条件下变性凝固，酶系统被破坏，蒸汽进入细胞内凝结成水，能够放出潜在热量提高温度，更增强了杀菌力。由于蒸汽潜热大，穿透力强，容易使蛋白质变性或凝固，最终导致微生物的死亡，所以该法的灭菌效率比干热灭菌法高，是药物制剂生产过程中最常用的灭菌方法。

蒸汽灭菌温度是灭菌器首要控制的蒸汽参数。各种微生物对热的耐受力因种类而不同，因此根据灭菌物品污染程度，其所需的灭菌温度和作用时间也各不相同。产品的灭菌温度也同时取决于产品本身的耐热程度和高温对产品某些特性的损害影响。一般而言，为了保证加热效率和缩短灭菌时间间隔，灭菌温度愈高，所需灭菌时间愈短。蒸汽温度的检测往往有一定的不均匀性，同时温度的检测也有一定的滞后性和偏差，考虑到饱和蒸汽的温度和压力呈现的对应关系，蒸汽压力检测更加均匀和快速，因而灭菌柜以灭菌蒸汽压力作为基础参数，而将灭菌温度检测作为安全保证。然而实际应用中，蒸汽的温度和灭菌温度有时会不同。当蒸汽中含有 3% 以上的冷凝水（干度为 97%）时，虽然蒸汽的温度达标，但由于分布在产品表面的冷凝水对热量传递的阻碍，蒸汽温度经过冷凝水膜时会逐步递减，使得到达产品的实际灭菌温度低于灭菌温度要求。特别是锅炉携带的炉水可能会污染灭菌产品，因此通常在蒸汽入口采用汽水分离器会非常有效。另外，空气的存在会对蒸汽的灭菌温度形成负面影响，当柜室内的空气未排除或未完全排除，一方面空气的存在会形成冷点，使得附着空气的产品达不到灭菌温度；另一方面，空气的存在产生部分分压，由于采用通过控制蒸汽压力来控制温度的控制方式，此时压力表显示的压力是混合气体的总压，实际的蒸汽压力低于灭菌蒸汽压力要求，因此蒸汽温度也无法达到灭菌温度要求，从而导致灭菌失败。

蒸汽过热度是影响蒸汽灭菌的一个重要因素，经常会被忽略，《灭菌器——蒸汽灭菌器——大型灭菌器》（EN 285：2015）要求灭菌蒸汽过热度不应超过 5℃。饱和蒸汽灭菌原理是蒸汽遇冷产品凝结而释放出大量的潜热能，使产品的温度上升；而冷凝的同时，其体积急剧收缩（1/1 600），还可产生局部负压，使随后的蒸汽穿透到物品的内部。过热蒸汽相当于干燥的空气，其本身的传热效率低下；此外，过热蒸汽释放潜热而温度下降没有达到饱和点时不会发生冷凝，此时释放出的热量非常小，使得热量传输达不到灭菌要求，此现象在过热 5℃ 以上时即表现明显。蒸汽过热还可导致物品快速老化。许多时候锅炉产生的是饱和蒸汽，但在灭菌柜前的蒸汽减压是一种绝热膨胀，因此使得原本的饱和蒸汽变成过热蒸汽。当压差超过 0.3MPa 时，这个影响就会很明显，如果过热度超过 5℃，应及时消除过热度。

## 三、湿热灭菌器的组成与功能

脉动真空式高压蒸汽灭菌器是在药品生产中所采用的最典型的高压蒸汽灭菌器。该蒸汽灭菌器在通入蒸汽前有一预真空阶段，即腔体内抽压至 2.6kPa，使腔体内原空气被排除约 98%，然后再通入高温洁净蒸汽。密闭的灭菌柜利用抽气设备抽出空气等不凝性气体，因为空气等不凝性气体的存在不仅阻碍热量的传递，也阻碍了蒸汽对产品的渗透。脉动真空式高压蒸汽灭菌器温度可达 132～135℃，具有灭菌周期短、效率高、自动化程度高、节省人力、时间和能源的特点；但设备价格相对较高，日常维护工作量多，对灭菌器腔体密封性要求较高。可做漏气量检验，在 10min 内的低压保压期间，每分钟压力升高值不得超过 0.13kPa。

工业用脉动真空式高压蒸汽灭菌器常为卧式双层结构，外层夹套为普通钢制结构，并装有绝热层外罩和夹套压力表，内层为 S31603 不锈钢制灭菌柜室，并装有柜室压力表、压力真空表与温度计。灭菌柜同时配有蒸汽进入管道、蒸汽过滤器、蒸汽控制阀、蒸汽压力调节阀和疏水器等。灭菌器还配套增加了真空系统和空气过滤系统，使得腔体内冷空气排除可靠且彻底，而且灭菌后可以对灭菌物品进行快速干燥。灭菌程序由 PLC 控制完成，在开发并安装好灭菌程序后可以实现全自动操作灭菌。

脉动真空式高压蒸汽灭菌器的结构特点为双层夹套，这样的结构具有以下优点：① 在灭菌前将夹套充满蒸汽并达到一定的压力（一般应大于灭菌过程所需压力），使灭菌柜及柜内物品得以预热，有利于提高对灭菌物品的升温速率；② 外接蒸汽送入夹套，可将蒸汽源带来的锅炉水及蒸汽冷凝水由夹套疏水器排出，有利于提高从夹套送入柜室内的蒸汽质量，保证其为饱和蒸汽，为灭菌质量打下基础；③ 可防止热蒸汽进入灭菌柜室并在柜壁上冷凝水汽；④ 灭菌结束后可对柜室内物品进行干燥；⑤ 如需连续灭菌，则因夹套仍保持原有的压力和温度，第二次灭菌的预热时间大大缩短，提高了灭菌柜的工作效率。灭菌柜的蒸汽设计包含在蒸汽入口配置超级蒸汽过滤器、高效汽水分离器、蒸汽压力调节阀和疏水器。

## 四、湿热灭菌器的检验与试验

**1. 腔体** 脉动真空式高压蒸汽灭菌器最主要的部件是灭菌器的腔体，灭菌器的腔体由内腔、夹套、门和各种接口组成。由于灭菌器在灭菌过程中内腔和夹套里面会通入高压蒸汽，灭菌器的内腔和夹套属于压力容器，压力容器需按照《压力容器》（GB/T 150—2011）设计、制造、检验与验收，并需按照《固定式压力容器安全技术监察规程》（TSG 21—2016）的要求进行生产、使用和管理。制药行业使用的灭菌器还要满足 GMP 的要求，包括使用的材料必须是耐腐蚀材料，而且灭菌器腔体的结构必须易于清洁、无死角和可排尽。内腔表面镜面抛光处理，粗糙度 Ra 值通常达到 0.3μm 以下，抛光后内腔内表面还要进行酸洗钝化处理。灭菌器内腔使用的材料通常为 S31603 不锈钢，夹套为 S30408 不锈钢。灭菌器腔体上的接口常设计为易于清洁的结构，尽可能减少死角，并采用圆滑过渡结构。湿热灭菌器腔体相关的检测项目如下：

1）材料确认：按照材料清单要求确认所有部件使用设计规定的材料，部件材质符合设计要求。

2）焊接和无损检测：确认焊接记录和无损检测记录完整；使用各种无损检测方法，例如目视检测、射线检测和渗透检测，确认焊接焊缝质量符合标准要求。

3）内腔表面粗糙度确认：使用粗糙度测试仪测量内腔表面的粗糙度 Ra 值，确认表面粗糙度满足设计要求。

4）内腔表面酸洗钝化确认：在完成焊接和抛光后，内腔表面需要进行酸洗钝化，以进一步增强耐腐蚀能力，常用蓝点法确认酸洗钝化是否已经完成。

5）内腔和夹套水压试验：按照标准要求对内腔和夹套进行压力试验，确认结构强度满足安全性相关的要求。

6）内腔排尽试验：根据设计的坡度用水测试最终的排水效果，确认内腔内排放后无可见水残留。

**2．湿热灭菌器的管道与管件**  湿热灭菌器内腔相连的管道用于将纯蒸汽引入腔体，通常选用 S31603 不锈钢材料，表面粗糙度 Ra 值小于 0.5μm，管道上连接的仪表和管件要选用卫生级结构，便于清洁和排放。管道和管件的检测项目包括：

1）材料检查：按照材料清单要求确认所有部件使用设计规定的材料，管道和管件材质符合设计要求。

2）焊接和内镜检测：使用内镜目视检测管道内部焊缝的焊接质量，通常手工焊需要 100% 内镜检验，自动焊接的焊缝通常检测比例不低于 20%。

3）表面粗糙度检测：通常是检测确认管道和管件材质证明书上的粗糙度 Ra 值符合设计要求。

4）管道酸洗钝化检查：在完成焊接和抛光后，管道系统表面需要进行酸洗钝化，以进一步清除铁离子等污染源，增强材料的耐腐蚀能力。常用蓝点法确认酸洗钝化是否已经完成。

5）管道水压试验：按照设计标准要求对管道系统进行压力试验，确认结构强度满足安全性相关的要求。

6）管道坡度和死角检查：使用坡度仪测量管道的坡度是否符合图纸（ISO 图）要求，并确认管道支管长度是否满足 3D 原则。

**3．湿热灭菌器的过滤器**  进入灭菌器内腔的空气需要经过除菌过滤以避免二次污染，通常在灭菌柜的回气管道上装有 0.22μm 的除菌过滤器。除菌过滤器的壳体型号和滤芯型号需要确认，过滤器的滤芯需要定期进行完整性测试和更换。

**4．湿热灭菌器的压力表和安全阀**  高压蒸汽灭菌柜的夹套和内腔都是压力容器，夹套和内腔安装的压力表与安全阀对于保证设备安全非常重要。压力表和安全阀同样受压力容器相关法规管理，压力表需要定期检定，安全阀需要定期校验。

**5．湿热灭菌器的排放系统**　排放对于制药设备来说非常关键，残留的水容易滋生微生物，从而影响产品质量。对于高压蒸汽灭菌柜来说，灭菌柜内腔的底部应当设定适当的坡度，确保冷凝水能及时排出腔体。此外根据设计的排放点，管道也应当设置适当的坡度确保管道中的冷凝水能排尽，从而避免微生物滋生。

**6．湿热灭菌器的控制柜**　高压蒸汽灭菌器是机电设备，其工作由各类电气部件驱动并由可编程逻辑控制器控制其运转。各种控制元器件一般都集成在控制柜中，少数检测仪表和执行机构分布在现场。控制柜的验收对于高压蒸汽灭菌器的运行和维护有非常重要的意义。控制柜需要按照设计图纸进行布局、标识和接线。尤其是标识对于控制非常重要，必须在验收的过程中确保控制柜的布局、接线和标识与图纸一致，此外还要检查确认所用的电气部件和电缆规格满足设计要求。

## 五、湿热灭菌的灭菌程序开发

为了满足特定物品的无菌要求和质量稳定性，有必要开发与被灭菌物品相适应的湿热灭菌程序。灭菌程序的开发是确定灭菌工艺各项物理参数的过程。图 5-14 是 PDA 湿热灭菌方法选择决策树，对程序的开发有着指导作用。

**1．设计灭菌方法**　灭菌程序设计方法主要有两种：过度杀灭法和残存概率法。两种方法都可以使被灭菌物品达到相同的无菌保证水平，选择何种设计方法很大程度上取决于被灭菌物品的热稳定性。过度杀灭法要求的热能较大，被灭菌物品降解的可能性较大；残存概率法要求的热能较小，有利于被灭菌物品的稳定性。

（1）过度杀灭法：过度杀灭法的目标是确保灭菌程序赋予被灭菌物品达到一定程度的无菌保证水平，而不管被灭菌品在灭菌前的微生物含量以及污染菌的耐热性。设计过度杀灭法时，通常假设初始菌的数量及其耐热参数为：$N_0=10^6$，$D_{121℃}=1min$，$Z=10℃$。

为了达到微生物残存概率为 100 万分之一，即 $N_F=10^{-6}$，利用上面的数值，可以计算出达到设计要求的 $F_{phy}$ 和 $F_{bio}$ 为：

$$F_0=F_{phy}=F_{bio}=D_{121℃} \times （ \lg N_0 - \lg N_F ）=12min$$

因此一个用过度杀灭法设计的灭菌程序可以定义为"一个被灭菌品获得的 $F_0$ 至少为 12min 的灭菌程序"。欧盟在最终灭菌制剂的法规中，将过度杀灭法定义为"121℃下湿热灭菌 15min"。

在自然环境中，很少发现微生物的 $D_{121℃}$ 超过 0.5min。在过度杀灭法中，所假设的污染菌含量及其耐热性都高于实际数值。在设计程序时，由于该方法已经对微生物含量及耐

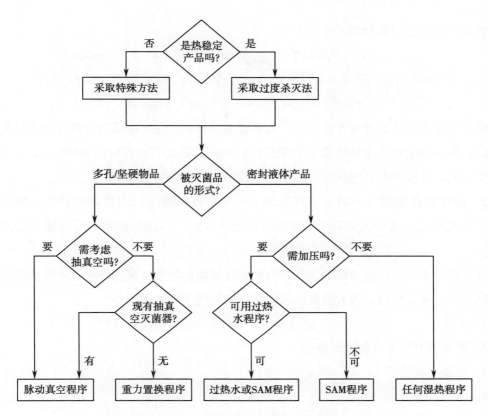

图 5-14　湿热灭菌方法选择决策树

注：SAM 为蒸汽－空气混合灭菌。

热性做了最大程度的估计，因此从无菌保证的设计角度看，没有必要对被灭菌品进行常规的灭菌前污染菌监控。

（2）残存概率法：不耐热产品或物品的灭菌不能使用过度杀灭法，这就需要所建立的灭菌程序必须能恰当地杀灭微生物，但不能导致产品或物品的降解。因此必须研究产品或物品上的微生物数量和耐热性。一旦确定了微生物的数量和耐热性，就可以设计出一个能达到无菌保证水平（SAL）小于 $10^{-6}$ 的灭菌程序。

在设计程序时，$N_0$ 和 $D_T$ 的取值要基于产品或物品在灭菌前污染菌含量检测数据，此外，还需加上安全余地，这取决于专业判断、生物负荷数据的范围，以及对产品生物负荷常规测试的程度。

按 GMP 要求生产的产品，实际微生物初始数量应该很低，通常每个容器 1～100个菌。通常只有环境中形成的芽孢或从产品分离的芽孢才需要测试 $D$ 值。将产品在 80～100℃下加热 10～15min，可以除去耐热性差的微生物。$D_T$ 值的选择应将初始微生物试验中检出的最耐热菌的安全系数考虑在内。所选定的安全系数反过来又与初始微生物的数量和耐热性测试的频率和程度相关。

假设产品的生物负荷测试中：

$$N_0=10^2；D_{121℃}=1\text{min}；Z=10℃$$

可以计算出经 121℃灭菌，微生物残存概率小于 $10^{-6}$ 所需的 $F_{phy}$ 和 $F_{bio}$ 为：

$$F_0=F_{phy}=F_{bio}=D_{121℃}×（\lg N_0-\lg N_F）=8\text{min}$$

使用残存概率法设计的灭菌工艺，通常要求对每批产品灭菌前进行微生物含量及耐热性测试，积累微生物污染的数据。如果长期以来的数据证明在实际的 GMP 控制条件下污染水平很低，且检测不到耐热菌，污染菌监控的方案可做适当调整。

**2. 确定装载类型** 灭菌工艺开发的下一个步骤是确定灭菌物品的种类，确定装载类型。灭菌物品通常分为多孔 / 坚硬装载和液体装载。不同装载类型应选择合适的灭菌方法。

（1）器械装载：指直接接触饱和蒸汽来实现灭菌的物品，当蒸汽在被灭菌物品的表面冷凝时，发生热量转移。器械装载物品包括但不局限于下述内容：

1）铝盖。

2）胶塞和其他聚合物密封件。

3）管道和软管。

4）清洁设备。

5）设备部件。

（2）多孔织物装载：指直接接触饱和蒸汽来实现灭菌的物品，当蒸汽在被灭菌物品的表面冷凝时，发生热量转移。多孔织物物品包括但不局限于下述内容：

1）过滤器（薄膜式过滤器、筒式过滤器和预过滤器等）。

2）洁净服。

3）抹布。

（3）液体装载：液体装载的灭菌通过传导和 / 或对流作用，将能量传递给容器中的内容物。液体装载包括但不局限于以下内容：

1）最终容器（如小瓶、袋、瓶子、针筒或安瓿）的药液（溶液、悬浮液和 / 或乳剂）。

2）试验后或生产后需处理的含有潜在致病微生物的废液。

**3. 选择灭菌程序** 对于湿热灭菌来说，有两种常用的灭菌程序：饱和蒸汽灭菌程序和空气加压灭菌程序。前者通常用于多孔织物和器械坚硬装载灭菌，后者通常用于液体装载灭菌。

（1）饱和蒸汽灭菌程序：按灭菌前排除空气的方式不同，分为脉动真空灭菌程序和重力置换灭菌程序。

1）脉动真空灭菌程序：脉动真空灭菌程序在灭菌前通过机械真空泵将空气从腔室中抽走，常用于难以去除空气的多孔织物或坚硬装载的灭菌，比如软管、过滤器和灌装机部件。灭菌程序开始之前，对装载的处理很重要。如果每次抽真空至 0.1 个大气压，那么每个脉冲（抽真空 – 充蒸汽）将使灭菌柜内的空气减少 90% 或者 1 个对数单位。3 次脉冲可使灭菌柜内的空气下降 3 个对数单位，有效地将空气去除 99.9%。为了使装载处于正常状态，可能另需正压脉冲（充蒸汽至高于大气压，避免空气进入腔室）。通过这个方法提高去除空气的效率，缩短平衡时间。在制定灭菌程序时，要准确地确定脉冲的次数和类型。

2）重力置换灭菌程序：重力置换灭菌程序的原理在于灭菌柜腔室中的冷空气比进入的蒸汽重，冷空气被从腔室顶部输入的蒸汽往下排挤到腔室的底部，并通过腔室底部的排水管排出。蒸汽往往通过导流挡板或散流器输至灭菌柜腔室。蒸汽注入腔室的速度非常关键，如果蒸汽进入过快或分布不合理，装载的顶部或周围可能会夹带空气层。如果蒸汽进入过于缓慢，空气受热而扩散入蒸汽中，从而使排除空气更加困难。

重力置换灭菌程序排除空气的效率低于脉动真空灭菌程序，对排气比较困难的装载而言，不建议采用这类灭菌程序。

（2）空气加压灭菌程序：对于液体装载灭菌，液体容器顶部常留有小部分气体（空气、氮气或其他惰性气体）。当液体被加热时，顶部气体膨胀，容器中的压力随之增大。冷却阶段，容器内的温度高于容器外，容器内的压力也会比腔室内压力大。为保持容器的形状和密封完好性，需空气加压，增大腔室的压力，降低腔室和容器内的压差，加压灭菌程序通常采用无油压缩空气，通入腔室的空气须先经过除菌过滤器过滤。为防止加入冷空气会引起腔室内的温度波动，空气在通入腔室前要预热。常见的空气加压程序有蒸汽 – 空气混合灭菌（SAM）程序和过热水灭菌程序。

1）蒸汽 – 空气混合灭菌程序：该程序以空气和蒸汽混合物为加热介质。当蒸汽中加入空气，产生高于一定温度下饱和蒸汽压的压力，这种采用蒸汽 – 空气进行灭菌的程序即为蒸汽 – 空气混合灭菌程序。与饱和蒸汽灭菌相比，它的热传递速率低。灭菌结束后，常见的冷却方法是向灭菌柜夹套通入冷却水，保持空气循环冷却，也可通过在装载上方喷淋冷却水使其降温。

2）过热水灭菌程序：过热水灭菌程序是指在空气加压条件下，以过热水为加热介质进行灭菌的程序。在这个程序中，加压是为了保持水在高温下的液体状态。

**4. 多孔织物和器械装载灭菌程序开发**　多孔织物和器械装载灭菌重现性和获取无菌保证水平的最大风险是单个产品中可能夹带的空气，因此灭菌前应确保充分排除灭菌柜腔室和产品中的空气，同时灭菌过程中确保向灭菌柜提供饱和蒸汽。通常多孔织物和器械装载灭菌程序的开发需要从以下方面进行考虑。

（1）装载最冷点：在腔室热穿透试验前进行热分布研究，画出装载的分布图，确定灭菌品中适当的监控点位置，确定装载中最难加热的部位。

装载的温度测试应取最难加热的物品（如质量大的、易包藏空气的、长的软管或这类特性兼备的装载物品）。做温度分布图时，要比较装载类型对加热的影响（如比较排除空气的难易及大装载加热的难易程度），并将温度探头放置在最难加热的位置。

（2）装载准备：多孔织物和器械装载的准备方式可有多种，包括但并不局限于以下情况：

1）用可穿透蒸汽和空气的包装材料将装载包扎（如不脱落纤维的纸或其他聚合包装材料）。

2）加盖但不封闭的桶／盒（如带孔的不锈钢桶／盒）。

3）将装载放在静止或旋转桶式的容器中（如胶塞）。

无菌生产中所用的物品必须加以包装或包扎，以便在使用之前保持无菌状态，包装材料需考虑空气及冷凝水的排除，避免微生物污染。

（3）装载方式：在运行确认后及性能确认前，要确认装载的类型和方式，并有相应记录。装载方式的确定应考虑以下方面：

1）装载不能接触腔室内壁。

2）尽可能减少金属容器平面间的接触以及与灭菌车之间的接触。

3）为方便去除空气及冷凝水，明确装载物的方位并有相应记录，如将桶倒置。

4）质量大的装载应放在腔室中较低的架子上，尽量减少冷凝水所致的装载潮湿。

5）控制灭菌柜中装载物的数量，如果预期装载物的量是变化的，则需确定最小和最大装载量。

6）如果确认物品的摆放位置不影响灭菌效果，那么装载方式是可变的。

7）应制定适当的 SOP，便于相关操作人员执行操作。

（4）运行参数：建立灭菌程序的关键要素是确定运行参数，以满足灭菌工艺设计的目标并确定它们属于关键因素或重要因素。表 5-7 列出了建立多孔织物和器械装载灭菌程序参数时需要考虑的因素。

表 5-7　多孔／坚硬装载灭菌程序主要参数

| 过程 | 参数 | 影响因素 |
| --- | --- | --- |
| 全过程 | 夹套的温度和/或压力 | 夹套温度不能超过或者明显低于腔室的灭菌温度。要控制温度避免过热或者过冷。通常作为重要参数 |
| 升温阶段 | 真空/脉冲的次数、范围和持续时间（如果适用） | 它们决定去除多孔物品中空气和达到适当平衡的时间。通常是关键参数 |
| | 充蒸汽的正脉冲次数、范围和持续时间（如果适用） | 蒸汽的正脉冲是（灭菌前）创造装载灭菌条件的有效方法。通常是重要参数 |
| | 腔室加热时间 | 饱和蒸汽灭菌与所供的蒸汽相关，可设报警限，对非正常的加热时间报警 |

| 过程 | 参数 | 影响因素 |
|---|---|---|
| 灭菌阶段 | 灭菌时间 | 每个灭菌程序均需验证，并需监控/记录的关键参数 |
| | 温度 | 验证过程中确认的关键参数 |
| | 独立的排水或腔室温度 | 每个灭菌程序均需验证，并需监控/记录的关键参数 |
| | 装载探头的温度 | 不属于控制参数，且在多孔/固体物品的灭菌中没有广泛应用 |
| | 腔室压力 | 对饱和蒸汽灭菌而言，可用于确认饱和蒸汽灭菌的条件。这可能是关键因素，要根据控制系统的情况来定 |
| | 装载探头最低$F_0$值 | 如采用装载探头，这是一个关键参数 |
| 冷却干燥阶段 | 干燥时间 | 下列因素会提高干燥效率：加热、高真空、脉冲或这些因素的组合。装载有特定的干燥要求时，则是灭菌程序的重要参数 |
| | 补气速率（消除真空的速率） | 可以设定，用于保护包装和过滤器的完整性，但不具有代表性 |

关键参数涉及产品的安全和有效性，关键参数不合格可能会导致灭菌的失败，参数不合格时被灭菌产品不得放行。重要参数保证日常灭菌运行处于"受控"状态，重要参数不合格时，需进行调查并有说明合理处理装载的文件和记录。

（5）平衡时间：平衡时间表示去除空气并使装载达到灭菌条件的能力。即使最终达到了设定的灭菌温度，平衡时间的延长也表示去除空气或加热能力的不足。在程序开发中，尽可能减少平衡时间，采用以下方法可缩短平衡时间：

1）确认装载正确放置，有效排除空气（如胶管不受挤压）。

2）增加真空或蒸汽正脉冲的次数。

3）提高真空脉冲的真空度。

4）优化装载方式。

**5．液体装载灭菌程序开发**　封闭容器中液体的湿热灭菌，是通过加热介质将热能经内包装容器传递给容器内液体来实现的。在浸入－喷淋式灭菌柜中，可以使用过热水和压缩空气。这类灭菌方式通常不需要排除腔室中的空气就可进行灭菌，但一般要求加热/冷却介质强制循环，以促进物品加热/冷却过程中的热传递。

在建立最终灭菌产品的灭菌程序中，最需要关注的问题是保证装载中最低温度点获得足够的杀灭时间，还要保证装载中高温点的产品符合产品质量要求。灭菌程序开发时应注意以下方面：

1）在确认和常规灭菌过程中，装载物要处于相同的位置。

2）输入装载的热量应一致，不应过高或过低。

3）装载的生物负荷应符合设定标准。

4）有足够的空气增压值（如果是采用空气加压的程序），使容器的破损和变形降低到最低程度。

5）灭菌柜应控制产品的冷却速率，避免产品的爆裂。

6）生物指示剂在产品中的耐热性。

7）应根据加热介质的类型（饱和蒸汽、蒸汽－空气混合物或过热水）和液体容器的类型（如玻璃容器、软袋和塑料瓶）设计灭菌柜的托盘/架子。

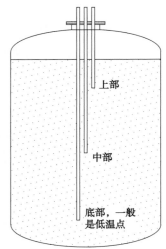

上部

中部

底部，一般
是低温点

图 5-15　液体容器中探
头位置示意图

每种容器及装载规格均应通过热穿透试验来确认装载的冷区及热区。通常液体装载灭菌程序的开发，需要从以下方面进行考虑：

1）冷点位置：容器的冷点是灭菌过程最低 $F_0$ 值的位置。对于大容量注射剂，冷点位于产品几何中心和纵轴的底部（图 5-15），此冷点需要确认。在小容量注射剂中，冷点的定位并不典型，因为溶液升温的速率几乎与灭菌柜相同。冷点的位置也受容器方位的影响。当容器旋转时，可能找不到可辨识的冷点。

2）装载方式：对于密封的液体装载，装载方式需要考虑以下方面：① 蒸汽、蒸汽－空气混合物或过热水对装载容器的有效穿透，使整个装载具有一致的灭菌条件。② 在灭菌后，确定装载有效冷却的范围，以保护产品的质量特性。如：培养基灭菌后的促菌生长能力。③ 合适的压力平衡，使容器的破损和变形降低至最低程度。④ 如果装载容器大小不同，应明确装载的最少数量和最多数量。

3）运行参数：表5-8列出了建立液体装载灭菌程序参数时需要考虑的因素。

表5-8　液体装载灭菌程序主要参数

| 过程 | 参数 | 影响因素 |
| --- | --- | --- |
| 全过程 | 夹套的温度和/或压力 | 在过热水循环中通常不用夹套。如果使用，夹套的温度不应高于灭菌柜腔室的温度 |
| | SAM法中风扇的转数 | 最低要求：风扇的故障应能启动警报。转速应是重要参数 |
| | 摇动/旋转速度 | 最低要求：需要时，摇动/旋转故障应能启动警报。摇动/旋转速度应看作重要参数 |
| | 过热水循环流速 | 最低要求：泵的故障应启动警报器。泵的操作应是重要参数 |

续表

| 过程 | 参数 | 影响因素 |
|---|---|---|
| 加热阶段 | 腔室的水位（过热水法） | 确定最低水位并设报警。系潜在的重要参数 |
| | 腔室加热时间 | 对于饱和蒸汽灭菌法而言，它与供汽相关。应设加热时间长短的警报限度。是SAM和过热水法灭菌潜在的重要参数 |
| | 腔室加热速率 | 为使加热时间及热分布具有重现性，应为SAM和过热水工艺确定其控制功能，是潜在的重要参数 |
| | 升压速率 | 对于一些使用SAM或过热水灭菌法的产品，保持容器的特性（如形状及针筒中胶塞的位置）需要一定的升压速率。系潜在的重要参数 |
| 灭菌阶段 | 设定温度点 | 是验证过程中的关键控制点 |
| | 灭菌时间 | 如果不使用装载探头，这是一个关键参数。在每个灭菌程序中都需要对这个变量进行确认/监控/记录 |
| | 腔室的压力 | 空气增压灭菌程序的压力是一个用户定义的参数。根据所用控制系统的情况，它可能是饱和蒸汽潜在的关键参数 |
| | 灭菌期间独立的加热介质的温度 | 如果不使用装载探头，这是一个关键参数。每次灭菌时，要监控/记录这个温度 |
| | 超过特定的最低温度的装载探头时间 | 可适用于有特定时间/温度要求的产品，以代替的要求。这是一个潜在的关键或重要参数 |
| | 装载探头的最低值 | 当采用装载探头时，这是一个关键参数 |
| 冷却阶段 | 装载探头的最小值 | 当采用装载探头时，这是一个关键参数 |
| | 装载探头最大$F_0$值 | 当采用装载探头时，这是一个关键参数 |
| | 降温速率 | 过热水及SAM程序中，需要设定的控制参数 |
| | 降压速率 | 对于采用SAM或过热水法的灭菌程序，保持特定的容器特性（例如形状、注射器塞子的位置）需控制一定的速率。系容器完好性潜在的重要参数 |
| | 装载冷却时间 | 灭菌后，可以通过冷却时间的控制获得理想的产品温度（如贴签，装箱） |

关键参数涉及产品的安全和有效性，关键参数不合格可能会导致灭菌失败，参数不合格时被灭菌产品不得放行。重要参数保证日常灭菌运行处于"受控"状态，重要参数不合格时，需进行调查并有说明合理处理装载的文件和记录。

## 六、湿热灭菌器的确认和验证

高压蒸汽灭菌器的验证通常包括设计确认、安装确认、运行确认和性能确认，具体各项确认的内容如下：

**1．湿热灭菌器的设计确认**　设计确认通过审核设计文件或图纸，逐项确认每一项用户需求是否得到满足，并形成文件化的记录。

在选用蒸汽灭菌器时，首先应根据产品的工艺来考虑蒸汽灭菌器的选型，如果是定制的高压蒸汽灭菌柜，通常还要起草用户需求说明（URS）。设计确认主要是确认灭菌器按照使用和操作的要求确定装量的大小、灭菌温度与时间的可控制性、灭菌程序的可选择性、灭菌时腔室内温度的一致性、升温与降温速率的稳定性、控制及记录系统的可靠性等，并将这些要求文件化形成设计确认报告。

**2．湿热灭菌器的安装确认**　蒸汽灭菌器的安装确认通常包括：

1）设备平面布局图确认：检查设备和部件布局是否满足设备平面布局图的要求，尤其需要确认的是开门方向、总体尺寸（长、宽、高）、公用系统接口位置尺寸和管件部件布置的位置等。

2）P&ID 确认：检查设备是否满足 P&ID 要求，重点检查部件数量和连接关系需要与 P&ID 一致，管道走向和尺寸符合 P&ID 等。

3）电气图纸检查确认：按照电气图纸检查电气柜布置、电气元件是否与图纸一致、电缆标识是否与图纸一致等。

4）部件确认：按照部件清单确认系统中各部件的位号、规格、型号是否与部件清单一致。

5）产品接触部件材质确认：按照产品接触部件材料清单要求，确认所有部件的材质证明书、确认各部件的材质符合设计要求。

6）产品接触表面粗糙度确认：使用粗糙度测试仪测量产品接触表面粗糙度 Ra 值或者检查部件的质保书上的粗糙度测试结果，确认表面粗糙度满足设计要求。

7）水压试验确认：检查系统的水压测试报告，确认系统水压试验结果符合要求。

8）酸洗钝化确认：检查系统的酸洗钝化报告，确认系统已完成酸洗钝化，且结果符合要求。

9）管道坡度和死角确认：使用坡度仪测量管道坡度，确认管道的坡度满足设计要求。

10）排尽确认：用水测试最终的排水效果，确认内腔内排放后无可见水残留。

11）公用工程检查确认：按照公用工程清单检查公用工程都已连接，且介质参数满足设计要求。

**3．湿热灭菌器的运行确认**　湿热灭菌器的运行确认通常包括：

1）仪表校准：按照仪表清单检查各仪表的校准证书或者校准记录，确认系统所有仪表都已完成校准，并在有效期内。

2）报警确认：按照报警清单逐条触发报警确认声光报警被触发，报警提示出现。

3）联锁确认：按照联锁清单逐条确认联锁动作，确认联锁事件出现后联锁动作满足设计要求。

4）HMI 画面确认：按照系统软件设计文件或功能设计文件检查 HMI 上所有画面，确认各画面满足设计要求。

5）用户权限确认：按照系统软件设计文件或功能设计文件检查系统的用户权限组的权限满足设计要求。

6）审计追踪确认：确认系统的审计追踪功能满足要求，任何对系统数据的录入、更改和删除动作都会被记录，且会记录操作人用户名和操作日期，并可以记录操作理由或说明。

7）电子签名确认：确认系统电子签名功能符合设计和法规要求，需要确认打印姓名、日期、职位和签名代表的意义等要素完整。

8）手动模式确认：在手动模式下对照手动操作清单检查设备各项手动功能满足设计要求，所有手动操作可以操作现场部件动作。

9）自动模式确认：设定参数后测试系统自动运行过程，确认系统自动运行功能满足功能设计要求。

10）灭菌模式确认：确认各种灭菌模式系统运行状态符合设计要求，一般包括液体模式、织物模式和器械模式等。

**4. 湿热灭菌器的性能确认**　蒸汽灭菌器的性能确认通常包括：

（1）空载热分布测试：用于确认空载条件下灭菌腔室内的温度均匀性和灭菌介质的稳定性，测定灭菌腔内不同位置的温差状况，确定可能存在的冷点，通常需要重复 3 次测试。空载热分布测试一般需要注意以下几点：

1）测试用探头在布点时不应与腔室内金属（如内壁、架子等）接触。

2）测试用探头在灭菌腔室内呈几何均匀分布。

3）至少有 1 支测试探头布于设备自身控制系统的温度传感器附近。

4）至少选择 10 个经过校正的温度探头（探头的校准偏差应小于 ±0.5℃，当验证设备有特殊要求时，可依据相关要求进行校准），连续重复 3 次测试应符合要求。

（2）BD 试验（布维 – 狄克试验，Bowie-Dick test）：是用于评估灭菌柜空载条件下空气去除能力和蒸汽穿透能力的一种试验。通常按测试包说明将测试包放置在灭菌腔内，进行简短的空载灭菌，查看测试包中的指示卡颜色变化是否均匀。导致 BD 试验失败有以下几种可能的原因：

1）空气去除不完全。

2）在去除空气的阶段出现了真空泄漏。

3）在供蒸汽过程中出现了非冷凝气体。

（3）泄漏率测试：主要用于脉动真空灭菌柜，确认在真空状态下，漏入灭菌室的气体量不足以阻碍蒸汽渗透负载，并且不会导致在干燥期间负载受到污染。泄漏率测试的操作步骤为：

1）灭菌室为空载的条件下，开始运行真空泄漏程序。

2）开启真空泵，当灭菌室压力为 7kPa 或以下时，关闭所有与灭菌室相连的阀门，停止真空泵。观察并记录时间（$t_1$）和压力（$P_1$）。

3）至少等待 300s，但不超过 600s，使灭菌室中的冷凝水汽化，观察并记录灭菌柜灭菌室内的压力（$t_2$）和时间（$P_2$）。

4）再经过 600s ± 10s 之后，观察并记录一次时间（$t_3$）和压力（$P_3$）。

5）真空泄漏率［$V=(P_3-P_2)/(t_3-t_2)$］应不超过 0.13kPa/min。

注意：如果（$P_2-P_1$）的数值 > 2kPa，可能是由于灭菌室开始时有过量的冷凝水。

（4）满载热分布测试：是在负载条件下对热分布及热穿透进行测试。常规测试需要注意以下几点：

1）应尽可能使用待灭菌产品，如果采用模拟物，应结合产品的热力学性质等进行适当的风险评估。

2）热分布探头的数量和安放位置一般同空载热分布测试。

3）热分布探头不能接触待灭菌的装载物品；热穿透探头必须布于装载内部。

4）热穿透探头布点位置应有代表性，获得的数据可以确定最难灭菌的位置。

5）采用热穿透数据来计算物理杀灭时间 $F_{phy}$（通常使用 $F_0$ 来衡量）。

（5）生物指示剂挑战试验：主要目的是获取所要验证的灭菌程序杀灭微生物的实际数据，从而证明所建立的灭菌程序达到程序设计中建立的生物杀灭时间（$F_{bio}$）。生物指示剂挑战试验一般需要注意：

1）所选用生物指示剂的数量应比装载物品的生物负荷高，耐热性应比生物负荷强。

2）评价 $F_{phy}$ 和 $F_{bio}$ 间的关系，生物指示剂应尽可能靠近温度探头的放置部位。

3）在放置温度探头和生物指示剂时，要避免因人为因素而影响去除某一区域的空气或减少蒸汽的穿透量。

用于挑战试验的生物指示剂通常为嗜热脂肪芽孢杆菌的孢子，$D$ 值通常为 1.5 ~ 3.0min，每片（或每瓶）活孢子数 $5 \times 10^5 ~ 5 \times 10^6$ 个。每种装载模式需要测试 3 次，可以与满载热分布测试同步进行。

| 第四节 | 零部件清洗机 |

## 一、简述

在药品生产过程中，为了防止污染和交叉污染，需要对生产过程中使用的容器、设备、管道和器具进行清洗。零部件清洗机用于与产品接触部件的清洗，如玻璃器具、灌装线零件（如针头、软管和灌装泵）、不锈钢混合桶、冻干机托盘和玻璃瓶、软管等。传统的手工清洗耗时耗力，而且重现性差，零部件清洗机可以缩短清洗准备等待时间且重现性强，能有效消除各批次间可能出现的交叉污染。

## 二、基本原理

零部件清洗机主要通过冲洗和喷淋待清洁部件的表面以达到清洗的目的。清洗过程中可以根据污染物的不同类型使用不同的清洁剂，以增强清洗效果。整个清洗过程大概分为预洗、清洗1、冲洗、清洗2、漂洗、纯水（注射用水）冲洗、干燥等步骤，在每个阶段的时间和温度都可以调整。清洗机本身带有标准清洗程序，用户也可根据所清洗的部件进行程序化设定，并可以经过验证后设为标准程序。

## 三、基本结构和组成

零部件清洗机常为卧式结构，主体部件是清洗箱体、清洗泵和框架，箱体上有视窗，同时配纯化水、注射用水和压缩空气进入的管道、过滤器、阀门以及排放管道等。有的清洗机还配套增加了真空系统和空气过滤系统，清洗后可以对部件进行快速干燥。清洗程序由 PLC 控制完成，在开发好清洗程序后可以实现全自动清洗干燥。

## 四、检验与试验

**1. 腔体与支架** 腔体与支架是零部件清洗机最主要的部件，由内腔、支架、门和各种接口组成。零部件清洗机的腔体通常部分耐受高温高压，不属于压力容器。零部件清洗机的门通常配有玻璃视窗，可以随时观察腔体内部件的清洗状况。零部件清洗机的支架需要根据待清洗物的装载定制。待清洗物品的装载随物品的类型、大小、材质和型式的不同有所差异。零部件清洗机也要满足 GMP 要求，使用的材料必须是耐腐蚀材料，腔体的结构必须易于清洁，无死角、可排尽。内腔表面需机械抛光处理，粗糙度 Ra 值通常要求达到 0.3μm 以下，抛光后内腔内表面还要进行酸洗钝化处理。零部件清洗机的腔体与支架的材料通常为 S31603 不锈钢，腔体上的接口常设计为易于清洁的结构，尽可能减少死角，并多采用圆滑过渡结构。零部件清洗机腔体和支架相关的检测项目包括：

1）材料检查：按照材料清单要求检查所有部件使用设计规定的材料，确认部件材质符合设计要求。

2）焊接和无损检测：确认焊接记录和无损检测记录完整；使用各种无损检测方法，例如目视检测、射线检测和渗透检测技术，确认焊接焊缝质量符合标准要求。

3）表面粗糙度检查：使用粗糙度测试仪测量内腔表面的粗糙度 Ra 值，确认表面粗糙度满足设计要求。

4）表面酸洗钝化检查：在完成焊接和抛光后，内腔表面需要进行酸洗钝化，以进一步增强材料的耐腐蚀能力，常用蓝点法确认酸洗钝化是否已经完成。

5）内腔排尽试验：根据设计的坡度用水测试最终的排水效果，确认内腔内排放后无可见水残留。

**2．管道与管件**　零部件清洗机与腔体相连的管道用于将纯化水、注射用水、清洗剂和压缩空气引入腔体，通常选用 S31603 不锈钢材料，表面粗糙度 Ra 值小于 0.5μm，管道上连接的管件和仪表要选用卫生级结构，便于清洁和排放。管道和管件的检测项目包括：

1）材料检查：按照材料清单要求确认所有部件使用设计规定的材料，管道和管件材质符合设计要求。

2）焊接和内镜检测：使用内镜目视检测管道内部焊缝的焊接质量，通常手工焊需要100% 内镜检验，自动焊接焊缝通常检测比例不低于 20%。

3）表面粗糙度检测：确认管道和管件材质证明书上的粗糙度符合设计要求。

4）管道酸洗钝化检查：在完成焊接和抛光后，管道系统表面需要进行酸洗钝化，以进一步增强材料耐腐蚀能力，常用蓝点法确认酸洗钝化是否已经完成。

5）管道坡度和死角检查：使用坡度仪测量管道的坡度是否符合设计图纸（如 ISO图）的要求，确认管道支管长度是否满足设计要求（如 3D 原则）。

**3．排放系统**　可排尽对于制药设备来说非常关键，残留的水容易滋生微生物，从而造成污染，影响药品质量。对于零部件清洗机来说，内腔底部应设定适当的坡度，确保清洗液能及时排出腔体。此外管道设计也应当设置适当的坡度和排放点，确保管道中的液体能排尽，从而避免微生物滋生。

**4．控制柜**　零部件清洗机是定制化的机电设备，其工作过程由各类电气部件驱动并由可编程逻辑控制器控制其运转。各种控制元器件一般都集成在控制柜中，少数检测仪表和执行机构分布在现场。控制柜的检验对于确保清洗机的运行和维护有着非常重要的意义。控制柜需要按照设计图纸进行布局、接线和标识，通过仔细检查确保控制柜的布局、接线和标识与图纸一致，此外还要检查确认所用的电气部件和电缆规格满足设计要求。

## 五、确认与验证

零部件清洗机的验证通常包括设计确认、安装确认、运行确认和性能确认。各项具体确认的内容为：

**1．设计确认**　通过审核设计文件或图纸逐项确认每一项用户需求是否得到满足，并形成文件化的记录。

在选用清洗机时，首先应根据产品的工艺和生产操作来确定清洗机的装载，根据各种清洗装载的特性定制不同的清洗支架，通常还要起草用户需求说明（URS）。URS 通常还要根据待清洗物品的特点确定清洗过程和使用的清洗剂，确定清洗工艺。设计确认主要是逐项确认清洗机的设计图纸及设计文件符合 URS 要求，并满足 GMP 要求，确保最终满足预定功能。

**2．安装确认**　零部件清洗机的安装确认通常包括以下项目：

1）设备平面布局图确认：检查设备和部件布局是否满足设备平面布局图的要求，尤其需要确认的是开门方向、总体尺寸（长、宽、高）、公用系统接口位置尺寸、阀门等管道部件的位置等。

2）P&ID 确认：检查设备是否满足 P&ID 要求，重点检查管道部件数量和连接关系，需要与 P&ID 一致，管道尺寸、走向、坡度等符合 P&ID 等。

3）电气图纸检查确认：按照电气图纸检查电气柜布置、电气元件是否与图纸一致，电缆标识是否与图纸一致等。

4）部件确认：按照部件清单确认系统中各部件的位号、规格、型号是否与部件清单一致。

5）产品接触部件材质确认：按照产品接触部件材料清单，确认所有部件的材质证明书，确认各部件的材质符合设计要求。

6）产品接触表面粗糙度确认：使用粗糙度测试仪测量产品接触表面粗糙度 Ra 值或检查部件的质保书上的粗糙度测试结果，确认表面粗糙度满足设计要求。

7）水压试验确认：检查系统的水压测试报告，确认系统水压试验结果符合要求。

8）酸洗钝化确认：检查系统的酸洗钝化报告，确认系统已完成酸洗钝化，且结果符合要求。

9）管道坡度和死角确认：使用坡度仪测量管道坡度，确认管道的坡度满足设计要求。

10）排尽确认：用水测试最终的排放效果，确认内腔内排放后无可见水残留。

11）公用工程检查确认：按照公用工程清单检查公用工程都已连接，且介质参数满足设计要求。

**3．运行确认** 零部件清洗机的运行确认通常包括：

1）仪表校准：按照仪表清单检查各仪表的校准证书或者校准记录，确认系统所有仪表都已完成校准并在有效期内。

2）报警确认：按照报警清单逐条触发报警确认声光报警被触发，报警提示正常出现。

3）联锁确认：按照联锁清单逐条确认联锁动作，联锁事件发生后联锁动作满足设计要求。

4）HMI 画面确认：按照系统软件设计文件或功能设计文件，检查 HMI 上所有画面，确认各画面满足设计要求。

5）用户权限确认：按照系统软件设计文件或功能设计文件，检查系统的用户权限组的权限满足设计要求。

6）审计追踪确认：确认系统的审计追踪功能满足要求，任何对系统数据的录入、更改和删除动作都会被记录，且会记录操作人用户名和操作日期，并可以记录操作理由或说明。

7）电子签名确认：确认系统电子签名功能符合设计和法规要求，需要确认打印姓名、日期、职位和签名代表的意义等要素完整。

8）手动模式确认：在手动模式下，对照手动操作清单检查设备各项手动功能满足设计要求，所有手动操作可以操作现场部件动作。

9）自动模式确认：设定参数后测试系统自动运行过程，确认系统自动运行功能满足功能设计要求。

10）核黄素覆盖测试：在内腔表面喷 0.08～0.22g/L 的核黄素，并使用 365nm 的紫外线灯确认核黄素已经喷满内表面，启动系统 CIP 过程，并在清洗后使用紫外线灯确认无核黄素残留。详细步骤可参照生物反应器喷淋球覆盖试验。

**4．性能确认** 通常与清洁验证同步完成。使用待清洗的物品装载按照批准的清洁 SOP 实施清洁过程，并对已清洁的物品进行擦拭或淋洗取样，分析 TOC、微生物限度、内毒素或活性物质残留，根据具体产品特性确定分析指标。

| 第五节 | 隔离器 |

# 一、简述

　　隔离器在制药工业主要用于药品的无菌生产过程控制以及生物学试验，隔离器不仅满足了对产品质量改进的需要，同时也能用于保护操作者免受生产过程中有害物质和有毒物质带来的伤害，降低了制药工业的运行成本。随着生物医药技术的快速发展，对洁净技术的要求不断提高，传统的洁净室（局部屏蔽）已越来越不能满足使用者的需求，无菌隔离器的应用变得越加普及。无菌药品在制造过程中，需要采用各种有效方法来防止药品受到微生物污染。洁净区是药品制造过程中防止药品污染的一个非常重要的环境。但是在洁净区尤其是无菌区的操作人员与药品直接接触，操作人员便成为药品生产过程中最大的污染源。同时，当药品存在对人体有很大的伤害特性时，如何有效保护操作人员也是一个很重要的问题。隔离器是一种既可提供无菌环境保护产品，也可将操作人员与有害物质隔离的空气净化操作设备。隔离器通常为 API 称量或分装、无菌制剂灌装、压塞和冻干机自动进出料过程提供无菌操作环境，同时 QC 实验室的无菌检测及菌种移植也经常用到隔离器。

# 二、隔离器的基本原理

　　无菌隔离技术是一种采用物理屏障的手段将受控空间与外部环境相互隔绝的技术，而无菌隔离器便是采用无菌隔离技术，突破传统的洁净技术，为用户带来一个高度洁净、持续有效的操作空间，它能最大限度地降低微生物或微粒的污染，实现无菌制剂生产全过程以及无菌原料药的灭菌和无菌生产过程的无菌控制。隔离器是全封闭的，通过能截留微生物的过滤器向隔离器内部提供经过滤的空气，同时隔离器能反复灭菌。当隔离器舱门关闭时，只能由已灭菌的传递接口或特殊设计的快速传递门（RTP）来实现隔离器内外物品的传递。隔离器舱门打开时，物品通过指定的进料门放入隔离器内。隔离器避免了操作人员与检品的直接接触，从而为检品及实验用品提供了更好的保护。物品通过无菌传递进入隔离器，整个传递过程中可保持隔离器内部空间和外部环境完全隔离。操作人员通过半身服或手套对舱内物品、仪器进行操作。半身服或手套 – 袖套组件均是隔离器舱体的一部分，它们由柔性材料制作。用隔离器进行无菌检查时，操作员无须穿着专用的洁净服。隔离器内壁经过可杀灭孢子的灭菌剂处理，能够去除所有的生物负载。

## 三、隔离器的基本结构和组成

隔离器可由柔性塑料（如 PVC）、硬质塑料、玻璃或不锈钢制成。通常隔离器主要由腔体、高效过滤器、风机、在线风速传感器、压差表、温湿度传感器、VHP 灭菌系统和手套等组成。硬舱体隔离器腔体通常为不锈钢框架，两面由透明亚克力板或钢化玻璃围护，并带有手套操作口。软舱体隔离器通常由不锈钢底、座支架和 PVC 腔体构成，PVC 腔体上带有手套操作口、传递门和定制的接口。

## 四、隔离器的检验与试验

**1．腔体**　隔离器的腔体是各种无菌操作的重要场所，腔体材料要能够耐受各种酸碱和有机溶剂的腐蚀，因此腔体的材料需要检查确认。通常腔体使用的不锈钢材质为 S31603 不锈钢，非接触面使用的不锈钢材质为 S30408 不锈钢。此外，腔体的密封性对于保护药品不受污染或人员健康不受损害也至关重要，在腔体的设计和制造过程中需要时刻注意确保气密性。关键的位置和连接处焊接牢固，确保密封性，对于硅胶密封的部位也需要确保硅胶的连续性，且硅胶表面平滑。

**2．隔离器的空气处理系统**　隔离器安装有可截留微生物的 H14 级 HEPA 过滤器。静态时，隔离器内部环境的粒子数要求达到百级区域标准；动态时则无此要求。对风速、换气次数，隔离器没有特殊要求。隔离系统是密闭的，但并不是与外部环境完全没有气体交换。当隔离器与外部环境有直接相通的接口时，应有持续的正压来维持隔离器内部的无菌条件。

**3．隔离器的传递接口及传递门**　灭菌后的物品可以通过带传递功能的灭菌器直接无菌传递到隔离器内。此外，两台隔离器也可以通过专门设计的快速传递门（RTP）连接，这样实验用品可在两台隔离器之间进行无菌传递。使用 RTP 可以在非受控环境中实现两个隔离器之间或隔离器和另一个容器之间的无菌连接及物品的无菌传递。RTP 上未经灭菌的表面通过互锁环或法兰互相叠合，并通过密封圈封闭，从而防止微生物进入隔离器内。当两个 RTP 法兰连接形成一个密封的传递通道时，密封圈上仍可能存在微生物污染。在 RTP 连接后外露出来的密封圈应在 RTP 连接后，物品通过传递前及时用杀孢子剂处理。传递物品时仍需遵循无菌操作要求，传递的物品及操作手套均不能触碰到 RTP 的密封圈。

**4．集成 VHP 灭菌剂发生器**　汽化过氧化氢（VHP）发生器主要用于生成 VHP，供隔离器的灭菌过程使用。VHP 灭菌对于隔离器来说非常关键，是确保隔离器无菌的重要手段。

**5．隔离器的手套完整性测试仪**　用于测试隔离器袖套、手套或一体式手套的完整性。手套的完整性对于保证隔离器内部无菌环境非常关键。隔离器使用后或开始使用前通常要求对手套进行完整性测试。

**6.隔离器的控制与监测系统** 采用可编程逻辑控制器和工业级 HMI，内置设备自动化运行程序，具有功能拓展和软件升级功能；舱内压差变送器、温湿度传感器和高效过滤器差压表等。

## 五、净化后的洁净环境系统等级

在医药行业中，一般关注的是粒径 ≥0.5μm 及 ≥5.0μm 的非活性粒子和微生物。

**1.中国 GMP 洁净环境等级分类标准** 中国 2010 年版 GMP 规定无菌药品生产过程中各级别空气悬浮粒子的标准见表 5-9。

表 5-9　中国 GMP 各级别空气悬浮粒子的标准

| 洁净度级别 | 悬浮粒子最大允许数/（个·m⁻³） | | | |
|---|---|---|---|---|
| | 静态 | | 动态 | |
| | ≥0.5μm | ≥5.0μm | ≥0.5μm | ≥5.0μm |
| A级 | 3 520 | 20 | 3 520 | 20 |
| B级 | 3 520 | 29 | 352 000 | 2 900 |
| C级 | 352 000 | 2 900 | 3 520 000 | 29 000 |
| D级 | 3 520 000 | 29 000 | 不作规定 | 不作规定 |

注：静态指所有生产设备均已安装就绪，但没有生产活动且无操作人员在场的状态；动态指生产设备按预定的工艺模式运行并有规定数量的操作人员在现场操作的状态。

中国 GMP 洁净区微生物的动态标准见表 5-10。

表 5-10　中国 GMP 洁净区微生物监测的动态标准

| 洁净度级别 | 浮游菌/（cfu·m⁻³） | 沉降菌（Φ90mm）/（cfu·4h⁻¹） | 表面微生物 | |
|---|---|---|---|---|
| | | | 接触（Φ55mm）/（cfu·碟⁻¹） | 5指手套/（cfu·手套⁻¹） |
| A级 | <1 | <1 | <1 | <1 |
| B级 | 10 | 5 | 5 | 5 |
| C级 | 100 | 50 | 25 | — |
| D级 | 200 | 100 | 50 | — |

**2.欧盟 GMP 洁净环境等级分类标准** 欧盟 GMP 规定无菌药品生产过程中各级别空气悬浮粒子的标准见表 5-11。

表 5-11　欧盟 GMP 各级别空气悬浮粒子的标准

| 洁净度级别 | 悬浮粒子最大允许数（个·m⁻³） | | | |
| --- | --- | --- | --- | --- |
| | 静态 | | 动态 | |
| | ≥0.5μm | ≥5.0μm | ≥0.5μm | ≥5.0μm |
| A级 | 3 520 | 20 | 3 520 | 20 |
| B级 | 3 520 | 29 | 352 000 | 2 900 |
| C级 | 352 000 | 2 900 | 3 520 000 | 29 000 |
| D级 | 3 520 000 | 29 000 | 不作规定 | 不作规定 |

欧盟 GMP 洁净区微生物的动态标准见表 5-12。

表 5-12　欧盟 GMP 洁净区微生物监测的动态标准

| 洁净度级别 | 浮游菌/（cfu·m⁻³） | 沉降菌（Φ90mm）/（cfu·4h⁻¹） | 表面微生物 | |
| --- | --- | --- | --- | --- |
| | | | 接触（Φ55mm）/（cfu·碟⁻¹） | 5指手套/（cfu·手套⁻¹） |
| A级 | <1 | <1 | <1 | <1 |
| B级 | 10 | 5 | 5 | 5 |
| C级 | 100 | 50 | 25 | — |
| D级 | 200 | 100 | 50 | — |

## 六、隔离器的确认与验证

隔离器的验证通常包括设计确认、安装确认、运行确认和性能确认。

**1．设计确认**　设计确认通过审核设计文件或图纸逐项确认每一项用户需求是否得到满足，并形成文件化的记录。

在选用隔离器时，应根据隔离器的用途进行隔离器选型。如果是用于生产过程的无菌隔离器，应当按照生产工艺和操作过程起草详细的 URS，确定隔离器腔体内部是正压还是负压、隔离的轮廓尺寸、隔离器的操作位、手套配置数量、各种舱门的配置、与其他系统的接口、操作过程和操作模式等方面的特性。隔离器设计确认主要是确保隔离器设计图纸及文件能完全满足用户 URS 规定的各项要求，并满足 GMP 规定，以确保制造好的隔离器能实现预定的功能。

**2．安装确认**　隔离器的安装确认通常包括以下项目：

1）设备文件确认：确认设备相关的所有文件已提供，文件编号和版本完整。

2）安装现场环境及公用介质确认：确认所有需要的公用设施连接正确、安装牢固，符合设计要求。

3）机械安装检查：检查已安装的隔离器及附件与图纸一致。

4）部件确认：按照部件清单确认所有部件位号、型号、规格等符合要求。

5）高效过滤器确认：确认送风高效过滤器和排风高效过滤器规格、型号正确，过滤器本体及边框无泄漏，一般使用气溶胶进行 DOP 测试或 PAO 测试。

6）设备仪表确认：按照仪表清单确认所有仪表都已校准，且在校准有效期内。

7）控制系统安装确认：按照电气图纸检查电气柜布置、电气元件是否与图纸一致，电缆标识是否与图纸一致等。

**3．运行确认** 隔离器的运行确认通常包括以下项目：

1）访问安全控制确认：确认系统有密码保护功能，操作设备需要输入用户名和密码，未登录状态不能操作设备。

2）权限分配确认：按照系统软件设计文件或功能设计文件检查系统的用户权限组的权限满足设计要求。

3）审计追踪确认：确认系统的审计追踪功能满足要求，任何对系统数据的录入、更改和删除动作都会被记录，且会记录操作人用户名和操作日期，并可以记录操作理由或说明。

4）电子数据完整性确认：确认导出的电子数据是不可修改格式，系统生成的电子数据不可修改。

5）参数设定有效性确认：确认超出范围的参数设定系统会报错。

6）报警功能确认：确保报警功能正常。

7）压差维持能力确认：确认系统内腔和环境压差满足设计要求。

8）正压维持测试：确认充压设备的泄漏率在可接受范围内。

9）尘埃粒子测试确认：使用尘埃粒子检测器检测腔体内的粒子计数，通常需要满足 A 级动态要求。

10）断电恢复测试确认：确认系统断电后重新上电的状态。

11）手套泄漏测试：确认每个手套的压力泄漏率在可接受范围内。

**4．性能确认** 隔离器的性能确认通常包括以下项目：

1）VHP 分布均匀性确认：确认 VHP 气体能够均匀地分布在隔离器腔体内，隔离器腔体无死角，确保 VHP 灭菌后腔体内部可以达到无菌状态。

2）过氧化氢气体灭菌效果确认：确认使用生物指示剂、化学指示剂分布在隔离器内不同部位，并确认 VHP 灭菌过程能有效杀灭腔体内的微生物。

3）过氧化氢气体排空效果确认：确定 VHP 灭菌后过氧化氢能够在预期的时间内清除至某一浓度以下，以确保样品和操作人员的安全。

4）尘埃粒子测试确认：应对隔离器腔室内的悬浮粒子浓度进行确认，在进行悬浮粒子测试前应作以下规定：① 测试人员的要求（培训、数量）；② 测试仪器的要求（精度、校准等）；③ 采样点位的要求；④ 采样量的要求；⑤ 采样次数的要求；⑥ 测试结果计算。

5）沉降菌测试确认：用暴露法收集降落在培养皿中的活生物性粒子，并将其培养、繁殖后计数所得。沉降菌测定的培养皿应布置在有代表性的地方和气流扰动最小的地方。具体的采样方法和培养方法：将培养皿放置在接近于操作高度的位置后，打开外盖并倒扣放置，使培养基表面暴露出来。

6）浮游菌测试确认：经常使用撞击法中的狭缝式采样器或筛网撞击式监测浮游菌采样器，通过多孔盖抽取空气，气流中的微生物则撞击附着在标准培养皿中琼脂培养基的表面。另外，浮游菌采样器还有筛孔撞击式、表面真空取样、离心式、过滤式和液体冲击式等采样方式。

7）表面微生物取样测试确认：物体表面微生物测试可以确定物体表面微生物的污染程度。一般情况下，可以使用棉签间接取样后培养、直接接触法取样和表面冲洗法3种方法，而利用直接接触法时，所用的接触碟要放至室温后使用。

## 第六节　真空冷冻干燥机

## 一、简述

真空冷冻干燥机（vacuum freeze dryer），又称冻干机，起源于19世纪20年代的真空冷冻干燥技术。进入21世纪，真空冻干技术在医药、生物制品、食品、血液制品和活性物质等领域得到广泛应用。冻干制品呈海绵状，无干缩、复水性极好、含水分极少，经相应包装后在常温下可长时间保存和运输。由于真空冷冻干燥具有其他干燥方法无可比拟的优点，因此该技术自问世以来越来越受到人们的青睐。生物制品多为一些生物活性物质，真空冷冻干燥技术为保存生物制品提供了良好的解决途径。

## 二、真空冷冻干燥的基本原理

冷冻干燥的基本原理是基于水的三态变化。水有固态、液态和气态，三种状态既可以相互转换又可以共存。当水在三相点（温度为 0.01℃，蒸汽压为 610.5Pa）时，水、冰、蒸汽三者可共存且相互平衡。在高真空状态下，利用升华原理使预先冻结的物料中的水分不经过冰的融化，直接以冰态升华为蒸汽被除去，从而达到冷冻干燥的目的。物质在干燥前始终处于低温（冻结状态），同时冰晶均匀分布于物质中，其升华过程不会因脱水而发生浓缩现象，避免了由蒸汽产生泡沫、氧化等副作用。干燥物质呈干海绵多孔状，体积基本不变，极易溶于水而恢复原状，在最大程度上防止干燥物质的理化和生物学方面的变性。冻干过程实际上是产品中水的物态变化过程，同时也是水的转移过程，也可称为质的传递过程。在预冻阶段水由液态变为固态，它是一个放热过程，放出的热量由冷冻机带走。在升华阶段水由固态直接变成气态，这是一个吸热过程，由电加热器提供热量。升华出来的蒸汽从冻干箱流向冷阱，这是质的传递过程，水分发生了转移，从产品内部转移到冷阱的表面，这就是干燥过程。蒸汽在冷阱表面凝结成冰霜，水由气态变成了固态，这是一个放热过程，放出的热量由冷冻机带走。冻干结束后，冷阱进行化霜，由固态变成液态，这是一个吸热过程，由除霜水或蒸汽提供热量。在制药用冻干的工艺流程中，首先对冻干箱进行清洗，接着是灭菌，灭菌之后应做泄漏率检测，是对压塞波纹管和蘑菇阀波纹管的完整性检测，系统的泄漏率检测合格，证明系统真空良好，产品才能进箱。如果冻干机不带原位清洗和原位灭菌系统，则需人工清洗，并用其他合适的方法进行灭菌。

## 三、冻干机的基本组成

冻干机是由冻干箱、板层、冷阱、真空系统、制冷系统、硅油循环系统、原位清洗系统、原位灭菌系统、电气控制系统等组成（图 5-16）。

冻干箱是冻干机上最大的容器，是进行产品预冻和干燥的地方，在冻干箱内安装有一套能制冷和加热的板层，用于冷热传导，产品就放置在板层上进行预冻和干燥。冻干箱还是一个可以抽成真空的容器，以使产品在真空条件下进行升华干燥，液压压塞系统可对小瓶进行真空或充氮压塞，冻干箱开有许多接口，以完成各种工艺操作功能。

板层组件由板层、支架和载冷 / 热剂汇流管组成；带压塞或升降功能的板层组件由板层、板层软管、硅油出入汇流管、吊杆、导向杆、上支架和下支架等组成，上支架与液压系统的活塞杆相连，可以带动板层升降（设计压力较小，不能压塞）或压塞（设计压力较大）。板层用 S31603 不锈钢板焊接而成，上、下两块不锈钢板之间焊有载冷 / 热剂循环的通道，各板层采用并联法与载冷 / 热剂汇流管连接。板层要求平整、光滑，有足够的强度，一定的耐压性，长期使用不变形、不渗漏。

冷阱是冻干机上第二大容器，它与冻干箱一样是真空容器。它的内部装有许多可制冷的金属表面，一般是盘管，用于吸附产品中升华出来的蒸汽，1g 冰在 0.1mmHg 的真空下

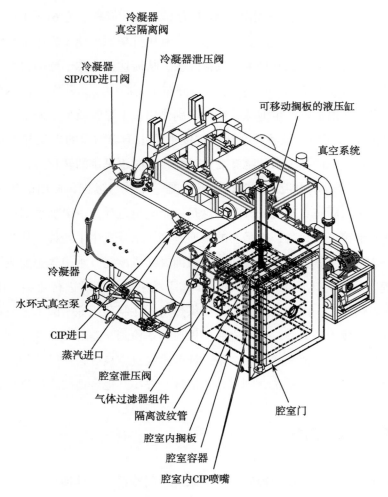

冷凝器真空隔离阀

冷凝器泄压阀

冷凝器SIP/CIP进口阀

可移动搁板的液压缸

真空系统

冷凝器

水环式真空泵

CIP进口

蒸汽进口

腔室泄压阀

气体过滤器组件

隔离波纹管

腔室内搁板

腔室容器

腔室内CIP喷嘴

腔室门

图 5-16  冻干机结构示意图

（资料来源：ASME BPE—2019）

大约能产生 10 000 L 蒸汽，而冷阱又把这 10 000L 的蒸汽凝华成 1g 冰霜，所以冷阱是冻干机抽除蒸汽的真空泵。冷阱也有许多接口，以完成各种功能。冷阱的外形一般为圆筒形结构，立式或卧式，少数也有方形结构。凝结蒸汽的表面大都采用盘管式，少数采用板式。

真空系统由真空泵、真空容器、真空阀门、真空管道和真空仪表组成。它的功能是使冻干箱和冷阱形成产品升华所需要的真空度。要求真空系统能在 0.5h 把冻干箱的真空抽到 10Pa。带原位清洗和灭菌系统的冻干机还配有水环泵，用作清洗和灭菌之后的干燥。

制冷系统通常由单机双级压缩水冷式机组组成，一般是双作用式，既能通过板式换热器制冷冻干箱的板层，又能直接对冷阱制冷，使冻干箱和冷阱获得必要的低温。制冷系统应在 1h 使冻干箱的板层温度从室温降到 −40℃，在 0.5h 使冷阱从室温降到 −40℃。

硅油循环系统主要由循环泵、电加热器和板式换热器组成，通过间接制冷和加热实现对冻干箱内板层的温度控制。冻干箱板层的最高温度为80℃，加热系统一般应使板层温度每分钟升高1℃。

原位清洗（CIP）系统由清洗泵和安装在冻干箱与冷阱内的一系列管道和喷嘴组成，作用是完成对冻干箱、板层和冷阱的自动清洗，并且配有水环真空泵，用于清洗后的干燥。为了防止清洗水漏入无菌室内，冻干箱的箱门应有锁紧装置。

原位灭菌（SIP）系统用于冻干箱、冷阱和放气过滤器的灭菌，原位灭菌系统的冻干箱和冷阱必须是压力容器，必须按压力容器的设计、制造要求进行设计和制造，材料和设备必须能耐受灭菌时的压力和温度的要求，冻干箱必须有箱门锁紧装置。为了灭菌之后的干燥也需要配备水环泵，较大型号的冻干机还要有冷却水夹套，用于灭菌之后的冷却。

电气控制系统由电源柜、控制柜和个人电脑（PC机）组成。电源柜是强电柜，安装主开关、空气开关或熔断器、控制变压器、交流接触器、热继电器和固态继电器等。控制柜是弱电柜，安装模拟图、记录仪表、可编程逻辑控制器（PLC）和手动支持系统等。PC机可以安装在远离冻干机的地方，对冻干机进行控制或监视。电气控制系统可以完成对冻干机的各种手动和自动控制。

## 四、冻干机的检验与试验

**1．腔体** 冻干箱具有高压蒸汽灭菌功能，应能承受高压灭菌的压力和温度，并应符合压力容器设计和制造的有关要求。制药行业设备还要满足GMP的要求。为了避免污染，冻干机的箱门应设计为能与机器的其他部分用隔墙分开，使箱门能开向无菌室；并使冻干箱和冷阱的放气口也引到无菌室。放气口应安装除菌过滤器，以减少外部环境对冻干机的污染。有些冻干箱的箱门还开有小门，平时利用小门进出箱产品，只有在检修时才打开大门，其目的是减少污染。

冻干箱使用的材料必须是耐腐蚀的材料，而且腔体的结构必须易于清洁，无死角，可排尽。内腔表面抛光处理，粗糙度Ra值通常达到0.5μm以下，抛光后内腔内表面还要进行酸洗钝化处理。冻干箱内腔的材料通常为S31603不锈钢，夹套为S30408不锈钢。冻干箱上的接口常设计为易于清洁的结构，尽可能减少死角，并多采用圆滑过渡结构。冻干箱具有清洗和灭菌功能，对于带液压压塞功能及蒸汽灭菌的冻干机，为了防止液压油蒸汽对药品的污染和解决活塞杆灭菌存在的问题，活塞杆应安装隔离波纹管。为了减少灭菌时的冷点，对蒸汽不流通的盲管（例如真空测头、压力变送器、安全阀等"死角"接口），其长度与内径之比不能大于3。由于冻干箱是高低温箱，因此冻干箱需要绝热保护，一般在绝热层外再加装饰层。冻干箱上一些机械加工表面相关的尺寸、尤其是液压缸法兰和小门法兰尺寸需要严格控制尺寸公差，确保液压缸和自动升降小门的安装。冻干箱的泄漏率要小于1Pa·L/s。冻干箱相关的检测项目包括：

1）尺寸检查：检查冻干箱腔体的尺寸，检查确认尺寸满足设计图纸要求。

2）材料确认：按照材料清单要求审核材料质量证明书或其他检查方式（如PMI等），检查部件使用设计规定的材料，部件材质符合设计要求。

3）焊接质量检查（无损检测报告审核）：使用合适的检测方法检查焊接质量，如目视检测、射线检测、渗透检测技术等，确保焊接质量符合标准要求，审核焊接记录和无损检测报告，确认焊接记录和无损检测记录完整准确。

4）内腔表面粗糙度检测：使用粗糙度测试仪测量内腔表面的粗糙度Ra值，确认表面粗糙度满足设计要求。

5）内腔表面酸洗钝化检查：完成焊接和抛光后，内腔表面需要进行酸洗钝化，以进一步减少铁离子等污染物、增强耐腐蚀能力，常用蓝点法、酸洗钝化效果检测仪等。

6）内腔和夹套水压试验：按照标准要求对内腔和夹套进行压力试验，确保结构强度满足安全性相关的要求。

7）泄漏率测试：冻干箱腔体对泄漏率有严格的要求，通常要求抽真空至1Pa以下保压30min，泄漏率不得大于1Pa·L/s。

8）内腔排尽试验：根据设计的坡度用水测试最终的排放效果，确认内腔内排放后无可见水残留。

**2. 层板** 层板组件由板层、支架和载冷剂汇流管组成；带压塞或升降功能的层板组件由板层、板层软管、硅油出入汇流管、吊杆、导向杆、上支架和下支架等组成，上支架与液压系统的活塞杆相连，可以带动板层升降（设计压力较小，不能压塞）或压塞（设计压力较大）。板层用S31603不锈钢板焊接而成，上、下两块不锈钢板之间焊有载冷剂循环的通道，各板层采用并联法与载冷剂汇流管连接。板层要求平整、光滑，有足够的强度，一定的耐压性，长期使用不变形、不渗漏。层板的表面粗糙度Ra值通常小于0.5μm，平面度要求±0.5mm/m，层板间距误差在±1mm以内。此外，层板能够承受的最高温度达到121℃，并且温度能降到−55℃以下，在空载情况下加热速率大于1.5℃/min，降温速率大于1.0℃/min。层板相关的检测项目如下：

1）材料检查：审核材料质量证明书或其他检查方式（如PMI等），检测层板材质符合设计要求。

2）尺寸和层板间距检查：检查层板尺寸和间距符合设计图纸要求。

3）层板平面度检查：采用水准仪等检测层板平面度符合设计要求（一般为平面度要求±0.5mm/m）。

4）内腔表面粗糙度检测：使用粗糙度测试仪测量层板表面的粗糙度Ra值，确认表面粗糙度满足设计要求。

5）表面酸洗钝化检查：层板表面需要进行酸洗钝化，以进一步减少铁离子等污染物，增强材料的耐腐蚀能力，常用蓝点法、酸洗钝化效果检测仪等。

6）水压试验。

7）氦气检漏测试。

**3．冷阱（冷凝器）** GMP 对冻干机冷阱的各种要求几乎与冻干箱腔体完全相同。冷阱盘管要用 S31603 不锈钢制造。与冻干箱腔体一样，冷阱也需采取绝热措施，并在绝热层外加装饰层。冷阱的泄漏率要小于 $1Pa \cdot L/s$。冷阱相关的检测项目包括：

1）材料检查。

2）焊接和无损检测。

3）内腔表面粗糙度检测。

4）内腔表面酸洗钝化检查。

5）盘管氦气检漏。

6）盘管压力试验。

7）冷阱水压试验。

8）泄漏率测试。

9）内腔排尽试验。

**4．管道与管件** 冻干机冻干箱和冷阱相连的管道将纯化水、注射用水、纯蒸汽或压缩空气引入腔体，通常选用 S31603 不锈钢材料，表面粗糙度 Ra 值小于 $0.5\mu m$。管道上连接的仪表和管件要选用卫生级结构，便于清洁和排放。管道和管件的检测项目包括：

1）材料检查。

2）焊接和内镜检测。

3）表面粗糙度检测。

4）管道酸洗钝化检查。

5）管道水压试验。

6）管道坡度和死角检查。

**5．过滤器** 进入冻干箱和冷阱内腔的空气需要经过除菌过滤以避免二次污染，通常在冻干箱的回气管道上装有 $0.22\mu m$ 的除菌过滤器。除菌过滤器的壳体型号和滤芯型号需要确认，过滤器的滤芯需要定期进行完整性测试和更换。

**6．冻干箱和冷阱** 都是压力容器，夹套和内腔安装的压力表及安全阀对于保证设备安全非常重要。压力表和安全阀同样受压力容器相关法规管理，压力表需要定期检定，安全阀需要定期校验。

**7．排放系统** 排放对于制药设备来说非常关键，残留的水容易滋生微生物从而引起污染，影响药品质量。冻干箱和冷阱的底部应设定适当的坡度，确保冷凝水能及时排出腔体。管道设计也应当设置适当的坡度和排放点，确保管道中的冷凝水能排放，从而避免微生物滋生。

**8．控制柜**　冻干机是大型成套机电设备，其工作过程被各类电气部件驱动并由可编程逻辑控制器控制其运转。各种控制元器件一般都集成在控制柜中，少数检测仪表和执行机构分布在现场。控制柜的检验对于确保冻干机的运行和维护有着非常重要的意义。控制柜需要按照设计图纸进行布局、接线和标识，通过仔细检查和验收确保控制柜的布局、接线和标识与图纸一致，此外还要检查确认所用的电气部件和电缆规格满足设计要求。

**9．波纹管的完整性检测**　冻干箱安装液压装置之后液压杆会暴露在冻干箱内，这就带来了两个问题。第一，带蒸汽消毒功能的冻干机活塞杆消毒不彻底：蒸汽消毒时活塞杆全部伸出液压缸，活塞杆确实得到了消毒，但在产品冻干时活塞杆缩回未经消毒的油缸之内，在压塞时活塞杆又从油缸中伸出到冻干箱内，这显然不符合无菌制药的要求。第二，活塞杆进出油缸，其表面必然粘有油膜，当产品在冻干箱中干燥时，油膜会在真空状态下蒸发扩散，油分子会进入冻干产品中，这同样不符合制药洁净要求。解决上述两个问题的方法是在活塞杆上安装波纹管，使活塞杆与冻干箱隔离。但波纹管也存在泄漏的隐患，解决方法是再安装一套波纹管完整性检测装置，在每次冻干操作之前对波纹管进行完整性检测。

将波纹管与活塞杆之间形成的空腔用管道与真空泵头相连接，并安装一个常闭型电磁阀、一个常开型电磁阀和一个过滤器。在不进行完整性检测时，两个电磁阀均不通电，波纹管内腔通过常开型电磁阀与过滤器相通，而过滤器是与外界大气相通的；当活塞杆运动时，波纹管内腔既不会形成负压，也不会形成正压，保护了波纹管；过滤器内装有滤膜和变色硅胶，防止灰尘和水分进入波纹管内腔。当进行波纹管的完整性检测时，冻干箱和冷阱不应处在真空状态。关闭抽真空阀，运转真空泵，并使波纹管作伸缩运动；两个电磁阀均通电，波纹管内腔与真空泵头相连，并通过泵头的真空探头测量波纹管内腔的真空度，如果在设定时间内真空度能恒定到达设定的数值，则波纹管不漏，波纹管的完整性检测通过，可以进行下一次冻干操作。如果在设定时间内没有达到设定的真空度，则波纹管的完整性检测未通过，需要检查或更换波纹管。

**10．进气过滤器的完整性检测**　进气过滤器在每次冻干结束之后要进行完整性检测，如果完整性检测未获通过，则认为上一批产品有可能被污染，这批产品将判定为不合格。为了增加产品的合格率，有些冻干机装有两个互相串联的进气过滤器，因为两个过滤器同时完整性检测不合格的概率较小。过滤器的滤芯由于蒸汽灭菌等原因会受到损坏。

完整性检测应在过滤器干燥之后进行，检测不能破坏过滤器，也不能污染过滤器。检测也不能从设备上取下滤芯，因此检测必须在线进行。

检测要使用专用的仪器，过滤器型号不同时检测仪器和检测方法也不同，检测均在过滤器的上游进行，不影响下游的无菌状态，检测之后要对过滤器进行干燥处理。

**11．真空泄漏率的检测**　在冷阱降温和系统抽真空的情况下，待冻干箱压力小于1Pa、达到极限真空并稳定一段时间之后，关闭主阀，此时由于容器漏气，容器的压强将随时间而逐渐上升。记录两个时间值和对应的两个压强值，测算出真空容器的容积（计算容积时应扣除内容物的容积，例如冻干箱的板层组件等）之后，就可以计算出冻干箱的泄漏率。开始记录的压力和时间（即 $P_1$ 和 $T_1$），0.5h 或 1h 后再记录压力和时间（即 $P_2$ 和 $T_2$），然后根据泄漏率计算公式算出冻干箱的泄漏率。为了减少可凝性气体特别是水汽的影响，亦可将冻干箱和冷阱一起做泄漏率试验；在抽到冻干箱的极限真空并保持 0.5h 之后，关闭抽真空阀，并使冷阱继续降温，记录压力和时间，0.5h 或 1h 后再记录压力和时间，便可算出冻干箱和冷阱的泄漏率，需要注意应把冻干箱和冷阱的容积加在一起进行计算。泄漏率的单位为：Pa·m³/s、Pa·L/s 等。一般冻干机用静态升压法计算得出的泄漏率应≤5Pa·L/s。

## 五、冻干机的确认和验证

冻干机的确认和验证通常包括设计确认、安装确认、运行确认和性能确认。各项具体确认的内容为：

**1．设计确认**　设计确认通过审核设计文件或图纸逐项确认每一项用户需求是否得到满足，并形成文件化的记录。

在选用冻干机时，首先应根据产品的产量和工艺来考虑冻干机的选型，如果是定制的设备，通常还要起草用户需求说明（URS）。主要是根据使用和操作的要求确定冻干机的冻干面积、冷阱捕冰量、是否需要 CIP 功能、是否需要 SIP 功能、灭菌时腔室内温度的一致性、层板升温与降温速率的稳定性、控制及记录系统的可靠性等。将这些要求文件化形成 URS，确认设计图纸和文件符合 URS 要求，也满足 GMP 规定，确保冻干机能实现预定功能。

**2．安装确认**　冻干机的安装确认通常包括以下项目：

1）设备平面布局图确认：检查设备和部件布局与安装是否满足设备平面布局图的要求，尤其需要确认的是开门方向、总体尺寸（长、宽、高）、公用系统接口位置尺寸和管件部件布置的位置等。

2）P&ID 确认：检查设备是否满足 P&ID 要求，重点检查部件数量和连接关系需要与 P&ID 一致，管道尺寸、走向和坡度等符合 P&ID 要求。

3）电气图纸检查确认：检查电气柜布置、电气元件是否与图纸一致，电缆标识是否与图纸一致。

4）部件确认：按照部件清单确认系统中各部件的位号、规格、型号是否与部件清单一致。

5）产品接触部件材质确认：按照产品接触部件材料清单确认所有部件的材质证明书齐全、准确，确认各部件的材质符合设计要求。

6）产品接触表面粗糙度确认：使用粗糙度测试仪测量产品接触表面粗糙度 Ra 值或者检查部件的质保书上的粗糙度测试结果，确认表面粗糙度满足设计要求。

7）水压试验确认：检查系统的水压测试报告，确认系统水压试验结果符合要求。

8）酸洗钝化确认：检查系统的酸洗钝化报告，确认系统已完成酸洗钝化，且结果符合要求。

9）管道坡度和死角确认：使用坡度仪测量管道坡度，确认管道的坡度满足设计要求。

10）排尽确认：用水测试最终的排放效果，确认内腔内排放后无可见水残留。

11）公用工程检查确认：按照公用工程清单检查公用工程都已连接，且介质参数满足设计要求。

**3．运行确认**　冻干机的运行确认通常包括以下项目：

1）仪表校准：按照仪表清单检查各仪表的校准证书或者校准记录，确认系统所有仪表都已完成校准并在有效期内。

2）报警确认：按照报警清单逐条触发报警确认声光报警被触发，报警提示正常出现。

3）联锁确认：按照联锁清单、条确认联锁动作，联锁事件出现后联锁动作满足设计要求。

4）HMI 画面确认：按照系统软件设计文件或功能设计文件检查 HMI 上所有画面，确认各画面满足设计要求。

5）用户权限确认：按照系统软件设计文件或功能设计文件检查系统的用户权限组的权限满足设计要求。

6）审计追踪确认：确认系统的审计追踪功能满足要求，任何对系统数据的录入、更改和删除动作都会被记录，且会记录操作人用户名和操作日期，并可以记录操作理由或说明。

7）电子签名确认：确认系统电子签名功能符合设计和法规要求，需要确认打印姓名、日期、职位和签名代表的意义等要素完整。

8）手动模式确认：在手动模式下对照手动操作清单检查设备各项手动功能满足设计要求，通过手动操作可以操作现场部件动作。

9）半自动模式确认：在半自动模式下对照手动操作清单检查设备各项半自动功能满足设计要求，半自动操作步骤按照设计文件执行。

10）全自动模式确认：设定参数后测试系统自动运行过程，确认系统自动运行功能满足功能设计要求。

11）数据趋势图确认：确认数据记录曲线功能配置正确，可以查看系统要求记录的关键参数的历史数据曲线。

12）除霜功能确认：确认系统除霜程序可正确运行，除霜功能满足设计文件要求。

13）CIP 确认：确认系统 CIP 程序可正确运行，CIP 功能满足设计文件要求。

a. 核黄素覆盖测试：在整个冻干腔体的内表面喷洒核黄素水溶液，浓度约为 200mg/L，特别注意难以清洗部位（如管口、箱体顶部和板层下方）要喷洒完全。开启注射用水，启动 CIP 循环，完成 CIP 后，用 365nm 紫外线灯照射检查腔体内表面，查找是否残留有核黄素，进行 3 次重复的测试。

b. 合格标准：CIP 清洗后的腔体内部表面无可见荧光物，清洗覆盖率 100%。

14）SIP 确认：确认系统 SIP 程序可以正确运行，SIP 功能满足设计文件要求。

15）泄漏率测试：确认系统泄漏率满足设计文件要求。

16）自动压塞功能测试：确认系统自动压塞功能可以正确运行，自动压塞功能满足设计文件要求。

17）数据备份和功能测试：确认系统可以正确备份和恢复数据，数据备份和恢复功能满足要求。

18）报表功能测试：确认系统报表功能可以正确运行，报表功能满足设计文件要求。

**4．性能确认** 冻干机的性能确认通常包括：

（1）层板温度均匀性测试

1）前校准：验证前将验证用温度探头和标准温度探头同时放入温度干井进行前校准，设置温度为 -40℃、0℃、40℃，进行 3 点校准，校准读取偏差应 < 0.5℃。

2）将校准后的温度探头通过验证口接入冻干机内（随冻干机型号不同，层板数量会有不同，在此以 5 块层板的冻干机为例），每个层板布置 5 个温度探头（探头均放置在每个板层的 4 个角及中心位置）或每层布置 3 个温度探头（探头布置在层板硅油进出口和层板中心位置）。启动冻干机，将导热油温度分别设置为 -40℃、0℃ 及 40℃，导热油进出口温度在每个设置温度点达到平衡后，运行 60min，分别考察保持在 -40℃、0℃ 及 40℃ 时板层温度的均匀性。进行 3 次重复测试。验证测试完成后使用温度探头进行后校验，校验点设置为 -40℃、0℃ 及 40℃，进行 3 点校准，后校验读取偏差应 < 0.5℃。

3）合格标准：根据《药用真空冷冻干燥机》（JB/T 20032—2012），并结合产品工艺要求和具体操作要求，通常在 -40℃、0℃ 及 40℃ 时，同一板层的所有测试点在同一时刻温度最大值与最小值温差应≤1℃，不同板层的所有测试点在同一时刻温度最大值与最小值温差应≤2℃，板层均匀性合格。

（2）极限真空测试：测试冻干机的极限真空功能，冻干机腔体的真空能达到 0.5Pa 以下。

（3）真空速率测试：测试冻干机的抽真空速率，冻干机腔体的压力从大气压状态到

10Pa 的时间小于 20min。

（4）冷阱盘管极限温度测试：测试冻干机的冷阱盘管降温功能，冻干机冷阱盘管温度能达到 –80℃以下。

（5）层板加热和降温速率测试：测试冻干机的层板温度功能，冻干机层板加热升温速率大于 1℃/min，层板从 20℃降温到 –40℃的时间小于 40min。

（6）冷阱捕冰量测试：装载大于冻干机捕冰量的水运行自动循环，确认冻干机冷阱捕冰量大于设计要求的捕冰量。

（7）SIP 性能确认

1）前校准：验证前将验证用温度探头和标准温度探头同时放入温度干井，进行前校准；设置温度为 100℃、135℃及 121℃，进行 3 点校准，校准读取偏差应< 0.5℃。

2）将校准后的温度探头通过验证口接入冻干机内，可选择每层布置 5 个温度探头（位于每个层板的 4 个角和中心位置）或者每层布置 3 个探头（位于层板对角线位置，不同层板层对角线交叉），或在腔体接管位置、排水温度探头位置和其他经风险评估需要布置的位置，可按照实际情况选择。运行冻干机的 SIP 程序，灭菌温度为 121℃，灭菌时间为 30min，进行 3 次重复测试。验证测试完成后使用温度探头进行后校验，校验点设置为 121℃，后校验读取偏差应< 0.5℃。

3）生物指示剂挑战试验：在每一个温度探头附近各放置 1 支生物指示剂，探头编号与指示剂编号一致，冻干机的 SIP 程序结束后取出指示剂进行培养。

4）合格标准：根据《大型蒸汽灭菌器技术要求 自动控制型》（GB 8599—2008）要求，灭菌阶段同时刻温度最热点与最冷点的温度偏差≤2℃，温度最小值≥121.0℃；依据《药品生产质量管理规范（2010 年修订）》，同时结合产品工艺要求，各温度点 $F_0 \geqslant 15min$，灭菌生物指示剂原位灭菌后应无菌生长。

## 第七节　层析系统

## 一、简述

全自动层析系统是为单抗、重组蛋白、疫苗、血制品、胰岛素等生物制品的工艺研究及大规模生产而专门设计的分离纯化设备。

## 二、基本原理

层析法是利用不同物质理化性质的差异而建立起来的技术。所有的层析系统都由两相组成：固定相和流动相。当待分离的混合物随流动相通过固定相时，由于各组分的理化性质存在差异，与两相发生相互作用（吸附、溶解、结合等）的能力不同，在两相中的分配（含量比）不同，随流动相向前移动，各组分不断地在两相中进行再分配。分部收集流出液，可得到样品中所含的各单一组分，从而达到将各组分分离的目的。

## 三、基本构成

层析设备通常由层析系统、层析柱两大部分组成。层析系统包括输送泵、管道、阀门和检测仪表。层析柱用于填充层析填料，各种分离过程都在层析柱的填料中实现。现代工业化层析设备符合 GMP 相关要求，集成了溶剂模块和自动化控制模块，可自动并连续进行柱平衡、上样、洗脱、收集及原位清洗等功能。

## 四、检验与试验

**1．层析系统** 层析系统要满足 GMP 的要求，使用的材料必须是耐腐蚀的材料，而且系统的结构必须易于清洁，无死角、可排尽。层析系统管道和部件设计为易于清洁的结构，尽可能减少死角，并多采用圆滑过渡结构。层析系统相关的检测项目包括：

1）材料检查：按照产品接触部件材料清单审核所有部件的材质证明书，确认各部件的材质符合设计要求。

2）表面粗糙度检测：使用粗糙度测试仪测量产品接触表面粗糙度 Ra 值或者检查部件的质保书上的粗糙度测试结果，确认表面粗糙度满足设计要求。

3）系统保压试验：运行系统并加压，当系统压力达到 3bar 后保压 30min，确认系统保压无泄漏，压力下降小于规定要求。

4）管道坡度和死角检查：使用坡度仪测量管道坡度，确认管道的坡度满足设计要求。

**2．层析柱** 层析柱是装填填料的容器，也要满足 GMP 的要求，包括使用的材料必须是耐腐蚀的材料，而且系统的结构必须易于清洁，无死角、可排尽。层析柱相关的检测项目包括：

1）材料检查：按照产品接触部件材料清单审核所有部件的材质证明书，确认各部件的材质符合设计要求。

2）表面粗糙度检测：使用粗糙度测试仪测量产品接触表面粗糙度 Ra 值或者检查部

件的质保书上的粗糙度测试结果，确认表面粗糙度满足设计要求。

3）系统保压试验：将层析柱注满水并加压，当系统压力达到 3bar 后保压 30min，确认系统保压无泄漏，压力下降小于规定要求。

4）层析柱是一个承压容器，不锈钢材质层析柱的焊接等其他检测项目可以参照生物反应器的检验要求。

**3．层析设备的控制柜**　层析设备由各类电气部件驱动，并由可编程逻辑控制器控制其运转。各种控制元器件一般都集成在控制柜中，少数检测仪表和执行机构分布在现场。控制柜的检验对于确保层析系统的运行和维护有着非常重要的意义。控制柜需要按照设计图纸进行布局、接线和标识，通过仔细检查和验收确保控制柜的布局、接线和标识与图纸一致。此外，还要检查确认所用的电气部件和电缆规格满足设计要求。

## 五、确认与验证

层析设备的确认与验证通常包括设计确认、安装确认、运行确认和性能确认。各项具体确认的内容为：

**1．设计确认**　设计确认通过审核设计文件或图纸逐项确认每一项用户需求和 GMP 要求是否得到满足，并形成文件化的记录。

**2．安装确认**　层析设备的安装确认通常包括：

1）设备平面布局图确认：检查设备和部件布局是否满足设备平面布局图的要求，尤其需要确认的是总体长宽高尺寸、公用系统接口位置尺寸和管件部件布置的位置等。

2）P&ID 确认：检查设备是否满足 P&ID 要求，重点检查部件数量和连接关系需要与 P&ID 一致，管道尺寸、走向和坡度等符合 P&ID 等。

3）电气图纸检查确认：检查电气柜布置、电气元件是否与图纸一致，电缆标识是否与图纸一致。

4）部件确认：按照图纸和部件清单确认系统中各部件的位号、规格、型号是否与图纸及部件清单一致。

5）产品接触部件材质确认：按照产品接触部件材料清单确认所有部件的材质证明书齐全、准确，确认各部件的材质符合设计要求。

6）产品接触表面粗糙度确认：使用粗糙度测试仪测量产品接触表面粗糙度 Ra 值或者检查部件的质保书上的粗糙度测试结果，确认表面粗糙度满足设计要求。

7）管道坡度和死角确认：使用坡度仪测量管道坡度，确认管道的坡度满足设计要求。

8）排尽确认：用水测试最终的排水效果，确认层析系统排放后无可见水残留。

9）公用工程检查确认：按照公用工程清单检查公用工程都已连接，且介质参数满足设计要求。

**3. 运行确认** 层析设备的运行确认通常包括：

1）急停确认：确认系统急停功能正常，系统按下急停按钮后系统所有阀门关闭，所有电机停止运转。

2）仪表校准：按照仪表清单检查各仪表的校准证书或校准记录，确认系统所有仪表都已完成校准。

3）报警确认：按照报警清单逐条触发报警确认声光报警被触发，报警提示正常出现。

4）压力测量回路确认：在线系统确认压力传感器显示数据与标准压力表显示数据差值在允许范围内。

5）电导率测量回路确认：在线系统确认电导率传感器显示数据与标准电导液电导数据差值在允许范围内。

6）温度测量回路确认：在线系统确认温度传感器显示数据与标准温度计数据差值在允许范围内。

7）pH 测量回路确认：在线系统确认 pH 传感器显示数据与标准 pH 液数据差值在允许范围内。

8）流量测量回路确认：在系统供液口提供注射用水，运转系统，等待系统流量显示稳定后，记录流量，在排放口收集液体并记录收集时间，最后称重收集到的液体重量，比较通过流量计算的重量和称重的重量，误差在系统允许范围内。

9）柱效测试：使用 NaCl 溶液运行系统，测试系统填料柱效。

10）系统保压确认：运行系统，当系统压力达到 0.3MPa 后保压 30min，确认系统保压无泄漏，压力下降至小于规定要求。

11）用户权限确认：按照系统软件设计文件或功能设计文件检查系统的用户权限组的权限满足设计要求。

12）审计追踪确认：确认系统的审计追踪功能满足要求，任何对系统数据的录入、更改和删除动作都会被记录，且会记录操作人用户名和操作日期，并可以记录操作理由或说明。

13）电子签名确认：确认系统电子签名功能符合设计和法规要求，需要确认打印姓名、日期、职位和签名代表的意义等要素完整。

**4. 性能确认** 通常与工艺验证一同完成。

## 第八节　切向流过滤系统

## 一、简述

常规过滤是指在压力的作用下，液体直接穿过滤膜进入下游，而大的颗粒或分子则被截留在膜的上游或内部，小的颗粒或分子透过膜进入下游。在这种操作方式下，液体的流动方向垂直于膜表面。常规过滤的应用包括澄清过滤、除菌过滤、除病毒过滤等。切向流过滤（TFF，tangential flow filtration）则是指液体的流动方向平行于膜表面，在压力的作用下只有一部分液体穿过滤膜进入下游，这种操作方式也称为"错流过滤"（cross flow filtration）（图 5-17）。由于切向流在过滤过程中对膜表面不停地进行"冲刷"，所以有效减少了大的颗粒和分子在膜上的堆积，使得这种操作模式在很多应用中具有独特的优势。

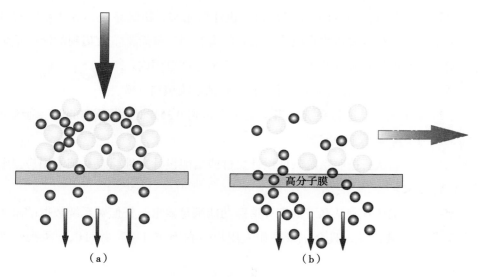

图 5-17　切向流过滤示意图

（a）常规过滤；（b）切向流过滤。

切向流过滤能简单、快速、高效地对蛋白、多糖、血液制品等进行分离与纯化处理，可对料液进行浓缩和脱盐处理，也可用于不同生物分子的分离、纯化和浓缩，包括细胞悬液收获以及发酵液和细胞裂解液的澄清。

## 二、基本原理

根据工艺需要，可以设计不同的切向流过滤系统，如单次切向流过滤系统、批次处理切向流过滤系统（图 5-18）、同时进排料切向流过滤系统等。

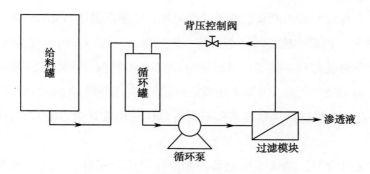

图 5-18　批次处理切向流过滤系统图

在批次处理过滤系统中，待过滤的物料装入进料储罐中，被截留的料液送回进料罐。这样可使每次过滤的流量比只经单次过滤时的流量小很多。随着通过滤膜的次数增加，进料罐中的料液浓度会增加，通常会导致过滤系统的滤液流量下降。批次处理过滤系统的优点是操作简单，硬件要求低，控制相对简单（手动、自动均可）；缺点是进料罐体积相对较大，搅拌设计时要特别注意，操作时要能保持溶质和温度的均匀性。因为进料罐较大，对用户批次处理的料液最小量也有限制。

对该系统进行适当改造，增加一个循环进料罐，较大的进料储罐中的料液先进入循环进料罐，这样就可消除上述缺点。因为在循环进料罐中，循环罐容积小、料液混合良好，其溶质浓度的变化也可能提供高浓度的驱动力。其缺点是较高的浓度、过滤时间更长、更容易受到高剪切力的影响，可能导致明显的细胞裂解、蛋白质变性和 / 或凝聚。

将不同孔径的滤膜采用切向流的操作方式进行过滤，称为切向流微滤、切向流超滤等。

## 三、基本构成

切向流过滤系统一般包括料液罐、泵、过滤器、管道、阀门、检测和控制仪表等。料液罐用于存放过滤前后的物料，泵提供动力输送物料，通过压力传感器或压力表与 PCV 阀进行 TMP 逻辑控制，压力传感器、pH 电极、电导电极监测系统及物料参数。流量控制装置如质量流量计，用于调节控制阀。

## 四、检验与试验

切向流过滤系统的检验与试验应该按照质量计划或检验试验计划，在合适的时机、采用适当的设备由具备相应经验和资格的人员来进行，当客户有要求时，可包括客户代表的见证。

**1. 储罐**　料液储罐是过滤系统中的重要设备，用于待过滤料液的接收和储存，并需要装有搅拌装置，以保证料液浓度和温度等的均匀性。储罐需满足 GMP 要求，使用的材料必须是耐腐蚀的材料，内部结构必须易于清洁，无死角、可排尽。内表面需机械抛光或电解抛光，并进行酸洗钝化处理。储罐材料通常为 S31603 不锈钢，罐体上的接口常设计为易于清洁的结构，尽可能减少死角，并多采用圆滑过渡结构。储罐相关的检测项目包括：

1）材料检查：按照材料清单要求检查所有部件使用设计规定的材料，部件材质符合设计要求。

2）焊接和无损检测：确认焊接记录和无损检测记录完整；使用各种无损检测方法，例如目视检测、射线检测和渗透检测技术，确认焊接焊缝质量符合标准要求。

3）罐体压力试验检查：根据设计要求进行压力试验，试验结果符合设计要求。

4）表面粗糙度检查：使用粗糙度测试仪测量内腔表面的粗糙度 Ra 值，确认表面粗糙度满足设计要求。

5）表面酸洗钝化检查：在完成焊接和抛光后，内腔表面需要进行酸洗钝化，以进一步增强材料的耐腐蚀能力，常用蓝点法确认酸洗钝化是否已经完成。

6）喷淋球覆盖试验：为保证罐的 CIP 效果，需要进行喷淋球覆盖试验，以确保清洗介质能完全覆盖罐内表面。

7）排尽试验：制造完成后，用纯化水测试储罐最终的排尽效果，确认排放后无可见水残留。

**2. 过滤器**　过滤器是过滤系统中的核心设备，其质量对系统功能非常重要，要严格控制、详细检查。过滤器质量检查的主要项目有：

1）材料检查：检查过滤器的材质证明文件（金属材料和非金属材料）符合设计图纸要求。

2）外观检查：检查过滤本体外观完好，无碰伤等表面缺陷。

3）滤芯检查：检查过滤器过滤部件尺寸、外观符合要求。

4）尺寸检查：检查过滤器的本体、接管位置和尺寸符合要求。

5）压力试验：检查过滤器本体的承压能力符合设计图纸要求。

6）安装检查：检查过滤器在系统中的安装位置、介质流向等符合要求，固定牢固。

7）文件检查：检查过滤器质量证明文件、操作维护手册等资料完整齐全。

**3. 泵**　一般由专业厂家设计制造，作为外购设备来进行质量控制。泵的检查项目主要有：

1）检查泵的规格、型号、扬程及铭牌参数是否与设计数据表一致。

2）检查泵的进出口管径及连接方式是否符合要求。

3）检查泵的外观完好无损坏。

4）检查泵的出厂资料齐全，特别是与料液接触部件的材质、焊接记录和无损检测报告、粗糙度测试、性能曲线、操作维护手册等齐全、准确。

**4．管道与管件**　与过滤系统相连的管道将纯化水、注射用水、清洗剂和压缩空气引入腔体，通常选用 S31603 不锈钢材料，管道上连接的管件和仪表要选用卫生级结构，便于清洁和排放。管道和管件的检测项目包括：

1）材料检查：按照材料清单要求确认所有部件使用设计规定的材料，管道和管件材质符合设计要求。

2）焊接和内镜检测：使用内镜目视检测管道内部焊缝的焊接质量，通常手工焊需要 100% 内镜检验，自动焊接焊缝通常检测比例不低于 20%。

3）表面粗糙度检测：通常是确认管道和管件材质证明书上的粗糙度符合设计要求。

4）管道酸洗钝化检查：在完成焊接和抛光后，管道系统表面需要进行酸洗钝化，以进一步增强材料的耐腐蚀能力，常用蓝点法确认酸洗钝化是否已经完成。

5）管道坡度和死角检查：使用坡度仪测量管道的坡度是否符合图纸（ISO 图）的要求，并确认管道支管长度是否满足设计要求。

**5．电气和仪表系统**　电气和仪表系统质量检查的主要项目有：

1）检查电气设备和元件的规格、型号是否符合设计图纸和数据表要求。

2）检查电气设备和元件的安装位置正确，连接可靠，符合 P&ID 等图纸要求。

3）检查仪表的规格型号、量程精度是否符合设计图纸和数据表要求。

4）检查仪表的安装位置正确，连接可靠，符合 P&ID 等图纸要求。

5）检查电气仪表调试后，运转正常、显示正确。

# 五、确认与验证

切向流过滤系统的确认，包括设计确认、安装确认、运行确认和性能确认。

**1．设计确认**　依据用户 URS 要求，审核和确认设计成果是否满足 URS 要求、是否符合 GMP 规定。设计确认按照设计确认方案进行，完成后提交设计确认报告，能证明设计符合 URS 和 GMP 要求的有关设计图纸、计算书或数据表等设计文件应该作为设计确认报告的附件。

切向流过滤系统设计确认主要是确认系统的设计元素是否满足用户需求。通常包含以下设计内容：

1）系统的处理能力。

2）系统的工艺流程。

3）系统设备的功能。

4）系统 CIP、SIP 功能。

5）主要部件的配置。

6）计算机化系统需求。

7）材质和制造需求。

8）工程、HSE 等设计要求。

**2．安装确认**　安装确认是提供书面的证据，以证明 TFF 系统的安装活动符合已批准的设计文件和 URS 要求。主要测试项目有：

1）先决条件确认：DQ 报告已批准；IQ 方案已得到质量部门的批准。

2）人员确认：参与人员已接受方案培训，有培训记录且合格；参与人员在 IQ 方案签字。

3）文件确认：需检查文件是否生效，文件的版本、文件是否齐全。

4）材料材质和表面粗糙度的检查：审核材料质量证明书或合格证，或采用 PMI、粗糙度仪等非破坏性检测方法，检查确认材质和表面粗糙度是否符合要求。

5）系统信息的检查：铭牌信息与图纸相符；现场测量容器的管口尺寸和管口方位与图纸和尺寸检查报告相符；设备安装的部位与图纸相符。

6）P&ID 符合性检查：设备和仪表的位置及标识与 P&ID 一致。

7）死角检查：系统中可能存在死角的位置应符合设计要求。

8）坡度检查：水平管道的坡度应符合用户需求和设计要求。

9）隔膜阀安装角度检查：隔膜阀的安装角度应符合厂家的技术要求和设计要求。

10）部件安装确认检查：通常检查是否按安装要求进行安装，安装的部件是否是设计要求的规格、型号以及安装位置是否与 P&ID 一致。

11）自控柜硬件确认：确认接线、控制系统的主要部件和盘面布置符合设计要求。

12）输入输出回路确认：确认现场部件的输入 / 输出回路信号符合设计、规范的要求。

13）软件安装确认：确认已安装的软件、程序的版本和序列号等信息。

14）公用设施连接确认：确认所有与系统连接的公用设施已连接完成或可正确连接。如有必要，还需要检查并记录公用工程供应点的运行参数（通常需要确认连接状态的公用系统包括纯化水、注射用水、纯蒸汽、工业蒸汽、冷冻水、冷却水、冷媒、洁净压缩空气、仪表压缩空气、工艺用氮气和氧气等）。

**3．运行确认**　安装确认之后进行运行确认，提供书面证据，以证明 TFF 系统可在预定的运行范围内操作、实现系统功能，并确认在设计规定的工艺顺序和操作控制条件下每一项操作顺序正确、运行功能准确。主要测试项目有：

1）先决条件的确认：DQ、IQ 报告已批准；OQ 方案已得到质量部门的批准。

2）人员的确认：参与人员已接受方案培训，有培训记录且合格；参与人员在 OQ 方案签字。

3）气动阀门测试：手动强制开 / 关阀门，检查阀门应正确开关，应无漏气。

4）泵的测试：泵的启停正常，没有异常噪声和震动；对流量有要求的泵，应测试其实际流量符合设定流量。

5）温度控制测试：检测系统的温度控制可以满足规定范围。

6）过滤器的完整性测试：对过滤器完整性进行测试，确保过滤器完好。

7）系统的最大最小处理量测试：在进料罐中分别加入最大和最小量的纯水，测试系统处理能力，以满足设计要求。

8）断电检查：检查系统在意外断电和再恢复时，系统的数据保存和自启动程序符合设计要求。

9）喷淋球覆盖试验：喷淋球能够在日常运行流量下喷淋到容器的整个内表面。

10）系统保压测试：系统能够在要求的运行压力范围内运行且无泄漏。

11）称重系统测试：系统的称重系统的量程和精度符合用户需求及设计要求。

12）搅拌转速测试：系统搅拌转速的准确度和控制精度符合用户需求及设计要求。

13）人机界面确认：确认控制系统的人机界面符合设计和用户使用要求。

14）系统时间同步确认：确认系统内操作端的时间与基准主时间一致，且能及时同步。

15）管理权限确认：确认使用不同等级密码登录人机界面可以完成对应权限的操作。

16）报警和联锁确认：确认当报警和联锁情况发生时，控制系统有检测、传达和反应的能力。

**4．性能确认**　系统 SIP 确认可以单独进行，其他性能确认通常和工艺验证一起进行。

## 第九节　离心机

## 一、简述

离心法是一种采用离心力的原理将不同密度的悬浮物进行分离的方法。

离心机在生物工程行业中可用于液–固分离，收集固体或液体物料，如细胞的分离和蛋白质收获，沉淀蛋白的包涵体或生物过程溶液的澄清等。

## 二、离心机的分类

1）按外观形式分类：碟式离心机和管式离心机。

2）按安装类型分类：卧式、立式、倾斜式、上悬式和三足式离心机。

3）按分离方式分类：过滤离心机和沉降离心机。

4）按速度快慢分类：低速离心机（< 10 000r/min）、高速离心机（10 000~30 000r/min）、超高速离心机（> 30 000r/min）。

5）按容量大小分类：微量离心机（微型离心机或迷你离心机）、小容量离心机、大容量离心机和超大容量离心机。

6）按有无冷冻分类：冷冻离心机和常温离心机。

7）按操作方式分类：间歇式离心机和连续式离心机。

## 三、离心机的选型

当固相物料为结晶产品时，要求分离时结晶的破损程度低，离心机须根据悬浮液（或乳浊液）中固体颗粒的大小和浓度、固体与液体的特性（或两种液体的密度差、液体黏度、滤渣或沉渣）来选择。

当分离物质颗粒的直径为 1~50μm，可用低速离心机分离，转速为 4 000~7 000r/min，相对离心力为 2 000~9 420g，一般采用台式低速离心机或落地式低速大容量离心机。

当分离动植物组织内的病毒等直径为 0.1~1μm 的物质时，建议采用高速冷冻离心机，转速为 10 000~20 000r/min，离心力为 10 000~100 000g。

当分离各种蛋白质、DNA、RNA 等直径为 0.002~0.1μm 的组分时，则需要用超速离心机，转速在 40 000r/min 以上，离心力要求达到 100 000~400 000g。

当物料含有苯、甲苯、石油醚、环戊烷、二氯乙烷、四氯化碳、甲醇、乙醇、乙醚、甲乙醚、丙酮、环己酮、乙二醇–乙醚、乙二醇–丁醚、甲醛、乙醛、吡啶等易燃易爆的物品时，应选择防爆离心机。

当分离一些有机活性物质如酶等时，需要在分离过程中保持恒温时应选择冷冻离心机。

**1. 碟式离心机**（**图 5-19**） 在生物工程中，碟式离心机通常用作连续单元操作，用于将细胞与细胞培养液、细胞碎片或酸沉淀物从液体中分离，或在微生物细胞均质化后回收包涵体。碟式离心机由一个圆柱形碗组成，其中包含一堆由垫片隔开的锥形碟片，在离心力作用下，可减少距离并增加颗粒沉降的表面积。

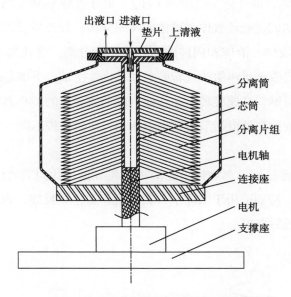

图 5-19　碟式离心机结构示意图

按适用范围，碟式离心机分为澄清型和分离型两种。

澄清型碟式离心机：应用于固相颗粒粒度为 0.5 ~ 500μm 的悬浮液的固 – 液分离操作。

分离型碟式离心机：用于乳浊液的分离（即液 – 液分离），因为乳浊液中通常是两种不同溶液含有少量固相，进行的是液 – 液 – 固三相分离。

碟式离心机结构上最大的特点是在转鼓内装有很多相互保持一定间距（一般为 0.4 ~ 1.5mm）的锥形碟片。离心机碟片半锥角为 30° ~ 50°，碟片厚度为 0.4mm，外直径为 70 ~ 160mm，碟片数为 40 ~ 160 个。被分离的物料在碟片间呈薄层流动，这样可减少液体间的扰动，缩短沉降距离，增加沉降面积，大大提高碟式离心机的分离效率和生产能力。

碟式离心机澄清型和分离型主要的区别在于离心机碟片和出液口的结构。

澄清型转鼓的结构：碟片不开孔，出液口只有一个。悬浮液经碟片底架下部四周进入各碟片间，澄清液向中心流动，密度大的固体颗粒则向外运动，最后沉积在碟式离心机转鼓内壁上。

分离型转鼓的结构：乳浊液从中心管加入，经碟片底架由中性孔分别流入各碟片间，浊液呈薄层流动而分离，较轻的液体向中心流动，重液向四周流动，最后轻、重液分别由各自的排液口排出。碟式离心机在运转时，转鼓中心轻、重液分界面（中性层）的位置应控制在各碟片的中性孔处，这样就可以通过更换设在重液出口处不同直径的调节环来调节。如乳浊液中含有少量固相时，固相挂壁沉积于碟式离心机转鼓的内壁上定期排出。

### 2. 管式离心机

管式离心机原理是利用离心机产生的离心力将不同比重的物料进行有效分离。依据不同的分离原理，管式离心机可分为澄清型（GQ）和分离型（GF）两种（图 5-20）。澄清型管式离心机的主要功能是处理液体和固体的两相分离；分离型管式离心机的主要功能是处理液体与液体或者液体、液体和固体的两相及三相分离。管式离心机由机身、传动装置、转鼓、集汇盘和进液轴承座组成。转鼓上部是挠性主轴，下部是阻尼轴承，电机通过传动，从而使转鼓自身轴线高速旋转，在转鼓内部形成强大的离心力场，物料由底部进液口射入，转鼓离心力促使料液沿转鼓内壁向上流动，使料液按不同组分的密度差分层，从液盘出口流出。

管式离心机的特点是通过对液体中的固相杂质分离，达到澄清的效果。用于分离各种难以分离的悬浮液。特别适用于浓度小、黏度大、固相颗粒细、固 – 液重度较小的固 – 液分离。固相应在停机后取出。

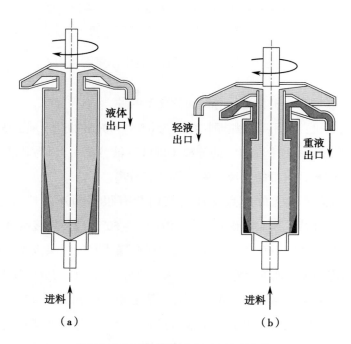

图 5-20　管式离心机原理示意图

（a）液 – 固澄清型；（b）液 – 液分离型。

## 四、离心机的材料要求

离心机的材质主要有 S30408 不锈钢、S31603 不锈钢、钛材和衬四氟防腐材质等。

一般的离心机的内表面应无清洗盲区或死角，表面进行抛光，粗糙度应该满足用户的使用要求。

用于无菌生产的离心机，其与药品直接接触的零部件/表面应可原位清洗（CIP），或者易于拆卸、便于进行离线清洗。

离心机的清洗系统应能清洗整个离心机内腔，清洗后的残留物浓度应能满足清洁验证的可接受标准。

离心机输入和输出的料液管应使用快装管件，管道排列整齐，结合部位密封可靠、无泄漏。

## 五、离心机的技术参数

离心机的主要技术指标应考虑以下因素：

1）离心机选型时需要考虑是否用于固体收集、澄清，或者两者兼而有之。

2）离心机选型时需要考虑是否有打开、关闭或短时暴露的操作。

3）工艺和系统的生物安全污染级别与房间等级的要求。

4）产品状态（如上清液或固体）。

5）清洁要求（如 CIP 或手动清洗）。

6）灭菌要求（如 SIP）。

7）批量大小。

8）工艺液体进料流速。

9）固体细胞类型或颗粒大小和分布。

10）固体浓度（如有）。

11）进料压力。

12）过程温度。

13）溶剂和悬浮固体之间的密度差。

14）液体的黏度和表面张力。

15）固体的物理特性（如剪切敏感性、流变学）。

16）对于各参数，用户都应定义警告限和警报限。

17）目标纯度等性能要求。

18）操作能力和系统功能。

离心机内的不同部件可能有不同的清洁要求和清洗程序。可进行原位清洗的离心机，应使用可耐受一定化学清洗剂的材料制造，设计应满足卫生级要求。此外，制造商应确保所有产品接触表面都可进行 CIP，保证在管道中清洗液有足够的流速。

离心机设计时，还应考虑设置合适的取样点，以方便可以对所有产品接触的支路进行清洁验证。

喷淋装置的设计应符合卫生级要求，保证能实现待清洗表面的喷淋全覆盖。

## 六、离心机的灭菌和消毒

用户应将灭菌、消毒和储存的要求（例如温度、压力和化学物质）与储存条件（例如浸水或干燥）通知制造商。用户应定义无菌系统边界。

需要进行 SIP 的离心机的设计应符合卫生级要求，对使用化学消毒的离心机而言，应使用经证明能达到系统生物负荷降低的试剂和工艺进行消毒，制造商应推荐可确保有效化学消毒所需的操作条件（例如消毒剂供应流速、转筒速度和排放速率）。

## 七、离心机的检验和试验

离心机要满足 GMP 的要求，包括使用的材料必须是耐腐蚀材料，系统的结构必须易于清洁，无死角、可排尽。离心机管道和部件设计为易于清洁的结构，尽可能减少死角，并多采用圆滑过渡结构。离心机相关的检测项目包括：

1）材料检查：按照产品接触部件材料清单审核所有部件的材质证明书，确认各部件的材质符合设计要求。

2）表面粗糙度检测：使用粗糙度测试仪测量产品接触表面粗糙度 Ra 值或者检查部件的质保书上的粗糙度测试结果，确认表面粗糙度满足设计要求。

3）系统保压试验：按照设计要求进行水压试验，确保无泄漏、无变形。

4）离心机其他支撑部件检查：全面检查离心机其他支撑部件，包括材质、焊接及表面状态等均应符合图纸要求。

5）离心机电气控制系统检查：检查对离心机电气控制系统，确保各项目符合设计图纸要求。

6）离心机的功能测试和检验：检查离心机的功能是否满足设计要求。

## 八、离心机的确认与验证

离心机的确认主要包括风险评估、设计确认、安装确认、运行确认和性能确认。

**1. 风险评估**　关于设备的风险，可以从机械设计、功能设计、设备制造、质量控制、安装、运行、性能等方面进行识别、分析、评估以及制订控制措施。设备的制造厂家与最终用户均可依据行业内标准、指南等选择相应的风险评估方法和工具进行风险评估，其中

ICH Q9、ISPE《制药工程指南：调试和确认（第 2 版）》、GAMP5 等提供了风险评估相关指南。

下面以常见的部位关键性评估（CCA）模式为例进行风险评估。

对于碟式离心机而言，主要需评估部件为：离心机工作台、急停按钮、HMI、控制柜、变频器、进出料连接件、导入管、转鼓底盘、冷却夹套、叶片、衬套、提料板、立轴、钟罩、转鼓顶部、离心泵、密封圈、电机、转速传感器、隔膜阀、视镜、电磁流量计、温度传感器、压力表等。通常，其中的关键部件有：急停按钮、进出料连接件、导入管、转鼓底盘、转鼓顶部、钟罩、冷却夹套、叶片、衬套、提料板、立轴、离心泵、密封圈、转速传感器、隔膜阀、电磁流量计、温度传感器等。

对于管式离心机而言，主要需评估部件为：箱体、门板、底板、上罩、后罩、机头总成、压带轮总成、电机、皮带轮、皮带、进料装置、下轴承总成、转鼓、三棱板、集液盘、接液盘、冷却管、门冷却管、电气柜、触摸屏、变频器、PLC、转速传感器、温度传感器、电磁安全锁、震动传感器等。通常，其中的关键部件有：机头总成、压带轮总成、皮带、进料装置、转鼓、三棱板、集液盘、接液盘、转速传感器、温度传感器、PLC 等。

**2．设计确认**  设计确认通常在设计审核之后进行，主要针对 URS 中 GMP 相关的要求确认已完成的设计内容符合要求。

对于离心机，主要需要确认的设计内容为：

1）转鼓转速。

2）分离因素。

3）离心能力。

4）转鼓内固体容积。

5）进出液温度。

6）转鼓内径。

7）离心工艺需求。

8）材料和表面抛光要求。

9）施工质量要求。

10）法规、HSE 等要求。

**3．工厂 / 现场验收测试**  离心机是单机设备，其 FAT/SAT 与 IQ、OQ 中的内容重合度较高。关键测试项目在 IQ、OQ 中详细介绍，可以根据测试条件及时完成相关测试。

**4．安装确认**  离心机安装确认的主要测试项目为：

1）公用设施连接确认：确认所有与离心机连接的公用设施已连接完成或可正确连接。如有必要，还需要检查并记录公用工程供应点的运行参数（通常需要确认连接状态的公用系统包括冷媒、洁净压缩空气、仪表压缩空气等）。

2）管道仪表流程图符合性检查：使用管道仪表流程图，确认管道尺寸和走向与图纸要求一致，设备和仪表的位置及标识与 P&ID 一致，紧固件、密封件是否都已完成安装，其他必需的部件是否都已正确安装。

3）设备外观和安装确认：检查设备外观是否完好，紧固件、密封件是否都已完成安装，其他必需的部件是否都已正确安装。

4）设备材质和粗糙度确认：检查部件、密封件、润滑油的材质证明和粗糙度检查报告，确认与产品接触表面的材质和表面粗糙度符合设计要求。

5）设备部件确认：根据设备清单、仪表清单等系统材料清单，确认已安装的部件如阀门、仪表和泵符合设计要求。

6）仪表校准确认：根据仪表的设计文件、序列号和已有的仪表校准证书，确认仪表是否符合设计要求；所有仪表已得到校准，并在校准有效期内。

7）电气设备安装确认：根据电气图纸等设计文件，确认接线、控制系统的主要部件和盘柜布局是否符合设计要求。

8）系统软件安装确认：根据软件清单，确认自动控制系统安装的软件信息、版本等是否与清单一致。同时，还应确认软件的序列号（或串号），确认软件是否正版。

**5．运行确认** 离心机运行确认的主要测试项目为：

1）运行环境确认：核实离心机需要的运行环境，如水、电、气和冷媒等是否都已具备且满足条件。

2）急停按钮功能确认：确认在设备运行过程中，按下急停按钮是否能实现预期的功能，如设备停机，画面报警等；在复位急停按钮后，设备是否处在待机状态，并可重新启动。

3）转速测试：使用测速表测量在设定的转速下（或频率下）系统实际的转速，确认二者之间的转速偏差是否在可接受范围内。对于高速离心机，其偏差的选择建议按照百分比进行制定。

4）传感器测试：模拟一定的条件，选用标准的仪表与系统内的传感器进行比对测试，确认传感器的精度是否符合要求。

5）振动测试：测试离心机运行过程中的振动值，确认振动允许值不超过设计允许值（或标准值），通常振动的衡量单位是 mm/s。

6）报警测试：使用报警清单对报警项目进行测试。选用合理的方法和条件触发报警，观察是否产生相应的报警动作、信息等。常见的触发方法有：① 工艺达到报警条件；② 报警条件的物理模拟，例如使用加压泵给压力传感器加压，造成超压报警；③ 改变报警的阈值，使得原本正常的信号也能触发报警（测试后需要将阈值恢复到默认值）；④ 用软件或程序进行仿真；⑤ 输入 4~20mA 的信号来模拟探头产生的信号；⑥ 开关量信号的打开或关闭；⑦ 按下急停按钮等安全保护装置。

对于产生的报警，需要核查是否能产生完整的报警记录，以便后续的审核与追溯。报警信息包括但不限于报警发生的日期时间、报警优先级、报警文本信息、报警显示状态、报警类型及报警确认状态等。

7）软件功能确认：根据程序功能文件，逐一测试软件的功能，确认程序的功能与文件的要求是否一致。

8）生产能力确认：主要确认单位时间内的离心量（效率）、离心速度等离心工序的关键性能指标。

9）系统设置确认：根据功能说明文件，确认自动控制系统设置是否与文件的要求一致，例如系统的自动退出、参数的设置等。

10）用户账号、管理权限确认：获得每个权限组的一个用户名和密码，分别登录系统，测试或确认用户与密码的策略。此外，根据定义的权限列表进行对应操作，确认各权限组仅能完成授权范围内的系统操作，超出权限的系统操作则不可用。

11）数据备份/打印测试：确认原始数据的地址、储存方法、备份的格式、介质和储存路径；确认数据可以被打印，且将打印的数据与原始数据进行对比，确认这两份数据应一致。

12）软件备份确认：使用具有该权限的用户登录系统，对软件进行备份和恢复的操作，确认系统的软件和程序能够进行备份与恢复。

**6. 性能确认** 离心机在性能确认阶段主要关注其生产能力、处理能力以及滤饼（沉渣）含液量或澄清度。如果离心机有控温要求，则还应该在测试过程中测试其对（模拟）物料的控温能力。

（1）生产能力和处理能力的确认

1）称重法：以一定流速或者一定进料批量的物料，在设定的转速下对物料进行离心，离心过程中或离心结束后，使用电子秤直接称重离心机出料口过滤（分离）出的滤饼质量。用于产出物为固体的情况。

2）容积法：以一定流速或一定进料批量的物料，在设定的转速下对物料进行离心，离心过程中或离心结束后，使用固定容积的容器盛放离心机处理出的滤液（澄清液），并测量装满该容器所需要的时间，计算离心机的处理能力和生产能力。

3）流量计法：将流量计直接安装在离心机出料口，测量一定时间内的出液量。测量处理时，应保证进入流量计的液流是稳定的，流量计事先应标定。

对于连续运行的离心机，根据额定装料量的大小，每次测量时间为 5～30min；对于间歇操作的离心机，测量一个至多个循环的出料量；测量 3 次，取其算数平均值。

（2）滤饼（沉渣）含液量的确认

1）取样位置和方法：在离心机滤饼出口间隔取滤饼样 3 份，每份不少于 50g。

2）测量方法：3 份滤饼试样经混合后，用称重天平称量后放入烘箱内（烘干温度根据物料不同按相关标准确定）。经 1.5h 烘干，用称重天平称重后，再放入烘箱继续烘干，每隔 0.5h 取出称重，直至恒重（两次称重之差小于 2mg），然后按如式（5-6）计算：

$$y = \left(1 - \frac{m_1}{m}\right) \times 100\% \qquad 式（5-6）$$

式中，$y$ 为滤饼含液量；$m_1$ 为试样烘干后质量，单位为 mg；$m$ 为试样烘前质量，单位为 mg。

不宜烘干的滤饼，可采用其他适宜的方法测量滤饼含液量。

（3）滤液（澄清液）含固量的测量

1）取样位置和方法：在离心机滤液（澄清液）出口处间隔取滤液样 3 份，每份不少于 100ml。

2）测量方法：3 份滤液试样混合后，取体积为 100ml 的滤液用定性分析滤纸过滤，滤纸连同滤出的固体放入烘箱内（烘干温度根据物料不同按相关标准确定）。经 1.5h 烘干，用称重天平称量后，再放入烘箱继续烘干，每隔 0.5h 取出称重，直至恒重（两次称重之差小于 2mg），然后按式（5-7）计算：

$$Z = \frac{g_1 - g_2}{V} \qquad 式（5-7）$$

式中，$Z$ 为滤液含固量，单位为 mg/L；$g_1$ 为滤纸及固体的质量，单位为 mg；$g_2$ 为过滤前预烘干的滤纸质量，单位为 mg；$V$ 为滤液体积，单位为 L。

不宜烘干的滤液，可采用其他适宜的方法测量滤液含固量。

## 第十节　移动储料罐

## 一、简述

移动储料罐是在一定生产区域内可移动式的装置（图 5-21）。移动储料罐系统中的主体设备是罐，通常包含 1~2 台罐，罐上安装有搅拌、阀门、仪表、管道和过滤器。移动储料罐系统通常有脚轮、把手，以便操作人员可以轻易地将装置移动到厂房中各个动作站点。因为其在工作状态下仍是固定在某一位置，仍然按照固定式压力容器要求进行设计、制造、使用和维护。

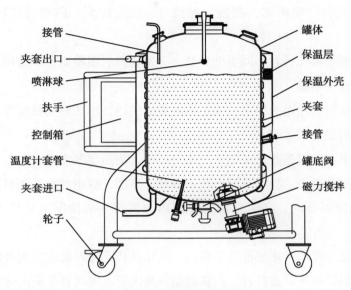

图 5-21　移动储料罐系统

## 二、技术参数

在设计和选择移动储料罐时，需要考虑以下技术参数：

1）设计标准：按照压力容器相关技术标准设计，如《压力容器》（GB/T 150—2011）等。

2）罐体形式：如立式、卧式。

3）最大工作容积：指生产时可能涉及的最大容积，通常以"m³"或"L"为单位。

4）最小工作容积：指生产时可能涉及的最小容积。

5）设计 / 操作压力。

6）设计 / 操作温度。

7）罐体直径 / 高度。

8）高径比：容器盛装物料筒体的高度 / 直径比率。通常立式容器高径比在 1∶1 ~ 3∶1。

9）夹套形式：通常要选择好夹套形式，如整体式、半管式和蜂窝式等。

10）夹套介质。

11）金属 / 非金属材料要求：不同部位的材料应分别描述，通常接触产品的部分，金属材料是 S31603 或更高等级，非金属材料应符合工艺需求。不接触产品的部分，金属材料可以是 S30408 或者其他材料。

12）罐管口设计要求：管口尺寸、方位、数量及型式，同时要确保管口的卫生级设计。

13）人孔、搅拌、喷淋球、视镜、视镜灯、温度探头、内伸管和称重等部件技术要求。

14）无损检测要求：针对不同类型焊缝，分别选择射线检测、渗透检测或超声波检测等，并在设计文件中明确。

15）与产品接触表面抛光要求：确定不同表面的抛光形式和粗糙度等级。

16）外表面抛光要求。

17）绝热要求：确定是否需要绝热，绝热材料，绝热层厚度等。

18）支腿和附件要求：确定支腿形式、数量、高度，脚轮的尺寸和材质等。

在设计移动储料罐时，还需要考虑在罐内充满液体的情况下能单人操作，应易于移动。

移动储料罐日常操作：罐被推至加料站，操作员移动储料罐连接到进料管道，氮气管道。首先，操作员将氮气管道打开，向移动储料罐内通入氮气直至罐内达到惰性状态。经检测，罐内达到惰性状态，进料管道阀门将会被打开，物料将会通过位于进料管道中的 0.22μm 过滤器进入移动储料罐中。同时，移动储料罐的排气管道也会被打开，以连通大气。在物料进入移动储料罐至安全液位后，搅拌器也将运行，以搅动/混合罐内液体。

当移动储料罐完成了灌装后，移动储料罐装置将断开管道连接，并准备从加料站移动到进料站。

移动储料罐装置到达进料站后，罐内液体应在进料前混合一定时间。此时，操作员将连接移动储料罐出料管道、氮气管道，并用合适的压力将液体输送到指定的工艺容器中。最后，使用冲洗液将罐和管道内残余的溶液一并转移至指定的工艺容器中。

## 三、构成

移动储料罐由容器本体、搅拌、阀门、泄压阀或爆破片、仪表、呼吸器（可拆装）、软件、金属管道和管件、脚轮、推手等组成。

## 四、检验和试验

移动储料罐的检验和试验要求与生物反应器基本相同。

# 五、确认与验证

移动储料罐的确认包括风险评估、设计确认、安装确认、运行确认和性能确认等内容。

**1. 风险评估** 移动储料罐因为构造相对较简单，其风险评估也可采取简化的形式。关于设备的风险，可以从机械设计、设备制造、质量控制、安装和运行等方面进行识别、分析、评估以及制订控制措施。设备的制造厂家与最终用户均可依据行业内标准、指南等选择相应的风险评估方法和工具进行风险评估，其中 ICH Q9、ISPE《制药工程指南：调试和确认（第 2 版）》，GAMP5 等均提供了风险评估相关指南。

**2. 设计确认** 移动储料罐主要需要确认的设计内容为：

1）设计标准。

2）最大工作容积。

3）最小工作容积。

4）罐体直径 / 高度。

5）高径比。

6）设计 / 操作压力。

7）设计 / 操作温度。

8）夹套设计要求。

9）金属 / 非金属材料要求。

10）无损检测要求。

11）支腿和附件要求。

12）重量要求。

13）罐管口设计要求。

14）产品接触表面抛光要求。

15）外表面抛光要求。

16）绝热要求。

17）人孔、搅拌装置、喷淋球、视镜、温度探头、内伸管、称重等部件技术要求。

**3. 安装确认** 移动储料罐在安装确认阶段主要的确认项目为：

1）文件确认：需检查文件已生效，文件是否具有唯一的编号，是否为最新版本，文件是否齐全。

2）P&ID 符合性确认：设备和仪表的位置及标识与 P&ID 一致（如有）。

3）设备装配图符合性确认：确认设备的主体尺寸、管口、方位和安装是否与图纸一致。

4）部件检查：检查是否按安装要求进行安装，安装的部件是否是设计要求的规格、型号。

5）电气接线确认：确认接线、主要电气部件和盘柜布置符合设计要求。

6）回路检查确认：确认现场部件的输入/输出回路信号符合设计、规范的要求。

7）材质和表面抛光确认：审核材料质量证明书或合格证，或采用 PMI、粗糙度仪等非破坏性检测方法，检查确认材质和表面粗糙度符合设计要求。

8）仪表校准信息确认：根据仪表的设计文件、序列号和已有的仪表校准证书，确认仪表是按照设计要求提供的；所有仪表已校准，并在校准有效期内。

9）焊接文件检查：检查焊接记录和无损检测报告，必要时对焊缝进行现场检查，确认焊接质量符合设计要求。

10）试压和酸洗钝化报告确认：确认已提供了相应的设备试压和酸洗钝化报告，且结果符合设计和法规要求。

**4．运行确认**　移动储料罐运行确认的主要测试项目为：

1）部件功能测试：对于设备中的关键部件（如影响设备系统，产品质量）的功能进行测试，确认符合设计和工艺要求。

2）喷淋球覆盖试验：喷淋球能够在日常运行流量下喷淋到容器的整个内表面。

3）容器排尽能力的检查：向容器中进入一定体积的水，然后打开排水阀，确认容器的内部可以通过重力实现自由排尽，没有超出规定的残留水标准。

4）搅拌测试：确认搅拌的转向是否正确，搅拌的转速控制是否准确。如有需求，可目视观察搅拌的效果。

5）保压测试：使用压缩空气或其他惰性气体，向设备中进行加压，达到规定的压力区间后，密闭设备进行保压。在规定的时间内，系统内压力应无变化。

6）原位灭菌测试：利用已有的 SIP 系统对设备进行湿热灭菌，确认设备的灭菌功能符合要求（如有）。

7）控制系统测试：对系统的操作箱按钮、触摸屏功能、系统和通信等进行测试，证明符合设计要求（如有）。

**5．性能确认**　移动储料罐通常用于临时储存、转运或放孵等生产工艺，一般要求移动储料罐可以进行搅拌、可清洗和可灭菌，有时也需要进行控温。通常移动储料罐的性能确认可包含以下测试：

1）搅拌过程的均匀性：通常在移动储料罐中装入一定量的混合有模拟物料的水溶液；在某个转速下搅拌一定时间后，在罐内液体上、中、下层分别取样。取样前预排放，尽量保证取样操作未引入相关污染物，取样后及时送检（或及时在线监测）；待检测结果出具后，统计不同搅拌转速下、不同时间点取出的模拟物浓度，分析并判断容器的搅拌性能是否满足工艺生产需求。

2）清洁方法确认：根据批准版（或有效版本）的清洁标准操作规程，使用配制好的清洁剂，采取一定的方法对移动储料罐进行清洗。清洗结束前，在有代表性的位置对最终清洗水进行取样，以及对罐内进行目视和擦拭取样（如有要求），取样后及时送检；待检测结果出具后，确认清洗结果是否符合可接受标准。可接受标准可包括最难清洗物质的残留量，以及目视检测、电导率、TOC、内毒素和微生物指标等需要满足要求。在性能确认过程中，也可根据是否具备条件，决定是否可同步完成移动储料罐的清洁验证。

3）原位灭菌热分布试验：利用温度验证仪在具有代表性的位置布置温度探头，记录不同位置的温度，以确认移动储料罐在灭菌程序下所有热分布探头温度均符合灭菌温度要求。

4）原位灭菌生物指示剂挑战性试验：在有代表性的和有温度风险的位置布置生物指示剂（条），灭菌循环完成后，将生物指示剂（条）送 QC 实验室培养，以确认通过灭菌，所有微生物指示剂（条）培养结果显示阳性。

## 第十一节　配液系统

## 一、简述

配液系统广泛用于制药工艺的各种场合，如缓冲液、培养液、稀释液和药液的配制等。在生物工程领域，目前使用最普遍的是不锈钢配液系统和一次性配液系统。不锈钢配液系统适用于 20~20 000L 规模、各种规格的液体配制，可进行 CIP 和 SIP；一次性配液系统因其不需要进行 CIP 和 SIP，可有效防止交叉污染，近年来发展很快。本节仅介绍不锈钢设备配液系统的相关要求。

## 二、基本原理

根据产品特点和工艺要求，可设计相应的配液系统，通过加料、搅拌、过滤、温度控制及 pH 控制等一系列操作，将溶液配制成预定要求的液体，满足后续工艺的要求。自动配液系统主要满足以下功能：

1）原辅料的自动计量和称量功能。

2）良好的搅拌性能，确保配制液的均匀、稳定。

3）良好的温度控制，能实现温度自动调节。

4）系统可进行 CIP 和 SIP。

5）可靠的、能满足 GAMP5 要求的计算机化系统，可自动生产批记录、批报表等，符合电子记录电子签名要求，具备审计追踪能功能。

配液工艺流程如图 5-22 所示。

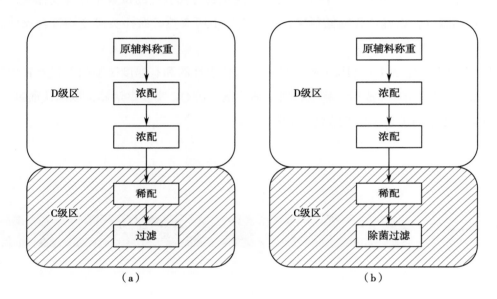

图 5-22　配液工艺流程图

（a）最终灭菌产品配液；（b）非最终灭菌产品配液。

## 三、基本组成

不锈钢配液系统通常由不锈钢配制罐、投料系统、进料或补料系统、搅拌混合系统、泵、换热器和阀门、仪表（用于测定电导率、pH、温度以及称重等）、过滤器等组成，还包括 PLC/SCADA、控制柜等自动控制操作系统。系统可实现原位清洗和原位灭菌。

## 四、检验与试验

配液系统的检验与试验应该按照质量计划或检验试验计划，在合适的时机、采用适当的设备并由具备相应经验和资格的人员来进行。当客户有要求时，可包括客户代表的见证。

**1．配液罐**　配液罐是配液系统的核心设备，按预定顺序和程序加入溶剂及不同的配制组分，通过搅拌、温度控制、压力控制和 pH 控制等一系列操作，实现所需液体配制，满足药品生产需要。配液罐一般是压力容器，要按照《压力容器》（GB/T 150—2011）和《固定式压力容器安全技术监察规程》（TSG 21—2016）等标准法规要求设计制造，并取得相应的监督检验证书。配液罐又是药品生产的关键设备，也需满足 GMP 要求，因此也不同于一般的压力容器，使用的材料必须是耐腐蚀的材料，内部结构必须易于清洁、无死角、可排尽。内表面进行机械抛光或电解抛光及酸洗钝化处理。配液罐材料通常为S31603 不锈钢，罐体上的接口常设计为易于清洁的结构，尽可能减少死角，并多采用圆滑过渡结构。配液罐相关的检测项目包括：

1）材料检查：按照图纸和材料清单要求检查所有部件使用设计规定的材料，部件材质符合设计要求。

2）焊接和无损检测：确认焊接记录和无损检测记录完整；使用各种无损检测方法，例如目视检测、射线检测和渗透检测技术，确认焊接焊缝质量符合标准要求。

3）罐体尺寸和外观检查：检查罐体关键尺寸，特别是罐的总体尺寸以及接管的尺寸、方位及伸出长度等符合设计图纸要求；外观连续平滑，无明显缺陷。

4）表面粗糙度检查：使用粗糙度测试仪测量内腔表面的粗糙度 Ra 值，确认表面粗糙度满足设计要求。

5）罐体压力试验检查：根据设计要求进行压力试验，试验结果符合设计要求。

6）表面酸洗钝化检查：在完成焊接和抛光后，内腔表面需要进行酸洗钝化，以进一步增强材料的耐腐蚀能力，常用蓝点法确认酸洗钝化是否已经完成。

7）喷淋球覆盖试验：为保证配液罐的 CIP 效果，需要进行喷淋球覆盖试验，以确保清洗介质能完全覆盖罐内表面。

8）排尽试验：制造完成后，用纯化水测试最终的排尽效果，确认排放后无可见水残留。

**2．泵**　泵一般由专业厂家设计制造，作为外购设备来进行质量控制。泵的检查项目主要有：

1）检查泵的规格、型号、扬程及铭牌参数是否与设计数据表一致。

2）检查泵的进出口管径及连接方式是否符合要求。

3）检查泵的外观是否完好无损坏。

4）检查泵的出厂资料是否齐全，特别是与料液接触部件的材质、焊接记录和无损检测报告、粗糙度测试、性能曲线、操作维护手册等是否齐全、准确。

**3．管道与管件**　管道将工艺物料、纯化水、注射用水、清洗剂和压缩空气进行传送，通常选用 S31603 不锈钢材料，管道上连接的管件和仪表要选用卫生级结构，便于清洁和排放。管道和管件的检测项目包括：

1）材料检查：按照材料清单要求确认所有部件使用设计规定的材料，管道与管件材质符合设计要求。

2）焊接和内镜检测：使用内镜目视检测管道内部焊缝的焊接质量，通常手工焊需要100%内镜检验，自动焊接焊缝通常检测比例不低于20%。

3）表面粗糙度检测：确认管道和管件材质证明书上的粗糙度符合设计要求。

4）管道酸洗钝化检查：在完成焊接和抛光后，管道系统表面需要进行酸洗钝化，以进一步增强材料的耐腐蚀能力，常用蓝点法确认酸洗钝化是否已经完成。

5）管道坡度和死角检查：使用坡度仪测量管道的坡度是否符合图纸（ISO图）的要求，并确认管道支管长度是否满足设计要求。

**4．电气和仪表系统**　电气和仪表系统质量检查的主要项目有：

1）检查电气设备和元件的规格、型号是否符合设计图纸与数据表要求。

2）检查电气设备和元件的安装位置是否正确，连接可靠，符合P&ID等图纸要求。

3）检查仪表的规格型号、量程精度是否符合设计图纸和数据表要求。

4）检查仪表的安装位置是否正确，连接可靠，符合P&ID等图纸要求。

5）检查电气仪表调试后是否运转正常、显示正确。

**5．不锈钢配液系统钢结构检验**　因为不锈钢配液系统一般安装在洁净区域内，对系统进行检验时，首先应注重物料接触的设备和系统。由于钢结构质量对系统的正常使用也非常重要，因此下文对不锈钢结构件的检验重点进行介绍，可供其他设备和系统检验时参考。

不锈钢结构承受着配液系统本身重量，料液加满时要承受系统内料液的重量，在运行时还要承受动载荷，不锈钢结构的强度和刚度对配液系统安全运行至关重要，需要从设计、制造、安装、调试等环节检查和控制结构质量。

（1）不锈钢结构设计阶段的主要检查控制要点

1）要选用适合于洁净室等环境的材料，如优先选择不锈钢，不选碳钢材料；选择不锈钢方钢，不选不锈钢角钢、槽钢和工字钢等容易污染、不易清洗的材料。一般选S30408不锈钢方钢或钢管。

2）所选择的材料要有一定的强度和刚度，要通过计算、根据承重和负荷选择结构材料，要有设计计算书等设计文件。

3）要采用卫生级的结构，如尽量焊接连接、减少螺栓连接，采用密封焊、减少缝隙等。

4）要便于清洗、消毒，对结构表面处理提出具体要求，需要清洗消毒的部分有足够空间可以接触到等。

5）要对制造提出具体要求，确保卫生级设计得以实现，如焊接要求、表面处理要求等。

（2）不锈钢结构制作期间的主要检查控制要点

1）不锈钢结构材料要满足设计规定的标准，具有质量证明书。

2）复查材料尺寸、壁厚等关键尺寸。

3）要检查钢结构焊接质量，钢结构材料之间的焊接需牢靠，角焊缝尺寸满足要求，焊缝表面需光滑连续、容易清洗，不容易藏污纳垢，以免滋生微生物；对焊接的坡口、焊缝质量进行 100% 目视检测，并按设计规定进行相应的无损检测（如 RT 或 UT）。

4）检查钢结构尺寸，符合设计图纸要求。

5）检查不锈钢结构制作的竣工资料是否完整准确。

（3）钢结构安装后的质量控制：在不锈钢配液系统安装完成后，容器、泵和换热器等设备与管道都已安装到位，需要再进一步对结构进行整体检查，主要检查结构的牢固性、是否满足洁净区使用要求等，这时的检验可以目视检测为主，发现疑问再结合情况进一步检验。主要检查控制要点有：

1）不锈钢结构（框架和立柱）材料是否牢固，是否存在晃动和变形等情况。

2）固定在结构上的管道和设备是否牢固，在调试或满负荷运行期间无明显变形，如发现管道不稳需要采取增加支架的措施，确保系统长期稳定地运行。

## 五、确认与验证

配液系统的确认，包括设计确认、安装确认、运行确认和性能确认。

**1. 设计确认** 依据用户 URS 要求，审核和确认设计成果是否满足 URS 要求、是否符合 GMP 规定。设计确认按照设计确认方案进行，完成后提交设计确认报告，能证明设计符合 URS 和 GMP 要求的有关设计图纸、计算书或数据表等设计文件应作为设计确认报告的附件。

配液系统设计确认主要是确认系统的设计元素是否满足用户需求。通常包含以下设计内容：

1）设计文件确认：有配液系统设计文件目录或清单，设计文件齐全（如功能说明 FS、设计说明 DS、流程图 P&ID、配液罐图纸、管道图纸、电气仪表图纸、数据表等）内容完整，经批准生效。

2）系统的处理能力；系统的处理能力满足 URS 要求。

3）设计和运行参数确认：如 URS 已识别关键设计方面（CA）和关键设计元素（CDE），逐项核对设计文件、确保通过设计这些要求已满足；如 URS 没有单独列出 CA/

CDEs，则审核 URS 的条款，确认已在设计中响应并满足要求。

4）系统设备的功能：确认 URS 所规定的配液系统功能均已符合。

5）系统 CIP，SIP 功能：确认配液系统功能具备 CIP、SIP 功能。

6）计算机化系统需求：确认配液系统计算机化系统硬件和软件均满足 GAMP5 的要求。

7）材质和制造需求：确认设计文件中的材料满足 URS 规定。

8）工程、HSE 等设计要求。

**2. 安装确认**　安装确认是提供书面的证据，以证明配液系统的安装活动符合已批准的设计文件和 URS 要求。主要测试项目有：

1）先决条件确认：DQ 报告已批准；IQ 方案已得到质量部门的批准。

2）人员确认：参与人员已接受方案培训，有培训记录且合格；参与人员在 IQ 方案中签字。

3）文件确认：需检查文件已生效，文件是否具有唯一的编号、是否为最新版本，文件是否齐全。

4）材料材质和表面粗糙度的检查：审核材料质量证明书或合格证，或采用 PMI、粗糙度仪等非破坏性检测方法，检查确认材质和表面粗糙度符合设计要求。

5）系统信息的检查：铭牌信息与图纸相符；现场测量的容器管口尺寸、方位与图纸和检查报告相符；设备安装的位置与图纸相符。

6）P&ID 符合性检查：设备和仪表的位置及标识与 P&ID 一致。

7）部件安装确认检查：检查是否按安装要求进行安装，安装的部件是否是设计要求的规格、型号以及安装位置是否与 P&ID 一致。

8）仪表校准确认：根据仪表的设计文件、序列号和已有的仪表校准证书，确认仪表是按照设计要求提供的；所有仪表已校准，并在校准有效期内。

9）焊接检查：检查焊接记录和无损检测报告，必要时对管道焊缝进行现场检查，确认焊接质量符合设计要求。

10）死角检查：系统中可能存在死角的位置应符合设计要求。

11）坡度检查：水平管道的坡度应符合用户需求和设计要求。

12）隔膜阀安装角度检查：隔膜阀的安装角度应符合厂家的技术要求和设计要求。

13）管道压力试验检查：检查容器和管道系统已经过合适的压力试验，压力试验报告符合标准和设计要求。

14）自控柜硬件确认：确认接线、控制系统的主要部件和盘柜布置符合设计要求。

15）输入输出回路确认：确认现场部件的输入/输出回路信号符合设计、规范的要求。

16）软件安装确认：确认已安装的软件、程序的版本和序列号等信息。

17）公用设施连接确认：确认所有与系统连接的公用设施已连接完成或可正确连接。如有必要，还需要检查并记录公用工程供应点的运行参数（通常需要确认连接状态的公用系统包括纯化水、注射用水、纯蒸汽、工业蒸汽、冷冻水、冷却水、冷媒、洁净压缩空气、仪表压缩空气、工艺用氮气和氧气等）。

**3．运行确认**　安装确认之后进行运行确认，提供书面证据，以证明配液系统可在预定的运行范围内操作、实现系统功能，以确认在设计规定的工艺顺序和操作控制条件下每一项操作顺序正确、运行功能准确。主要测试项目有：

1）先决条件的确认：DQ、IQ 报告已批准；OQ 方案已得到质量部门的批准。

2）人员的确认：参与人员已接受方案培训，有培训记录且合格；参与人员在 OQ 方案签字。

3）气动阀门测试：手动强制开 / 关阀门，检查阀门应正确开关，应无漏气。

4）泵的测试：泵的启停正常，没有异常噪声和震动；对流量有要求的泵，应测试其实际流量符合设定流量。

5）过滤器的完整性测试：对过滤器的完整性进行测试，确保过滤器完好。

6）断电检查：检查系统在意外断电和再恢复时，系统的数据保存和自启动程序符合设计要求。

7）喷淋球覆盖试验：喷淋球能够在日常运行流量下喷淋到容器的整个内表面。

8）系统保压测试：系统能够在要求的运行压力范围内运行且无泄漏。

9）称重系统测试：系统的称重系统的量程和精度符合用户需求及设计要求。

10）搅拌转速测试：系统搅拌转速的准确度和控制精度符合用户需求及设计要求。

11）CIP 测试：确认系统 CIP 系统正常运行。

12）SIP 测试：确认系统 SIP 正常运行，温度、时间等关键参数满足 SIP 程序要求。

13）人机界面确认：确认控制系统的人机界面符合设计和用户使用要求。

14）系统时间同步确认：确认系统内操作端的时间与基准主时间一致，且能及时同步。

15）管理权限确认：确认使用不同等级密码登录人机界面可以完成对应权限的操作。

16）报警和联锁确认：确认当报警和联锁情况发生时，控制系统有检测、传达和反应的能力。

**4．性能确认**　系统 SIP 确认可以单独进行，SIP 的程序开发和确认执行详细见本章第三节。

其他性能确认通常与工艺验证一起进行。

## 第十二节　原位清洗装置

### 一、简述

原位清洗（cleaning in place, CIP），又称就地清洗，是指不需要分拆生产设备和系统，通过连通专门的清洗装置，就可在设备和系统原安装位置实现自动清洗的方法。CIP 操作简单方便，安全可靠，已被广泛应用于食品、饮料及制药等卫生级生产行业。CIP 不仅能清洗机器，而且还能降低微生物负荷。对于不能完全实现 CIP 的部件，可以采用离线清洗（cleaning out of place，COP），即拆下来、放入清洗机中自动清洗或手工清洗。

全自动 CIP 装置有以下优点：

1）能使生产计划合理化及提高生产效率和生产能力。

2）不需要拆卸部件、不需要手洗，不但没有因作业者的差异而影响清洗效果，还能提高产品质量。

3）按照经验证的程序进行清洗，自动操作、简单方便，也可节省清洗剂、蒸汽、水及生产成本。

### 二、基本原理

根据生产工艺和清洗程序，CIP 装置可分为单罐系统、双罐系统和多罐系统（图 5-23），其清洗原理和程序基本相同。

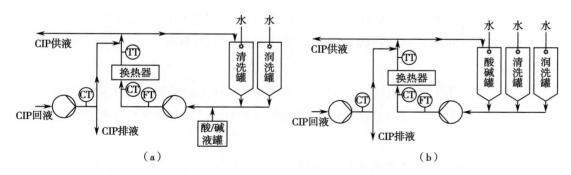

CT：电导率变送器；TT：温度变送器；FT：流量变送器

图 5-23　CIP 装置流程图

（a）CIP 装置流程图（双罐）；（b）CIP 装置流程图（三罐）。

## 三、基本组成

CIP 装置通常由不锈钢罐（水、酸、碱）、泵、换热器和阀门、仪表（用于测定电导率、pH、温度、压力、流量等）等组成，还包括 PLC/SCADA、控制柜等自动控制操作系统，可实现清洗剂的配制、加热、输送和 / 或回收等。

## 四、检验和试验

CIP 装置的检验和试验内容及要求与配液系统基本相同。

## 五、确认和验证

CIP 装置的确认和验证内容及要求与配液系统基本相同。
CIP 装置的性能确认可以与工艺验证、清洁验证一并进行。

## 第十三节　其他工艺管罐系统

## 一、简述

工艺管罐系统是指根据某一确定的产品工艺路线建造的，包含一系列机械、设备、结构、电气、仪表、自动化控制和文件等为一体的专业硬件和软件的集成系统。通常可实现某一种（多种）产品的一个或多个生产步骤。目前，工艺管罐系统主要以不锈钢管罐为主，而一次性工艺管罐系统也占有不可或缺的地位，两类管罐系统各有特点和应用场合，以满足不同的实际需要。随着行业的发展，制造技术的进步，集成化程度逐步提高，各个生产步骤可实现模块化制造和生产。

工艺管罐系统可包括缓冲液配制系统、缓冲液储存系统、流加培养基暂存系统、培养基制备系统、中间品暂存系统、原液分装系统、配液系统、CIP 系统等；也包含已介绍的生物反应器系统、离心机系统、层析系统等。本节主要对其他工艺管罐系统进行介绍。

对于有多个独立功能模块，但又可作为整体的工艺系统，各功能子模块 / 系统的自动控制系统可不单独进行检验、确认和验证，自动控制系统可以作为整个工艺系统的一个子系统进行设计、施工、调试与确认。

## 二、基本组成

大多数不锈钢工艺管罐系统的组成基本相同，主要由不锈钢罐、搅拌系统、泵、换热器、阀门、各类控制仪表（用于测定电导率、pH、温度和称重等）、过滤器等组成，还包括 PLC/SCADA、控制柜等自动控制操作系统。通过不同工艺流程和设备、仪表组合，实现预期的功能，系统可实现原位清洗和原位灭菌。管罐系统可以根据结构和安装位置，尽量减少现场工程量，在制造商工厂将集中某一区域安装的罐、电气仪表等制作成不同的设备模块，整体在现场安装就位，然后再通过管道将各模块连接起来；也可以分别制造和采购各类罐、泵、换热器等单体设备，分别在现场进行单体机械设备安装、各类管道焊接连接、电气仪表设备安装、系统调试等安装活动，完成工程项目机电设备安装工作。

## 三、检验和试验

无论工艺管罐系统在制造商工厂制造成模块，还是完全在现场制作安装，其质量要求都是一样的，检验和试验活动不会因为场地不同就有所差异。不同之处在于，在设备制造商工厂的生产制造时设施更齐备、制造条件相对更加持续和稳定、制造效率和质量稳定性更高，如果发现缺陷和不合格的情况，也更容易组织返修和处理；而现场环境属于临时设施，制造条件相对较差，因此质量控制的难度相对更高、更复杂。例如卫生级管道的焊接，在制造商工厂可以设置专门的焊接操作间，控制温度、湿度、洁净度等，也可以使用稳定的保护气体等；而现场的焊接条件可能会出现差异，要保证达到相同的质量标准，对焊接前的先决条件和控制措施就需要做更细致、更严格的检查和确认，如保护气体采购，由于不同生产商或供应商的质量体系可能会影响所采购的气体纯度等影响焊接质量的因素，为此既要考察当地合格的气体供应商或气体生产商，也要对每一批气体做详细的检验和复查。

对于工艺管罐系统的质量控制，要预先明确质量要求，根据实际情况制订适宜的质量检验和试验计划，安排经验丰富的质量控制人员，严格执行检验和试验计划要求，确保各项质量指标符合相应的设计图纸、相关标准和 GMP 要求。

**1. 罐和容器** 罐和容器是工艺管罐系统的主要设备，主要有储存、反应与分离等作用。大多数罐属于压力容器，要按照《压力容器》（GB/T 150—2011）和《固定式压力容器安全技术监察规程》（TSG 21—2016）等标准要求设计制造，并取得相应的监督检验证书。这些设备对药品生产质量非常关键，也需满足 GMP 要求，因此除需满足压力容器要求外，材料、内部结构及表面处理都有特殊要求，必须易于清洁、无死角、可排尽。罐的材料通常为 S31603 不锈钢，罐体上的接管常设计为易于清洁的结构，接管伸出长度尽可能短，尽量减少死角，并多采用圆滑过渡结构。罐 / 容器相关的检测包括以下项目：

1）材料检查：按照图纸和材料清单要求检查所有部件使用设计规定的材料，部件材质符合设计要求，特别是与物料接触的部件包括内件，都需要有一一对应的质量证明书。

2）焊接：检查焊工资格、焊工工艺是否齐全匹配，焊接参数是否符合 WPS 规定、焊接记录是否完整清晰，焊缝外观是否存在不允许的缺陷等；焊缝外观需要 100% 目视检测。

3）无损检测：审核各类无损检测报告，核查检验部位、检测比例与合格级别是否符合质量要求。

4）罐体尺寸和外观检查：检查罐体关键尺寸，特别是罐的总体尺寸以及接管的尺寸、方位及伸出长度等，符合设计图纸及允许偏差要求；外观连续平滑并无明显缺陷。

5）表面及粗糙度检查：使用粗糙度测试仪测量内外表面的粗糙度 Ra 值，确认表面粗糙度满足设计要求；特别是罐内表面的粗糙度，要全面检查，既要检查上封头、下封头和筒体的典型表面，也要检查搅拌轴、桨叶和挡板等不规则表面的外观及粗糙度，确保所有与物料接触的表面粗糙度都满足规定要求；对容器内、外表面进行外观检查，机械或电解抛光方式符合要求，表面无不允许缺陷存在。

6）压力试验检查：根据设计要求进行压力试验，试验结果应符合设计要求；在压力试验时，要核查压力表的量程精度和数量符合规定，测试水质报告齐全、符合规定，强度试验压力符合图纸和标准规定，保压时间充分，检查压力试验无变形、无泄漏等，并保留试压照片等证据。

7）酸洗钝化检查：在完成焊接和抛光后，容器表面需要进行酸洗钝化，以清除可能存在的污染物、增强设备的耐腐蚀能力，常用蓝点法确认酸洗钝化是否已经完成。酸洗钝化的方式、时间和温度等要符合程序规定。

8）喷淋球覆盖试验：为保证罐的 CIP 效果，需要进行喷淋球喷淋覆盖试验，以确保清洗介质能完全覆盖罐内表面，要检查核黄素有效期、配制浓度、施涂情况及清洗时的压力、流量和时间等参数，均符合要求。

9）排尽试验：制造完成后，用纯化水测试最终的排尽效果，确认排放后无可见水残留。

**2. 泵 / 换热器 / 仪器仪表**　泵 / 换热器 / 仪器仪表一般由专业厂家设计制造，作为外购设备来进行质量控制。主要检测项目有：

1）检查规格、型号、铭牌参数是否与设计数据表一致。

2）检查进出口管径及连接方式是否符合要求。

3）检查是否具备 CIP、SIP 功能。

4）检查外观是否完好无损坏，附件齐全。

5）检查出厂资料是否齐全，特别是与料液接触部件的材质、焊接记录和无损检测报告、粗糙度测试、性能曲线和操作维护手册等齐全、准确。

**3．管道与管件**　管道通常用于传送工艺物料、纯化水、注射用水、清洗剂和压缩空气，一般选用 S31603 不锈钢材料，管道上连接的管件和仪表要选用卫生级结构，便于清洁和排放。管道与管件的检测项目包括：

1）材料检查：按照材料清单要求确认所有管道材料（包括管子、管件、接头、垫片、阀门和仪表等）符合设计规定，管道与管件材质符合设计要求。

2）焊缝检测：对焊缝进行目视检测，如无法直接检测，可采用内镜目视检测管道内部焊缝的焊接质量，通常手工焊需要 100% 内镜检验，自动焊接焊缝通常检测比例不低于 20%。

3）焊接记录检查：检查焊工资格、焊接工艺、焊接设备、焊接环境和焊接参数是否符合要求。

4）表面粗糙度检测：确认管道和管件材质证明书上的粗糙度符合设计要求。

5）管道酸洗钝化检查：在完成焊接和抛光后，管道系统表面需要进行酸洗钝化，以进一步增强材料的耐腐蚀能力，常用蓝点法确认酸洗钝化是否已经完成。

6）管道坡度和死角等检查：使用坡度仪测量管道的坡度是否符合图纸要求，并确认管道支管长度是否满足设计要求；检查隔膜阀安装角度及单向阀的安装方向等符合要求。

7）系统压力试验检查：检查管道压力试验是否合格，系统无变形、无泄漏等。

8）管道支架绝热检查：检查管道是否固定牢固、是否需要增加支架，绝热施工是否符合要求。

9）管道标识检查：检查管道介质、流向标识齐全、准确。

**4．电气和仪表系统**　电气和仪表系统质量检查的主要项目有：

1）检查电气设备件的安装位置是否正确，连接可靠，符合 P&ID、电气布置图等图纸要求。

2）检查仪表的规格型号、量程精度是否符合设计图纸和数据表要求。

3）检查仪表的安装位置是否正确，连接可靠，符合 P&ID、管道布置图等图纸要求。有安装方向的仪表要确保安装方向与介质流向一致，对仪表前后管段长度有要求的，还要复查长度尺寸。检查较重仪表是否支撑牢固、仪表读数是否便于读取、仪表是否便于拆卸校准等。

4）检查电气设备及仪表接线是否正确、牢固，标识是否清晰、齐全。

5）检查电气设备防护等级是否符合设计要求。

6）检查设备接地（包括机械设备）是否符合要求。

7）检查有防爆要求的电气是否符合防爆型式和等级要求。

8）检查电气仪表送电、调试、各项动作是否正常，显示是否正确等。

## 四、确认和验证

工艺管罐系统的确认和验证工作主要包括风险评估、设计确认、安装确认、运行确认和性能确认等。

**1. 风险评估** 大型的工艺管罐系统，因其规模大、部件多、设计复杂、涉及专业多，对其进行的风险评估也比较复杂。通常需要考虑多个种类的部件、各设计元素和系统各方面的风险。

以往制药行业普遍使用的是ISPE《制药工程指南：调试和确认》所推荐的部件关键性评估（CCA），在CCA的基础上进行风险评估。

CCA列出了整个系统中所有的部件，包括机械、电气、结构、仪表、计算机系统、自控功能等，并对所有系统的有机组成部分一一分析和评估，得出该部件关键与否的结论，进而对关键的部件进行可能的风险模式识别，对造成的对产品质量、患者安全和数据完整性方面的影响进行分级或打分。根据风险级别的不同，制订不同的风险控制措施，并在工艺管罐系统生命周期的各阶段进行确认。这些控制措施包括规避风险、转移风险、消除风险、降低风险等。CCA易于执行，对人员能力和经验的要求也不是特别高，在较长的时间里，是制药行业中对设备进行风险评估的主流方式。

经过行业内多年的实践，以及逐步发展的行业理念，CCA不能较直观地与关键质量属性、关键工艺参数进行关联，从而更好地控制产品的关键风险，而且CCA对于大型、复杂、部件较多的设备/系统，执行起来相对繁杂，也不容易识别出最为关键的风险。因此，2019年ISPE推出了ISPE《制药工程指南：调试和确认（第2版）》，推荐采用设备/系统的关键方面（CQA）、关键设计元素（CPP）来进行风险评估。通过CQA和CPP推导出来的与设备/系统相关的方面进行风险评估，能够更加快速地找到工艺管罐系统最关键的风险加以评估，并制订相应的控制措施。

但这种方式目前也存在着关注主要风险而容易忽略一些其他风险的问题。在制药行业中，需要控制各方面的风险，因此，只有结合设备/系统的实际，选取合适的风险评估方式和工具，才能充分地识别和评估系统的风险，最大限度地消除或降低风险。

**2. 设计确认** 获得设计需求的输入性文件包括：

1）各相关部门共同起草，且被质量部门批准的用户需求说明。

2）RA 报告中已输出，需要在 DQ 阶段执行的控制措施。

3）双方均认可的，后续补充的、变更的需求文件。

4）必要的设计审核记录或报告。

5）核对设计确认过程中需要的设计文件。

确认执行设计确认的人员有能力执行确认工作，如果有多个专业的内容，事先需要评估参与的人员是否已具备各专业的设计审核能力。如果不具备，可能会需要增加相应的设计审核人员，或者更换人员以完成本项确认工作。

以上这些工作完成后，最主要的工作仍然是确认系统的设计元素是否满足用户需求。通常需要确认以下设计内容：

1）系统的工艺路线及要求，如合成、反应、培养、混合或转料等。

2）辅助功能的要求，如 CIP、SIP。

3）系统应具备的功能模块，如将一个复杂的工艺路线划分成若干个功能相对固定、单一的功能单元，各单元之间通过管道进行连接。

4）模块的划分。

5）工作原理。

6）与相关公用工程的边界划分。

7）与相关工艺设备的边界划分。

8）与辅助系统的边界划分。

9）模块内关键设备的结构要求，如容器的型式、体积、设计压力/温度、材质、表面抛光及管口尺寸和方位。

10）夹套的形式、连接方式、反馈控制方式、绝热材料、绝热层的设置及厚度的选择。

11）搅拌的形式、桨叶数量、搅拌转速、安全搅拌液位的要求、材质和表面抛光、搅拌效果及对剪切力的要求。

12）各监测仪表的技术和工艺要求。

13）阀门的技术和工艺要求。

14）通用接口的要求。

15）过滤器的要求。

16）泵的要求。

17）通气装置的要求。

18）内伸管的要求。

19）工艺物料管道的卫生级设计、材料、走向、绝热与维护等方面的要求。

20）不锈钢结构平台的要求。

21）工艺自控需求。

22）计算机化系统需求。

23）加工制造需求。

24）工程、HSE 等设计要求。

25）维护保养的要求。

**3. 工厂/现场验收测试**　工艺管罐系统通常的测试项目包括：

1）测试用仪器仪表校准的确认：确认使用的仪器已校准，且在校准有效期内；校准证书复印件已提供；仪表的计量范围可覆盖使用范围。

2）文件检查：检查验收测试过程中必需的文件是否到位、齐全和完整。

3）安全阀检定证书的检查：核查安全阀的检定证书，确认所有安全阀已经得到检定，检定结果为合格，且检定数据符合设计文件中的要求，如检定的安全阀的起跳压力。

4）仪表校准信息的确认：根据仪表的设计文件、序列号和已有的仪表校准证书，确认仪表是按照设计要求提供的；所有仪表已得到确认和校准，并在校准有效期内。

5）建造材料和表面抛光的检查：主要通过检查物料接触材料的材质证明和抛光证明，或者使用相应的材料分析仪、表面粗糙度仪进行实物检测，核实系统的关键建造材料是否符合用户、法规和设计要求。

6）容器符合性检查：根据容器的最新图纸或竣工图，核查容器的铭牌信息与容器图纸是否相符；现场测量容器的管口尺寸和管口方位与容器图纸和尺寸检查报告是否相符；设备安装的部件与图纸是否相符。

7）公用设施连接的确认：核实或确认各子模块/系统与公用介质系统已正确连接；如可以，确认公用介质的运行状态满足系统的工艺要求。通常需要确认连接状态的公用系统包括纯化水、注射用水、纯蒸汽、工业蒸汽、冷冻水、冷却水、冷媒、洁净压缩空气、仪表压缩空气、工艺用氮气和氧气等。

8）P&ID 符合性检查：确认管道的尺寸和走向与图纸上标出的管线尺寸和走向一致；设备和仪表的位置及标识与 P&ID 一致；确认系统内的清洁状态是否符合要求，紧固件是否都已完成安装，密封件是否都已完成安装，其他必需的部件是否都已正确安装。

9）死角的检查：根据系统流程图，确认系统中可能存在死角的位置符合设计要求。

10）坡度的检查：根据系统流程图或者管道单线图，确认不同水平管道的坡度符合用户需求和设计要求。

11）隔膜阀安装角度检查：根据系统流程图，确认隔膜阀的安装角度符合厂家的技术要求和设计要求。

12）部件的检查：根据系统的材料清单、设备清单或仪表清单，确认系统内安装的部件和仪表符合设计要求。

13）手动阀门测试：阀门容易手动打开和关闭；阀门方便操作者触及和操作。

14）气动阀门测试：手动强制开 / 关阀门，检查阀门应正确开关，应无漏气。

15）过滤器完整性测试：完整性测试方法和结果符合用户需求及设计要求。

16）视镜灯检查：视镜灯可正常开启照明和熄灭；对于有延时功能的视镜灯，其延时时间符合用户需求。

17）泵的测试：确认泵的转动方向与泵体的标识一致；泵的启停正常，没有异常噪声和震动；噪声水平应满足平均用户需求；对流量有要求的泵（如蠕动泵），应测试其实际流量符合额定流量。

18）断电检查：检查系统在意外断电和再恢复时，系统的数据保存和自启动符合设计要求。

19）喷淋球覆盖试验：喷淋球能够在日常运行流量下喷淋到容器的整个内部表面及内部附件。

20）系统压力试验：系统能够在设计压力范围内实现运行且无泄漏。

21）系统保压测试：系统能够在要求的运行压力范围内运行且无泄漏。

22）称重系统测试：系统的称重系统的量程和精度符合用户需求及设计需求。

23）搅拌转速测试：系统搅拌转速的准确度和控制精度符合用户需求及设计要求。

24）数据打印：核实需要打印的数据的内容和数量；确认数据可以按照要求的格式生成文件；文件可以被正确地打印。

25）数据储存和记录：核实系统中数据的类型、记录格式、储存的介质和路径；确认数据是否以某种方式进行了保护，例如不可被访问，加密访问，不可被编辑或修改；确认数据可以被正确备份或复制。

**4．安装确认**

1）先决条件的确认：确认 DQ 报告已批准；IQ 方案已得到用户质量部门的批准。

2）人员的确认：确认参与人员已接受确认方案的培训，有培训记录且合格；参与人员在 IQ 方案的执行人员签字页中已进行签字记录。

3）文件的确认：需检查的文件已到位、齐全且有效。需要检查的文件主要有：① 管道仪表流程图；② 设备平面布置图；③ 管道平面布置图；④ 设备总装图 / 装配图；⑤ 功能设计说明；⑥ 硬件设计说明；⑦ 软件设计说明；⑧ 设备一览表；⑨ 仪表索引表；⑩ 公用工程一览表；⑪ 电气原理图；⑫ 输入 / 输出回路表；⑬ 接线表；⑭ 报警清单；⑮ 联锁清单；⑯ 施工过程记录（如焊接、无损检测报告、内镜检查报告、压力试验记录和酸洗钝化记录等）；⑰ 设备质量证明书；⑱ 部件质量证明书；⑲ 仪表校准证明；⑳ 系统操作维护手册；㉑ 部件的安装、使用和维护手册。

4）公用设施连接的确认：确认所有与系统连接的公用设施已连接完成或可正确连接。

如有必要，还需要检查并记录公用工程供应点的运行参数（通常需要确认连接状态的公用系统包括纯化水、注射用水、纯蒸汽、工业蒸汽、冷冻水、冷却水、冷媒、洁净压缩空气、仪表压缩空气、工艺用氮气和氧气等）。

5）管道仪表流程图的符合性检查：使用管道仪表流程图，确认管道的尺寸和走向与图纸上标出的管线尺寸和走向一致；设备和仪表的位置及标识与 P&ID 一致；确认系统内的清洁状态是否符合要求，紧固件是否都已完成安装，密封件是否都已完成安装，其他必需的部件是否都已正确安装。

6）死角的检查：根据管道仪表流程图，对系统中的工艺管道和组件可能存在的死角进行检查，以保证管道能够满足设计要求，不存在难以清洗或无法排尽的位置。通常要求死角区域的长度不超过管道支路内径的 2 倍或 3 倍。

7）坡度的检查：根据管道仪表流程图或管道单线图，确认接近水平的工艺管道有合适的坡度和低点排放，以利于管道内液体的排尽。

8）隔膜阀安装角度检查：确认水平安装的隔膜阀的安装角度符合厂家的技术要求和设计要求，以避免阀门处产生死区，不利于管道内液体的排尽。

9）设备安装检查：对部分复杂设备还应进行专门的检查，例如流量控制器、均质机和原液分装装置等。

10）系统部件的检查：根据设备清单、仪表清单等系统材料清单，确认已安装的部件如阀门、仪表、泵等，符合设计要求。

11）仪表校准的确认：根据仪表的设计文件、序列号和已有的仪表校准证书，确认仪表是按照设计要求提供的；所有仪表已得到确认和校准，并在校准有效期内。

12）部件材质和表面粗糙度确认：根据设计的要求，检查部件的材质证明和抛光证明文件，确认与产品接触表面的材质与粗糙度符合设计的要求。

13）施工过程文件的检查：确认设备的施工质量（如焊接、压力试验、酸洗钝化、排尽等）符合设计、规范和用户的要求。

14）控制系统硬件的确认：根据电气和自动控制系统的设计图纸和设计说明，确认接线、控制系统的主要部件和盘柜布局符合设计要求。对于大型工艺系统，往往电气接线等检查的工作量巨大，但其对产品质量的直接影响又没有那么大，因此现场对接线进行一定比例的抽查即可，如果发现错误或者错误的比例超出了许可程度，可再对错误的机柜或整个项目的电气接线进行 100% 检查。

15）输入 / 输出回路的确认：根据回路表，针对不同类型的信号回路，确认现场部件的输入 / 输出回路信号符合设计、规范的要求。对于模拟量的信号，还需要测试在不同的输入 / 输出值下对应的回路值。

16）通信网络的确认：根据系统的控制架构图或拓扑图，核实各控制终端和监控设备等的网络地址和连接是否正确，核实系统通信是否正常。

17）软件安装的检查：根据软件清单，确认自动控制系统安装的软件信息、版本等是否与清单一致。同时，还应确认软件的序列号（或串号），确认软件是否正版。

**5．运行确认**　运行确认是通过设备和系统的运行，确认其能实现正常的工作状态。

1）先决条件确认：DQ 报告已批准，IQ 报告已批准，OQ 方案已得到质量部门的批准。如果 OQ 前存在未关闭的偏差，也应确认偏差不影响 OQ 的开始。

2）人员确认：确认参与人员已接受方案培训，有培训记录且合格；参与人员在 OQ 方案的人员签字页中已记录。

3）文件确认：需检查的文件已到位、齐全且有效。需要检查的文件有：① 管道仪表流程图；② 功能设计说明；③ 硬件设计说明；④ 软件设计说明；⑤ 系统操作使用规程；⑥ 部件安装、使用和维护手册。

4）断电检查：检查系统在意外断电和再恢复时，系统的数据保存和自启动符合设计要求，通常系统内的数据应尽可能保存而不能丢失，自启动应设置成恢复供电后，系统处于断电前保持状态，或系统处于待机状态，需要操作人员再次执行相应操作，系统才能再次运行。如果有不间断电源或备用 PLC，也应进行测试，应确保系统中与生产有关的关键数据有充足的时间进行保存。

5）部件功能测试：对构成系统的各部件的功能进行测试，以确认各部件功能符合设计预期要求。例如对称重系统、pH 计和液位计等进行回路校准，确认这些部件的量程和精度满足设计要求。

6）定容准确度测试：选取有代表性的系统定容重量，开启系统加水或定容程序，确认系统加水和定容的准确度符合用户生产工艺的要求。

7）转移功能测试：测试系统能否实现要求的转料速度和控制精度。

8）真空度测试：测试系统能否在规定时间达到要求的真空度值并能稳定保持。

9）泄压测试：测试系统能否在规定时间内达到泄放压力的要求。

10）搅拌功能测试：在容器内有一定量水的情况下（通常水位应包括日常生产时的最小值和最大值），设定搅拌的转速（或频率），运行搅拌。观察搅拌方向、测量搅拌转速，目测搅拌效果。搅拌的转向应与搅拌器标识上的方向一致；屏幕上显示的搅拌转速应与使用转速表测量的转速值在允许的偏差范围内；目测搅拌效果较充分，如产生了较大的涡流，也可以采用核黄素荧光示踪。如还有进一步的要求，也可以投入模拟物料，在液位的上、中、下层分别取样，用检测浓度的方法确认搅拌的效果。

11）喷淋球覆盖试验：喷淋球覆盖试验是为了记录和证明系统的喷淋装置对工艺接触表面的液体覆盖情况，确认喷淋装置可以清洗整个容器的内表面，包括内壁，设备上封头、下封头及内部附件等，为清洁及清洁验证提供必要的保证。

12）系统控温测试：在容器内加入一定量的测试用水（或模拟物料）后，设定相关的控温参数，包括目标温度、控温时间等，运行系统的控温程序。确认系统加热、冷却和控温的能力。主要确认系统升温/冷却的时间、控温的稳定性和精确性。

13）系统原位灭菌确认：确认系统能够实现原位灭菌，系统内的温度监控点能够达到并保持灭菌温度。同时要求灭菌的时间-温度曲线应该都是较平稳的，没有很多剧烈波动的曲线，运行过程中也没有不可预测的设备故障外的报警。

14）保压测试：对测试区域的管道的边界阀门或隔断进行关闭，区域内阀门完全打开。向测试区域内通入一定压力范围内的压缩空气或其他惰性气体，待内部压力稳定后，开始计时并记录初始压力。保压一定时间后（通常可选择15min、30min或60min，甚至更长时间），记录结束测试时的时间，记录最终的压力。确认系统保压过程中的压力降能够满足设计和客户需求。

15）人机界面确认：根据设计说明以及相关的系统图纸，检查人机界面各区域的设计是否与文件相符；画面中的各种动画、颜色、图标、按钮、文字信息、控制面板、选项框等都与设计文件相符合，且布局合理；画面之间的跳转切换等都应是正确的。

16）系统时间同步确认：确认系统的主时间源，即时间主站（time master）和时间从站（time slave）。修改时间主站的时间，确认时间从站的时间是否会自动同步，与时间主站一致。尝试修改时间从站的时间，确认时间从站的时间是否被拒绝修改，时间主站的时间也未被修改。

17）管理权限确认：获得每个权限组的一个用户名和密码，分别登录系统，根据软件设计说明测试或确认用户与密码的策略；此外，根据定义的权限列表进行对应操作，确认各权限组仅能完成授权范围内的系统操作。超出权限的系统操作则不可用。

18）报警和联锁确认：使用报警清单和联锁清单，对报警项目和联锁项目进行测试。选用合理的方法和条件触发报警或联锁，观察是否产生相应的报警动作、联锁动作、信息等。触发的方法常见的有：① 工艺达到报警条件；② 报警条件的物理模拟，例如使用加压泵给压力传感器加压，造成超压报警；③ 改变报警的阈值，使得原本正常的信号也能触发报警（测试后需要将阈值恢复到默认值）；④ 用软件或程序进行仿真；⑤ 输入4~20mA的信号模拟探头产生的信号；⑥ 开关量信号的打开或关闭；⑦ 按下急停按钮等安全保护装置。

对于产生的报警，需要核查是否能产生完整的报警记录，以便后续的审核与追溯。报警信息包括但不限于报警发生的日期时间、报警优先级、报警文本信息、报警显示状态、报警类型、报警确认状态等。

19）数据记录和储存确认：核实系统中数据的类型、记录格式、储存的介质和路径；确认数据是否以某种方式进行了保护，例如不可被访问，加密访问，不可被编辑或修改；确认数据可以被正确备份或复制。

20）备份和恢复确认：使用具有该权限的用户登录系统，对软件进行备份和恢复的操作，以及系统内项目数据的备份和恢复。确认系统的软件和程序能够进行备份和恢复，系统内的数据能够进行备份和恢复。如果系统具备手动和自动备份，那么这两种方式都应测试其有效性。

21）审计追踪确认：根据设计说明文件，对所有要求可追溯的系统相关操作，能够记录操作的完整信息，确认系统内的相关事件和动作的完整信息可被记录，且不可被修改。对于需要进行追溯的操作或事件，一般需要包含的信息有：① 日期；② 时间；③ 用户名；④ 对象名；⑤ 事件描述；⑥ 注释。需要进行追溯的操作或事件包括但不限于：① 用户的登录、登出、登录失败；② 程序的启动、暂停、中止；③ 参数的修改；④ 手动及自动状态的切换等。

22）配方参数确认：根据功能说明文件，确认各程序中的可设置参数是否齐全、正确；是否有设定参数可设置的区间，确认系统配方内的参数已正确配置；对有区间的参数默认值进行修改，尝试输入超出生产参数范围上、下限的数值，确认系统是否会进行拒绝。

23）控制程序确认：根据功能控制程序文件，对自动控制系统中的程序进行测试或确认，确认系统所有功能程序的控制逻辑、跳转条件、报警逻辑、中止逻辑、结束逻辑等符合文件的要求。

24）数据报表确认：依据已达成一致的报表模板或软件设计说明中对报表内容的要求，对生成的报表进行审核，确认报表可以正确生成，信息完整、正确。报表中的信息包括但不限于：① 报表编号；② 报表抬头；③ 批次编号；④ 操作人；⑤ 程序配方名；⑥ 程序运行事件；⑦ 配方（参数）设置数据；⑧ 事件（报警）信息；⑨ 趋势图；⑩ 双人复核签字区等。

**6. 性能确认**  不同的工艺管罐系统，对于性能要求的关注点各有不同，但是基于已有的知识和经验，以及识别的风险，通常需要确认的工艺系统的性能包括：

1）系统控温能力确认：通常使用模拟物作为测试物料进行模拟调控。① 培养的过程应持续一定时间，以证明控制的稳定性；② 收集控温过程中的数据和趋势曲线，对比分析数据后确认系统可持续稳定地用于工艺验证或正常生产操作。为确认控温能力的重现性，通常需要连续测试 3 次且成功。

2）工艺罐的溶解效果确认：通常使用将模拟物料加入注射用水中的方法进行模拟测试。① 加入一定量的注射用水；② 将模拟物料按预设定比例投入纯化水 / 注射用水中；③ 以一定的搅拌速度和温度，将模拟物料分散在水中，且无泡沫产生；④ 目视完全搅拌溶解后，使用专用取样器在罐内溶液中事先设定的取样点进行取样；⑤ 分析样品，得出溶解结果。为确认溶解效果的重现性，通常需要连续测试 3 次且成功，并均符合工艺要求。

3）工艺罐的搅拌过程均匀性确认：为了确认搅拌过程的均匀性，需要进行测试。通常做法是：① 在工艺罐中装入一定量的纯化水 / 注射用水后，启动并运行搅拌；② 将模拟物料按预设定比例投入纯化水 / 注射用水中；③ 在某个转速下搅拌一定时间后，在罐内液体上、中、下层分别取样；取样前预排放，尽量保证取样操作未引入相关污染物，取样后及时送检；④ 待检测结果出具后，统计不同搅拌转速下、不同时间点取出的模拟物料浓度，分析并判断容器的搅拌性能是否满足工艺生产要求。

4）工艺罐的灭菌温度分布测试：主要目的是检测工艺罐内部的温度分布，找出系统中的任何冷点，确定罐体及连接的工艺管道是否存在死角，以确认灭菌期间系统内的蒸汽分布情况，并确认最冷点和相对冷点在灭菌过程中也能够充分满足灭菌要求。

温度分布测试的通常做法是：① 在灭菌前，使用经前校准的温度探头合理地布置在罐体内以及工艺管道内可能出现冷点的位置，同时也可覆盖系统内已设置有温度探头的位置；② 将 SIP 的关键参数设定在 121℃以上，且设置相对较短的灭菌暴露时间，然后启动空罐灭菌程序；③ 采集灭菌过程的温度 – 时间等关键趋势曲线和报表数据。

为确认灭菌过程的重现性，通常需要连续测试 3 次且均获成功。完成后需要分析数据，对灭菌暴露温度、$F_0$ 值以及最高温度、最低温度和平均温度差值进行评价。

5）工艺管罐系统的灭菌微生物挑战测试：主要目的是采用生物指示剂对工艺罐原位灭菌的效果进行测试，确认系统的灭菌性能能够达到要求。该测试需要进行程序开发等一系列工作，对微生物指示剂的相关要求有：① 根据产品的特性，合理选择具有代表性的生物指示剂；② 灭菌前，在罐腔体及搅拌轴上合理布置合格的生物指示剂；③ 灭菌前，在待测试的管道末端和 / 或最冷点处合理布置合格的生物指示剂；④ 将 SIP 的关键参数设定在 121℃以上，且设置相对较短的灭菌暴露时间，然后启动工艺罐灭菌程序；⑤ 灭菌后将生物指示剂及未灭菌的对照品一并送去培养并检验。

为确认灭菌过程的重现性，通常需要连续测试 3 次且均获成功。完成后，需要分析数据，对生物指示剂的检测结果进行评价。

## 第十四节　连续加热灭菌（灭活）系统

## 一、简述

在生物工程中，高温短时灭菌 / 超高温短时灭菌（HTST/UHT）热处理系统（图 5-24，图 5-25）用于减少或消除连续流动条件下液体中的活微生物和病毒，同时能够最

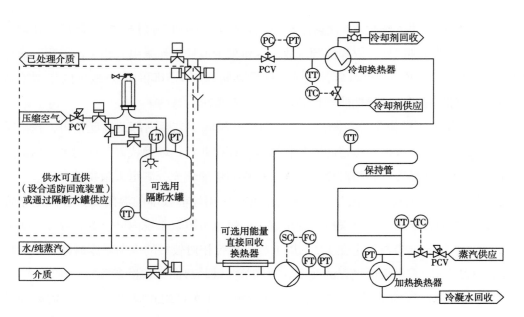

TC：温度控制器；TT：温度变送器；PT：压力变送器；PC：压力控制器；LT：液位变送器；

FT：流量变送器；FC：流量控制器；SC：转速控制器；PCV：压力控制阀

图 5-24　HTST 加热灭菌系统流程图

（资料来源：ASME BPE—2019）

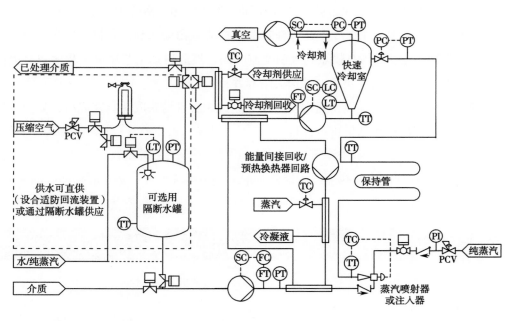

TC：温度控制器；TT：温度变送器；PI：就地压力指示仪表；PT：压力变送器；PC：压力控制器；

LT：液位变送器；FT：流量变送器；FC：流量控制器；SC：转速控制器；PCV：压力控制阀

图 5-25　直接蒸汽喷射式 UHT 加热灭菌系统流程图

（资料来源：ASME BPE—2019）

大限度地减少产品或产品中间体的降解。热处理系统可用于需要进行灭菌的工艺流体，例如病毒或特定细菌种类的灭活。

在生物灭活处理中，通常采取加热双罐交替加热灭活、化学灭活和紫外线灭活等处理工艺，大部分采用加热双罐交替蒸汽加热灭活的处理工艺，但 HTST/UHT 热处理系统具有不需要较大灭菌储罐、占地空间较小、可连续灭活等优点，近年来已在生物废物处理中得到普遍的应用。

连续加热灭菌系统设计时，应保证在液体进出保持管时稳定地保持液体的温度。加热、冷却、流量和背压控制回路应该在加热灭菌前启用并使其稳定。

如果系统使用注射用水（WFI）作为灌注液，则系统设计时采用 WFI 来稳定温度，然后过渡到使得工艺液体满足性能要求。工艺液体的温度应持续稳定，直到系统中的所有灌注液已被清除，之后系统可以开始输送待灭菌工艺液体，实现灭菌目的。

只有在满足性能要求的情况下，系统才能将加热灭菌处理过的工艺流体输送到目标容器。如果不满足，系统应可以将工艺流体输送到另一个位置（如排放罐或接收罐）。如果未保持稳定的连续加热灭菌处理的状态，用户应确定系统是否自动重新灭菌。

## 二、HTST/UHT系统构成

HTST/UHT 系统主要包括输送泵、换热器、蒸汽喷射器、保持管、进料管道、加热管道、冷却管道、各类监测仪表、安全阀等。

**1. 换热器** 换热器设计时，在换热器工艺接触侧、在生产或 CIP 时应完全满足湍流条件。正常情况下，在加热灭菌时，被灭菌的工艺流体压力应高于公用工程侧或不需灭菌的工艺流体侧压力，以降低工艺流体被污染的风险。应确定减少工艺流体结垢或提高清洗性能所需的任何要求（如减少雷诺数或流速和/或提高工艺接触表面温度），对冷热两侧工艺流体热量直接回收的换热器，在两侧都应采用卫生级设计；热量间接回收的换热器在工艺流体侧应采用卫生级设计。

连续加热灭菌系统可使用以下类型的换热器：

1）管壳式换热器：可以是直管或 U 形管。在换热设计中应考虑阀帽排放槽的旁通效应及阀帽与管板之间滑移的影响。

2）壳内盘管式换热器：应垂直安装在可自排放的方位。

3）电加热式换热器：应能加热均匀，如电流直接作用于与工艺接触的管道。

4）套管式换热器：工艺流体在内管中流动，在热量直接回收的换热器中，工艺流体也可在外管中流动。

5）板框式换热器：因为板框式换热器难以进行 CIP/SIP，使用前需充分考虑这一点。

**2．蒸汽喷射器**　根据用户要求，蒸汽喷射器可进行 CIP，或设计为可拆卸和离线清洗（COP）。如果可进行 CIP，那么它应该能够通过蒸汽注入阀暴露在 CIP 溶液中。

蒸汽喷射器将蒸汽（通常是纯蒸汽）直接引入工艺流体中，安装时应使其在所需出口温度下实现单相流，推荐在蒸汽喷射器下游安装视镜，从而观察确认单相流；蒸汽喷射器应安装在允许 CIP 的位置，如用户同意，可设计为拆卸结构、COP，当蒸汽喷射系统可CIP 时，应可自排放，并且暴露在通过蒸汽喷射阀阀座的 CIP 溶液中。

**3．保持管**　考虑到管道中的轴向扩散，应规定所需平均停留时间以满足所要求的停留的时间。确定平均停留时间，满足各种可能工况，确保每一种工艺流体颗粒达到所需停留的时间。假设管子弯曲程度可忽略不计，对于湍流中轴向扩散、在直径 25mm 保持管中灭菌温度为 102℃、灭菌时间为 10s，液体为类似水状，可用泰勒方程式来确定由于轴向扩散所需的保持管理论增加长度。事实上，在流量为 35L/min、所需停留时间低于 10s时，为了保证 $1 \times 10^{12}$ 个活性微生物经过保持管灭菌后不存在超过 1 个活性微生物，保持管段长度需增加 24%。保持管的几何形状，如弯头、盘管或 U 形弯的数量和半径都可能会影响这一结果。

保持管段设计时，应可在管段入口端和出口端目视检测，并应使加热灭菌过程中管内温度保持一致，保持管段朝向出口段连续向上倾斜（如坡度为 2%），以保证在操作过程中可以将空气从保持管段中排出，在清洗和 / 或灭菌时应可自排放。不应对位于入口和出口温度传感器之间的任一部分保持管段再进行加热。

**4．背压控制**　系统的设计应确保热交换器或蒸汽喷射器下游的压力高于工艺流体的沸腾压力，直到被灭菌的流体被冷却或到达冷却闪蒸室为止。建议至少高于沸点压力70kPa。

# 三、UHT/HTST系统的检验和试验

UHT/HTST 系统的检验和试验与配液系统的检验和试验相类似，材料、管子管件、阀门和仪表等零部件的检验流程完全相同，检验时确保技术指标符合设计图纸要求。

其余构件，如钢结构、容器和设备（泵、换热器等）检验，管道检验和焊接检验等，都应根据相关标准和图纸要求，逐项检查，确保各项质量指标满足标准和设计要求。

制造完成后，HTST 或 UHT 系统性能要根据用户要求和设计规定进行功能性测试，测试前应编写专门的功能测试方案，测试尽可能在出厂前完成。确保后续安装、调试和验证活动顺利进行。

功能性测试应至少包括以下内容：

1）温度应使用独立于系统仪表的测温设备在保持管段入口端和出口端进行验证。独

立的传感器应安装在允许测量流体温度的位置。

2）应确定平均停留时间，可用保持管段容积除以已测得的流量来确定。

3）如果用户限制了表面温度范围，则应验证加热表面的温度。对于电加热管，可以测量外表面温度，以对管内表面提供间接且保守的温度值。对于蒸汽－液体或液体－液体换热器，可测量公用介质侧（如蒸汽或热水）入口温度，以对管内表面提供间接且保守的温度值。

4）首次测试新设备时应记录满足工艺要求所需的供热量，记录所提供的热量可测算电加热管的输入功率、蒸汽换热器的蒸汽压力以及液体－液体换热器非工艺液体侧入口和出口温度。

5）首次测试系统性能时应记录稳定状态下泵的速度、压差、流量、系统背压和背压控制阀位置。

各项检验和试验活动完成并确认合格后，制造厂应将设计、制造、检验和试验文件汇总归档，整理成交付文件，最终随系统设备一并提交给使用单位。

# 四、UHT/HTST系统的确认和验证

## 1．设计确认

（1）设计确认所需获得的设计文件

1）经制药企业质量部门批准的用户需求说明。

2）风险评估报告，包括报告中提出需要在 DQ 阶段执行的内容。

3）所需其他文件。

（2）编制设计确认方案：重点是确认系统的设计元素是否满足用户需求。通常包括以下方面：

1）灭菌温度的范围、在灭菌温度下的停留时间。

2）工艺液体流量。

3）出料温度范围。

4）最大受热面温度、传热速率。

5）辅助功能的要求，如 CIP、SIP。

6）与相关公用工程及辅助系统的边界划分。

7）关键设备的结构要求：例如，换热器的型式、体积、设计压力/温度、材质和表面抛光。

8）泵、阀门的技术和工艺要求。

9）管道的卫生级设计、材料、走向、绝热与维护等方面的要求。

10）工艺自控需求。

11）各监测仪表的技术和工艺要求。

12）计算机化系统需求。

13）工程、HSE 等设计要求。

14）维护保养的要求。

**2．工厂 / 现场验收测试** 工厂 / 现场验收的主要测试项目有：

1）测试用仪器仪表校准检查：所有检查用仪器量程精度合适，已校准并在有效期内。

2）文件检查：设计文件、制造记录和检测报告齐全可查。

3）安全阀检定证书检查：所有安全阀已经得到检定，检定结果为合格。

4）仪表校准信息确认：已装配的仪表符合设计要求；所有仪表已得到确认和校准，并在有效期内。

5）容器符合性检查：容器的铭牌信息与容器图纸相符；现场测量的容器的管口尺寸和管口方位与容器图纸和尺寸检查报告相符合；设备安装的部件与图纸相符。

6）公用设施连接确认：与公用介质系统已正确连接，通常需要确认连接状态的公用系统包括纯化水、注射用水、纯蒸汽、工业蒸汽、冷冻水、冷却水、冷媒、洁净压缩空气、仪表压缩空气、工艺用氮气和氧气等。

7）P&ID 符合性检查：管道尺寸和走向与图纸一致，设备和仪表的位置及标识与P&ID 一致。

8）死角检查：可能存在死角的位置应符合设计要求。

9）坡度检查：不同水平管道的坡度符合设计要求。

10）隔膜阀安装角度检查：隔膜阀的安装角度符合厂家的技术要求和设计要求。

11）部件检查：系统内安装的部件和仪表符合设计要求。

12）手动阀门测试：阀门容易手动打开和关闭；阀门方便操作者触及和操作。

13）气动阀门测试：手动强制开 / 关阀门，检查阀门应正确开关，应无漏气。

14）泵的测试：泵的转动方向正确；泵的启停正常，没有异常噪声和震动；噪声水平应满足平均用户需求；对流量有要求的泵（如蠕动泵），应测试其实际流量符合额定流量。

15）断电检查：检查系统在意外断电和再恢复时，系统的数据保存和自启动符合设计要求。

16）喷淋球覆盖试验：喷淋球能够在日常运行流量下喷淋到容器的整个内部表面及内部附件。

17）系统压力试验：系统能够在设计的压力范围内实现运行且无泄漏。

18）系统保压测试：系统能够在要求的运行压力范围内运行且无泄漏。

19）数据打印：数据可以按照要求的格式生成文件，文件可以被正确地打印。

20）数据储存和记录：数据可以被正确地打印。

**3．安装确认**　安装确认的主要测试项目有：

1）先决条件确认：DQ 报告已批准；IQ 方案已得到制药企业质量部门的批准。

2）人员确认：参与人员已接受方案培训，有培训记录且合格；并在 IQ 方案中签字。

3）文件确认：需检查的文件已到位、齐全且有效。需要检查的文件有：① 管道仪表流程图；② 设备平面布置图；③ 管道平面布置图；④ 设备总装图/装配图；⑤ 功能设计说明；⑥ 设备一览表；⑦ 仪表索引表；⑧ 公用工程一览表；⑨ 电气原理图；⑩ 输入/输出回路表；⑪ 端接表；⑫ 报警清单；⑬ 联锁清单；⑭ 施工过程记录（如焊接、无损检测报告、内镜检查报告、压力试验记录和酸洗钝化记录等）；⑮ 设备质量证明书；⑯ 部件质量证明书；⑰ 仪表校准证明；⑱ 系统操作维护手册；⑲ 部件的安装、使用和维护手册。

4）公用设施连接确认：确认所有与系统连接的公用设施已连接或可正确连接。如有必要，也可检查并记录公用工程供应点的运行参数。

5）管道仪表流程图符合性检查：核实该系统的管道、设备和仪表已正确安装，与 P&ID 相符。

6）死角检查：对系统中的工艺管道和组件可能存在的死角进行检查，以保证管道能够满足设计的要求，不存在难以清洗或排尽的位置。

7）坡度检查：确认接近水平的工艺管道有合适的坡度和低点排放，以利于管道内液体的排尽。

8）隔膜阀安装角度检查：确认隔膜阀的安装角度符合厂家的技术要求和设计要求，以利于管道内液体的排尽。

9）系统部件检查：确认已安装的部件，如阀门、仪表和泵，符合设计要求。

10）仪表校准确认：确认仪表与已安装的系统相一致，仪表已经过校准。

11）部件材质和表面粗糙度确认：确认与工艺接触表面的材质和粗糙度符合设计要求。

12）施工过程文件检查：确认设备的制造、安装质量（如焊接、压力试验、酸洗钝化和排尽等）符合设计和标准规范要求。

13）控制系统硬件确认：确认接线、控制系统的主要部件和盘柜布局符合设计要求。

14）输入/输出回路确认：确认现场部件的输入/输出回路信号符合设计、规范的要求。

15）通信网络确认：核实系统通信网络正常。

16）软件安装确认：确认已安装的软件、程序的版本和序列号等信息。

**4．运行确认**　运行确认的主要测试项目有：

1）先决条件确认：DQ、IQ 报告已批准；OQ 方案已得到质量部门的批准。

2）人员确认：参与人员已接受方案培训，有培训记录且合格；并在 OQ 方案签字。

3）文件确认：需检查的文件已到位、齐全且有效。需要检查的文件有：① 管道仪表流程图；② 功能设计说明；③ 硬件设计说明；④ 软件设计说明；⑤ 系统操作使用规程；⑥ 部件安装、使用和维护手册。

4）断电检查：检查系统在意外断电和再恢复时，系统的数据保存和自启动符合设计要求。如果有不间断电源或备用 PLC，也应进行测试。

5）泄压测试：测试系统能否在规定时间内达到泄放压力的要求。

6）系统控温测试：确认系统加热、冷却和控温的能力。

7）保压测试：确认系统保压过程中的压力降能够满足设计和客户需求。

8）人机界面确认：确认控制系统人机界面符合设计和用户使用要求。

9）系统时间同步确认：确认系统内各操作端的时间与基准主时间一致，且能及时同步。

10）管理权限确认：确认使用不同等级密码登录人机界面可以完成对应权限的操作。

11）报警和联锁确认：确认当报警和联锁情况发生时，控制系统有检测、传达和反应的能力。

12）数据记录和储存确认：确认数据的记录和储存符合完整性的要求，且能够被合理保护。

13）备份和恢复确认：确认系统的软件及程序能够进行备份和恢复，系统内的数据能够进行备份和恢复。

14）审计追踪确认：确认系统内的相关事件和动作的完整信息可被记录，且不可被修改。

15）配方参数确认：确认系统配方内的参数已正确配置。

16）控制程序确认：确认系统所有的功能控制程序符合技术要求。

**5．性能确认**　不同的系统，对于性能要求的关注点各有不同，但是基于已有的知识和经验，以及识别的风险，通常需要对系统的以下性能进行确认：

1）系统灭菌温度分布测试：主要目的是检测系统保持管内部的温度热分布是否均匀，管道是否存在死角，找出系统中的最冷点和相对冷点，并确认最冷点和相对冷点在灭菌过程中能够确保充分灭菌。

通常做法是：① 在灭菌前，使用经前校准的温度探头在保持管前端和末端合适的位置及保持管其他合适位置，同时也需覆盖系统内已设置有温度探头的位置；② 将按照系统设定温度和流量等参数，开启系统。

为确认灭菌过程的重现性，本项测试通常需要连续测试 3 次且均获成功。完成后，需要分析数据，对灭菌暴露温度、$F_0$ 值，以及最高温度、最低温度和平均温度差值进行评价。

2）系统灭菌微生物挑战测试：主要目的是采用生物指示剂对灭菌的效果进行测试，确认系统的灭菌性能能够达到要求。

通常做法是：① 根据产品的特性，合理选择具有代表性的生物指示剂；② 在灭菌前，在保持管末端和保持管下游最冷点处合理布置合格的生物指示剂；③ 将 SIP 的关键参数设定在 121℃以上，且设置相对较短的灭菌暴露时间，然后启动系统运行；④ 灭菌后将生物指示剂及未灭菌的对照品一并送去培养并检验。

为确认灭菌过程的重现性，本项测试通常需要连续测试 3 次且均获成功。完成后，需要分析数据，对生物指示剂的检测结果进行评价。

# 参考文献

［1］朱明军，梁世中. 生物工程设备［M］. 3版. 北京：中国轻工业出版社，2020.

［2］罗合春. 生物制药工程技术与设备［M］. 北京：化学工业出版社，2017.

［3］张帆，周伟敏. 材料性能学［M］. 上海：上海交通大学出版社，2009.

［4］李晓刚. 材料腐蚀与防护［M］. 长沙：中南大学出版社，2009.

［5］国家药典委员会，中国食品药品国际交流中心. 制药配液风险控制相关技术考虑要点［M］. 北京：中国医药科技出版社，2020.